Engineer's
Library

エンジニアの
ための
WordPress
開発入門

野島祐慈
Yuji NOJIMA

菱川拓郎
Takuro HISHIKAWA

杉田知至
Tomoyuki SUGITA

細谷崇
Takashi HOSOYA

枢木くっくる 著
Kucklu KULULUGI

技術評論社

○ご購入／ご利用の前に必ずお読みください

・WordPress は、WordPress Foundation の米国およびその他の国における登録商標または商標です。

・その他、本文中に記載されている会社名、製品名は、すべて関係各社の商標または登録商標、商品名です。なお、本文中には ™ マーク、® マークは記載しておりません。

・本書に記載された内容は、情報の提供のみを目的としています。したがって、本書を参考にした運用は必ずご自身の責任と判断において行ってください。本書記載の情報に基づいた結果、万が一障害が発生した場合でも、弊社および著者は一切の責任を負いません。

・本書に記載されている情報は、プラグインなど一部の機能を除き、WordPress 4.6、2016 年 11 月時点での情報に基づいています。ご利用時には変更されている場合がありますので、ご注意ください。

・本書は著作権法上の保護を受けています。本書の一部あるいは全部について、いかなる方法においても無断で複写、複製などを行うことは禁じられています。

はじめに

　本書はWebシステムエンジニアに贈るWordPress解説書です。モダンなフレームワークに慣れたあなたにとって、WordPressは不満ばかりが溜まる開発ツールかもしれません。しかし、これほどPHPの世界で成功したソフトウェアは他には存在しないのです。実はWordPressには、その歴史とコミュニティの広さに裏打ちされた独自の考え方や習慣、開発ルールがたくさんあります。そのような「知っていれば無駄な時間を使わなくて済んだ」という情報を、WordPressでの開発経験が豊富な執筆陣が集まって、あますことなくまとめたのが本書です。

　「WordPressは全く知らないけど開発案件が突然降ってきた」というエンジニアの方にとって、WordPressをどのように捉えるべきかがわかるようにポイントを押さえて解説します。

2016年12月

菱川 拓郎

WordPressと私 ——はじめに代えて——

　「WordPressって、きれいなブログが作れるよね。」そう思っていました。

　僕はDTP出身のシステムエンジニアです。そんな由来もあってか、グラフィックデザインから開発までする何でも屋さんです。Webデザイン系の雑誌で時折紹介されるWordPress。「便利そうだな、キレイな画面だな。」とは思っても、それをシステム開発に導入するなんて、考えたこともありませんでした。

　それどころか、たとえCMS系の開発案件があったときも、僕はまずスクラッチを考える方でした。というのも、何らかのプラットフォームを導入すると、そこにメリットがあると理解している一方、覚えることが多くかつ面倒くさい、そのうえ製品固有の制約によって思い通りにならず、結局は不本意な結果になる……と思い込んでいました。

　ところがある日のAndroid勉強会で、WordPressのハンズオンに参加することになります。そこで見たものは、WordPressのアピアランスの美しさと、プラグインによる機能拡張のスマートさでした。ものの数分でインストールを

終え、30分後にはソーシャルログインもできるブログシステムが女子力の高い
グラフィックデザインで仁上がっていました。

　すごいな……。興味を抱いた僕はその後、WordPressコミュニティに顔を
出し、業務でのWordPressの適用を考えたりして、少しずつWordPressを知
っていきました。

　そこで気づいたのは、「完全な食わず嫌いだった」という事実でした。面倒く
さいと思っていたDSLの習得は、そもそもWordPressにはありませんでした。
そこにあったのは、ただのPHP関数でした。

　ちょっとしたカスタマイズが難しいかというと、そうでもありません。導入
部分の学習コストはとても低く、僕が感じたのは、不安ではなく安心でした。
プラグインでできることだとても多く、実際の業務で要求される多くの定型的
な要件が、プラグインだけで実現できることを知りました。また、意外にも多
くの案件に対して、WordPressを適用できる可能性を感じました。抽象度を
高めてから眺めてみると、「Webアプリケーションの要件なんて、どれも似た
り寄ったりだな」と気づくキッカケにもなりました。

　もちろん、「何でも」でにありません。また「完全に」思い通りになるわけでも
ありません。ただ、目の前の課題に対して費やせる時間が有限だと考えたとき、
よくある周辺要件は誰かの成果にあやかり、自分が本当に作らなければいけな
い部分に、より多くの時間を割くことができたら、それは素晴らしいことだと
思いませんか？

　「本当に作りたいものは何か……」

　あなたがシステムエンジニアで、「これから初めてWordPressを触る」とい
う方であれば、本書があなたのWordPressの理解を格段に早め、スムーズな
開発のスタートの助けになるものと信じています。

野島 祐慈

目次

第1章 WordPressとは 1

1.1 WordPressで何ができる？ 2
よく似た要件はございませんか？ 2
ちょうど良い湯加減で 3
必要な要件に愛を 4

1.2 ライセンス 5

1.3 WordPressが持つ魅力 6
美しい管理画面 6
豊富なテーマ 7
強力なプラグイン 8
自動アップデート 9

1.4 WordPressのエコシステム 10
WordPress.org 10
Codex ──ドキュメントリファレンス── 11
フォーラム 12
WordBench ──ユーザーコミュニティ── 13

1.5 WordPressと関わる際の心構え 14
外部設計 14
詳細設計・プログラミング 15
ディレクション 15
HTMLコーディング 15
Column WordPressのコーディング規約 16

1.6 まとめ 17

第2章 環境の準備 19

2.1 WordPressの準備 20
WordPressの必要環境 20
データベースの準備 20
WordPressパッケージの準備 21
WordPressのインストール 21

2.2 開発環境の整備 ……………………………… 24

デバッグモードとWordPressの定数 ……………………………… 24

Column デバッグモードの有効化・無効化 ……………………………… 26

開発に役立つプラグイン ……………………………… 26

● Debug Bar プラグイン ──デバッグメニューの追加── ……………… 26

● Theme Check/Plugin Check プラグイン ──テーマ・プラグインの危険性診断── … 28

2.3 WP-CLI──WordPressのコマンドラインツール── 29

WP-CLIとは ……………………………… 29

WP-CLIのインストール ……………………………… 29

2.4 VCCWによる環境構築 ──Vagrantベースの開発環境── … 31

VCCWとは ……………………………… 31

VCCWのインストール ……………………………… 31

2.5 まとめ ……………………………… 32

第3章 基本機能
33

3.1 表示オプション ……………………………… 34

3.2 投稿と固定ページ ……………………………… 34

3.3 メディア ──ファイル管理機能── ……………………………… 36

3.4 カテゴリとタグ ──タクソノミー── ……………………………… 37

3.5 投稿フォーマット ……………………………… 38

3.6 テーマのカスタマイズ ……………………………… 39

3.7 ウィジェット ……………………………… 40

3.8 カスタムメニュー ……………………………… 41

3.9 ユーザーと権限 ……………………………… 42

3.10 サイト設定 ……………………………… 43

3.11 まとめ ……………………………… 46

第4章 プラグインによる機能拡張
47

4.1 Toolset Types ──エンティティの追加と構成── … 48

エンティティとは ……………………………… 48

Toolset Typesの概要 ……………………………… 48

主な機能 ··· 49
- 利用可能なフィールド ·· 49
- 作成済みフィールドのビジュアルエディターでの利用 ···· 52
- 投稿タイプのリレーション ·································· 53

4.2 Contact Form 7 ──フォーム── ······ 54
Contact Form 7の概要 ·· 54
主な機能 ··· 55
- 管理画面からフォーム部品の作成 ························· 55
- 自動返信メール ··· 60
- サンクスメッセージ・ページの設定 ···················· 61
- メッセージ保存 ──Flamingoプラグインとの連携── ········· 61
- スパムフィルタリング ──Akismetプラグインとの連携── ··· 62

Column Contact form 7に準備される多くのフック ···· 63

4.3 WP Super Cache ──キャッシュ── ······ 63
WP Super Cacheの概要 ·· 63
主な機能 ··· 64
- mod_rewriteキャッシング・PHPキャッシング ······· 64
- キャッシュの有効期限と削除スケジュール ·············· 65
- 受け付けるファイル名と除外するURIの設定 ············ 65
- 全ページキャッシュ ·· 66

4.4 BackWPUp ──バックアップ── ········· 67
BackWPUpの概要 ··· 67
主な機能 ··· 68
- ファイル・データベースのバックアップ ················ 68
- クラウド・ストレージサービスへのバックアップ ······ 71
- バックアップのスケジューリング ························· 71

Column 日時でのスケジューリング ··················· 72
- バックアップエラーのメール通知 ························· 73

4.5 User Role Editor ──ユーザー権限── ··· 73
User Role Editorの概要 ·· 73
主な機能 ··· 74
- 既存の権限グループに対する権限の付加 ················· 74
- 新しい権限グループの作成 ·································· 75

4.6 Adminimize ──権限グループ── ········· 76
Adminimizeの概要 ·· 76
主な機能 ··· 76
- アドミンバーの表示設定 ····································· 77
- 権限グループ共通の設定 ····································· 79
- 管理画面共通の設定 ·· 81
- ダッシュボードの設定 ·· 85

vii

- ● 管理画面の配色の設定 ································ 86
- ● その他の設定 ··· 87

4.7 Really Simple CSV Importer ──CSVからのデータ取り込み── ··· 87

Really Simple CSV Importerの概要 ················· 87

主な機能 ·· 88

- ● CSV形式データの投稿とインポート ················ 88
- ● フックを使ったインポートデータの加工 ············ 89

4.8 Super Socializer ──SNS連携── 90

Super Socializerの概要 ······························ 90

主な機能 ·· 91

- ● ソーシャルコメントの追加 ·························· 91
- ● ソーシャルログインの利用 ·························· 92
- ● シェアボタンの利用 ································· 93

Column Jetpack by WordPress.comのパブリサイズ共有 ············· 94

4.9 WP-Polls ──アンケート── 94

WP-Pollsの概要 ·· 95

主な機能 ·· 95

- ● 複数アンケートの管理 ······························ 95
- ● アンケートのスケジューリング ····················· 96
- ● 複数回答 ·· 96

4.10 WP Total Hacks ──WordPressでよく行うカスタマイズ── ··· 97

WP Total Hacksの概要 ································· 97

主な機能 ·· 97

- ● サイトの設定 ·· 98
- ● 投稿・ページの設定 ································· 99
- ● 外観の設定 ·· 100

4.11 その他の便利なプラグイン

ImageWidget ──画像の設定── ······················· 100

Google XML Sitemaps ──XMLサイトマップの作成── ········ 101

Duplicate Post ──記事の複製── ······················ 101

Head Cleaner ──表示速度の改善── ····················· 101

Search Everything ──検索対象の拡張── ················· 101

Regenerate Thumbnails ──画像サイズの再生成── ··············· 102

Simple Page Ordering ──ページの並び順の設定── ··············· 102

PS Taxonomy Expander ──カテゴリ・タクソノミーの並び順の設定── ···102

Redirection ──リダイレクトの設定── ···················· 102

4.12 まとめ ·· 103

目次

第5章 WordPressの基本アーキテクチャ 105

5.1 ファイル構成 106
WordPressの主なファイル・ディレクトリ 106
テーマとプラグイン ── 機能の実装コンテナ ── 106
テーマのファイル構成 107
- テーマヘッダーファイル ──style.css── 108
- テンプレートファイル ──index.php── 108
- プログラムの記述場所 ──functions.php── 108
- その他のファイル配置は自由 109

5.2 データ構成 109
WordPressの主なテーブル 110
投稿タイプ 112
- 投稿タイプの追加 112
カスタムフィールド 114
- 投稿データの保存と取得 114
Column カスタムフィールドのUI 115
タクソノミー 116
- タクソノミーの追加 116
コメント 117
Column WordPressでのデータモデリング 118

5.3 基本的な処理の流れ 119
リクエストパラメーターとページの種類 121
メインクエリと条件分岐 121
テンプレート階層とメインループ 122
Column フックによる適切な書き換え 123
既定の処理の変更 123

5.4 プラグインAPI 124
フックの利用 124
- 2種類のフック ── アクション・フィルター ── 124
- フックへの処理の登録 125
- フックの優先順位 125
- フックした関数が受け取る引数の数 126
- 簡単なフックの例 126
主なアクションフック・フィルターフック 127
フックの探し方 129
- フック名で探す 129
- 処理の流れで探す 129
- 何らかのキーワードから探す 129

ix

● より良いフックを探す・・・130
オーバーライドできる関数 ・・130

5.5 ページの種類・・・131
主なページの種類 ・・131
サイトフロントページとブログメインページ ・・・・・・・・・・・・・・・・・・・・・・・・・131

5.6 リクエストパラメーター ・・・・・・・・・・・・・・・・・・・・・・・・・・・・・・・・・・・・・・134
WP オブジェクト ―― $wp ―― ・・・・・・・・・・・・・・・・・・・・・・・・・・・・・・134
リクエストの解析 ・・136
● URL のリライト ・・・137
● 入力値のフィルタリング ・・・・・・・・・・・・・・・・・・・・・・・・・・・・・・・・・・137
リクエストパラメーターの意味 ・・・・・・・・・・・・・・・・・・・・・・・・・・・・・・・・・139

5.7 メインクエリ ・・142
WP_Query クラス ―― WordPress 検索の中心 ―― ・・・・・・・・・143
メインクエリの意義 ・・144
2 つのメインクエリ変数 ―― $wp_query・$wp_the_query ―― ・・・145
メインクエリの変更 ・・146
● request フィルター ・・・・・・・・・・・・・・・・・・・・・・・・・・・・・・・・・・・147
● parse_query/pre_get_posts アクション ・・・・・・・・・・・・・148
● query_posts() 関数 ・・・・・・・・・・・・・・・・・・・・・・・・・・・・・・・149

5.8 クエリフラグ ・・150
クエリフラグの役割 ・・150
クエリフラグを確認するメソッド ・・・・・・・・・・・・・・・・・・・・・・・・・・・・・・・150
Column WP_Query#is_home() と #is_front_page() の違い ・・・・・・・・・・152
Column WP クラスの役割 ・・・・・・・・・・・・・・・・・・・・・・・・・・・・・・・・・・・・153

5.9 テンプレートの選択 ・・・・・・・・・・・・・・・・・・・・・・・・・・・・・・・・・・・・・・153
テンプレート階層の利用 ・・・・・・・・・・・・・・・・・・・・・・・・・・・・・・・・・・・・・・154
● 子テーマでのテンプレートファイルの選択 ・・・・・・・・・・・・・・・・・・・・156
既定のテンプレートの変更 ・・・・・・・・・・・・・・・・・・・・・・・・・・・・・・・・・・・156

5.10 テンプレートタグとループ ・・・・・・・・・・・・・・・・・・・・・・・・・・・・・・157
メインループとコンテキスト ・・・・・・・・・・・・・・・・・・・・・・・・・・・・・・・・・・・158
テンプレートタグ ・・・158
条件分岐タグ ・・・159
インクルードタグ ・・160
Column テンプレート構成の設計 ・・・・・・・・・・・・・・・・・・・・・・・・・・・・・161
get_posts() によるサブループ ・・・・・・・・・・・・・・・・・・・・・・・・・・・・・・・161
Column 2 つのリセット ・・・・・・・・・・・・・・・・・・・・・・・・・・・・・・・・・・・・163
WP_Query によるサブループ ・・・・・・・・・・・・・・・・・・・・・・・・・・・・・・・・163
3 つのループの関係の理解 ・・・・・・・・・・・・・・・・・・・・・・・・・・・・・・・・・・・164

目次

- メインループ ……………………………………………… 164
- サブループ ……………………………………………… 165
- 個々のデータの表示とコンテキスト ………………………… 165

テンプレートタグを利用する理由 …………………………… 165

5.11 WordPressのソースコード ……………………… 166

ソースコードを読むにあたって ……………………………… 167

グローバル変数とコンテキスト ……………………………… 167

5.12 まとめ ……………………………………………… 168

第6章 テーマの作成・カスタマイズ 169

6.1 テーマの作成 ……………………………………… 170

テーマ作成前に検討すべきこと ……………………………… 170

テーマの最小構成による作成例 ……………………………… 171

style.cssの記述パターン …………………………………… 172

Column WP_Themeを直接コールしてみよう ……………… 173

functions.phpの記述パターン ……………………………… 173

6.2 ビューの構成 ……………………………………… 174

テンプレート階層 …………………………………………… 175

部分テンプレート …………………………………………… 176

テンプレートの書き方 ……………………………………… 177

- メインループ ……………………………………………… 177
- テンプレートタグ ………………………………………… 178

6.3 テーマに関連したAPI ……………………………… 179

ウィジェットAPI …………………………………………… 179

メニューAPI ………………………………………………… 180

テーマカスタマイズAPI …………………………………… 181

6.4 テーマ作成のアプローチ ………………………… 182

既存テーマのカスタマイズ ——子テーマの作成—— ……… 182

- なぜ子テーマを使うのか ………………………………… 182
- 子テーマを使うメリット・デメリット …………………… 183
- 子テーマの作成例 ………………………………………… 184
- スタイルのオーバーライド ……………………………… 184
- 親テーマの関数のオーバーライド ……………………… 185

Column 関数のオーバーライドについてのコメント文を読んでみよう … 186

- フックの実行順序 ………………………………………… 186

スクラッチによるテーマの作成 …………………………… 187

- テーマフレームワークの利用 ——_s—— ……………… 187

xi

● スクラッチ作成における注意点 ･･･････････････････････ 188

6.5 テンプレートに利用する関数 ･･････････････････････ 188

関数の分類 ･･ 189

インクルード系 ･･････････････････････････････････････ 190

コンテンツ系 ･･ 191

タグ出力系 ･･ 191

条件分岐タグ系 ･･････････････････････････････････････ 192

6.6 作成したテーマのチェック ･･････････････････････ 192

デバッグモードによるチェック ････････････････････････ 192

Theme Checkプラグインによるチェック ･･･････････････ 193

テーマユニットテストによるチェック ･･････････････････ 193

6.7 まとめ ･･･ 194

第7章 プラグインの作成と公開　195

7.1 プラグインの作成 ･･･････････････････････････････ 196

プラグインの役割 ････････････････････････････････････ 196

プラグインの成立要件 ････････････････････････････････ 197

プラグインPHPファイルの作成 ･･････････････････････ 197

プラグイン情報ヘッダー ･･････････････････････････････ 198

プラグインの実装 ････････････････････････････････････ 199

プラグイン独自のCSSファイルの読み込み ･････････････ 200

Column プラグインによるスタイルの定義 ･･････････････ 202

プラグインの状態変化にフックする関数 ････････････････ 202

7.2 公式ディレクトリへの登録 ･･････････････････････ 203

readme.txtと関連ファイルの準備 ････････････････････ 204

● readme.txtの内容 ･･････････････････････････････ 204

● readme.txtの検証 ･･････････････････････････････ 205

● プラグインのバナー画像の作成 ･･････････････････ 206

● スクリーンショットの準備 ･････････････････････ 207

WordPress.orgへのプラグイン登録申請 ･･･････････････ 207

svnリポジトリへのコミット ･･････････････････････････ 208

7.3 まとめ ･･･ 209

第8章 投稿データと関連エンティティ 211

8.1 データ構成の概要 212
wp_postsテーブルに保存される組込みデータ型 212
エンティティ永続化のための3つの要素 ――投稿タイプ、カスタムフィールド、タクソノミー―― 213

8.2 投稿タイプ 213
投稿タイプの主なAPI 214
投稿タイプの登録 215
投稿タイプの表示とその利用 219

8.3 カスタムフィールド 220
カスタムフィールドの主なAPI 220
カスタムフィールドのCRUD 221
- 値の取得 221
- 値の追加 222
- 値の更新 223
- 値の削除 223

値の取得方法 224
register_meta関数によるキーの事前登録 224
入力フォームの準備 225

8.4 タクソノミー 225
タクソノミーの構造 226
タクソノミーの主なAPI 227
タクソノミーの登録 228

8.5 コメント 232
コメントの主なAPI 232
- WP_Comment_Query クラス 235

コメント版カスタムフィールド 237
- コメント版カスタムフィールドとは 237
- コメント版カスタムフィールドの主なAPI 237

レーティング機能の実装 238
コメント機能の強制オフ 241

8.6 まとめ 242

第9章 投稿データの検索・取得 243

9.1 WP_Query ――WordPressの心臓部―― 244

xiii

WP_Queryとは ··· 244
WP_Queryの役割 ·· 244
- クエリフラグの保持 ·· 244
- クエリビルダ ·· 246
- オブジェクトマッピング ··· 246
- イテレータ ·· 247
- 先頭固定(スティッキー)投稿の取得 ···················· 248

9.2 基本的な使い方 ··· 248
WP_Queryによる投稿データの取得 ······················ 248
投稿データの表示 ··· 249
サブループ作成を目的としたインスタンス生成 ············· 250

9.3 パラメーター ·· 251
投稿者 ·· 251
カテゴリ ··· 252
タグ ··· 252
タクソノミー ·· 253
キーワード検索 ··· 256
投稿・ページ ·· 256
パスワード ·· 257
投稿タイプ ·· 257
- post_typeパラメーターが取れる値 ······················· 258
投稿ステータス ··· 259
- post_statusパラメーターが取れる値 ···················· 259
日付 ──Date Query── ·· 260
- 日付指定による投稿の取得 ···································· 261
- 複数条件を指定した投稿の取得 ······························ 261
カスタムフィールド ──Meta Query── ······················ 263
- 詳細な条件を指定した投稿の取得 ·························· 264
- 特定のキーのカスタムフィールドで特定の数値以上の値を含む投稿の取得 ··· 265
- 特定のキーのカスタムフィールドに値が存在しない投稿の取得 ·········· 266
- カスタムフィールドに関する複数条件を指定した投稿の取得 ·············· 266
並び替え ··· 268
- orderbyに使えるパラメーター ······························ 268
- カスタムフィールドの値を複数指定したソート ························· 270
ページ送り ·· 272
返り値 ·· 273
get_posts()関数でどのようなパラメーターが付加されているか ···· 273
- get_posts()関数を使用する場合の注意 ··················· 276

9.4 その他のプロパティとメソッド ··························· 277
クエリ変数の取得 ··· 277

クエリフラグの取得 ……………………………………………………… 278
ページ送り関連情報の取得 ………………………………………………… 280
クエリドオブジェクトの取得 ……………………………………………… 282

9.5 メインクエリ中のWP_Queryに対して行える操作 …… 285
pre_get_postsアクション ……………………………………………… 285

9.6 クエリビルディングへの介入 …………………………… 287
JOIN句に対するフィルター ……………………………………………… 288
WHERE句に対するフィルター …………………………………………… 288
● キーワード検索部分に限定したWHERE句に対するフィルター ………… 289
ORDERBY句に対するフィルター ………………………………………… 290
GROUPBY句に対するフィルター ………………………………………… 290
DISTINCT句に対するフィルター ………………………………………… 290
LIMIT句に対するフィルター ……………………………………………… 290
SELECT句に対するフィルター …………………………………………… 291
各SQL文をまとめたフィルター …………………………………………… 291
SQL文全体に対するフィルター …………………………………………… 291

9.7 まとめ ……………………………………………………… 292

第10章 ユーザーと権限
293

10.1 ユーザーと権限の仕組み …………………………………… 294
ユーザーと権限を制御するAPI …………………………………………… 294
デフォルトの権限グループ ………………………………………………… 296

10.2 ユーザー操作に関するAPI ……………………………… 297
基本的なデータ構造 ………………………………………………………… 297
ログインユーザーの情報 …………………………………………………… 297
ユーザーの検索 ……………………………………………………………… 298

10.3 ロールや権限の追加とカスタマイズ …………………… 298
WP_Rolesクラス ──権限グループのカスタマイズ── ………… 299
WP_Userクラス ──ユーザ権限のカスタマイズ── …………… 300
独自権限の追加 ……………………………………………………………… 301

10.4 権限のチェック手法 ……………………………………… 302
インストール権限のチェック ……………………………………………… 302
独自権限のチェック ………………………………………………………… 303

10.5 まとめ ……………………………………………………… 303

第11章 管理画面のカスタマイズ 305

11.1 メニューのカスタマイズ 306
メニューの定義 306
メニューの追加 306
● トップメニューへの追加 306
● サブメニューへの追加 308
メニューを隠す 310
● トップメニューを隠す 310
● サブメニューを隠す 312
並び替え 314
メニュー名の変更 314

11.2 Settings API ──独自の設定画面の作成── 315
Settings APIとは 315
設定ページのUI生成 316

11.3 投稿データ一覧ページに独自項目の追加 318
独自項目を追加するためのフック 318
独自項目の実装 319

11.4 カスタムフィールドの入力フォーム作成 320
管理画面の標準フォーム 320
プラグインの利用 321
独自フォームの作成 322
Column is_admin()関数とadmin_initアクションの危険性 323

11.5 まとめ 324

第12章 その他の機能やAPI 325

12.1 wpdbクラス ──データアクセスのためのDAO── 326
$wpdbオブジェクトとは 326
現在のテーブル名の取得 326
SQLの実行 328
● $wpdb->query()とクエリのログ 328
● $output引数による結果のデータ形式の指定 329
SQLの準備と値のサニタイズ 329
挿入・更新・削除のユーティリティメソッド 330
● $format・$where_format引数によるデータ型の指定 332
クエリやその結果の情報の確認 333

独自テーブルの作成と更新 ···················· 333

12.2 バリデーション・ナンス・サニタイズ ···················· 336
バリデーション ——入力値の検証—— ···················· 336
● バリデーションの関数 ···················· 337
● エラーの出力 ···················· 337
ナンス ——リクエスト正当性の検証—— ···················· 338
サニタイズ ——データの無害化—— ···················· 340
● 入力値のサニタイズ ···················· 340
(Column) 入力値のサニタイズはどこまで行うべきか？ ···················· 341
● 出力値のサニタイズ ···················· 342
(Column) WordPressの強制マジッククオート ···················· 344

12.3 オプションAPI ···················· 345
オプションの追加 ···················· 345
オプションの取得 ···················· 346
オプションの更新 ···················· 346
オプションの削除 ···················· 346
オプションAPIの記述 ···················· 347
キーの衝突 ···················· 347

12.4 JavaScriptやCSSの管理 ···················· 347
JavaScriptの管理 ···················· 348
● JavaScriptの追加と依存性の解決 ···················· 348
● 登録したJavaScriptを必要なときのみ出力 ···················· 349
● PHPからJavaScriptへのデータ引き渡し ···················· 350
● 登録済みスクリプトの変更 ···················· 351
CSSの管理 ···················· 352
● ページへのCSSの直接出力 ···················· 353

12.5 キャッシュ ——一定期間のデータ保持—— ···················· 354
Object Cache API ——インメモリのキャッシュ—— ···················· 354
Transients API ——有効期限付きのキャッシュ機能—— ···················· 355

12.6 ショートコード ——動的な出力を得る—— ···················· 357
一覧を表示するショートコード ···················· 357
範囲を囲うショートコード ···················· 358

12.7 ウィジェット ——追加機能の実装—— ···················· 359
ウィジェットエリアの登録 ···················· 360
ウィジェットの作成 ···················· 361

12.8 マルチサイト ——複数サイトの作成—— ···················· 365
マルチサイトとは ···················· 365
ネットワークの設置 ···················· 365

xvii

- ● ネットワークの運用設定 ································ 367
- ● サイトの追加 ····································· 368
- ネットワークの構造 ································· 369
- ネットワークの基本的な扱い方 ······················ 370
- (Column) マルチサイト特有の関数 ······················ 371
- (Column) マルチサイト導入の是非 ······················ 372

12.9 WP REST API ──RESTfulなWebサイトの実現── ···· 372
- WP REST APIとは ································· 372
- APIへのアクセス ································· 373
- 認証 ·· 375
- リソースの種類 ·································· 376
- エンドポイントの追加 ····························· 377

12.10 国際化 ······································ 378
- 関連ツール ····································· 379
- 環境の準備 ····································· 379
- ソースコードの国際化 ····························· 380
- テキストドメイン ································· 382
- .potファイルの生成 ······························ 382
- .poファイルの翻訳 ······························· 384
- .moファイルのコンパイル ·························· 384
- .moファイルの読み込み ··························· 385

12.11 自動アップデート ······························ 386
- コアのアップデートのポリシー設定 ····················· 386
- コア自動アップデートのレポートメール送信 ················ 387
- テーマ・プラグイン・言語ファイルの自動アップデート ·········· 387
- すべての自動アップデートの無効化 ····················· 387

12.12 メールの送信 ································· 388
- From、Ccの指定 ································· 389
- ファイルの添付 ·································· 389
- HTMLメールの送信 ······························· 389
- 外部SMTPサーバーの利用 ·························· 390

12.13 まとめ ······································ 390

索引 ··· 391
著者略歴 ·· 397

第 **1** 章

WordPressとは

第**1**章　WordPressとは

1.1　WordPressで何ができる？

　WordPressはブログシステムから発展したCMS (*Content Management System*) です。

　WordPressは、GPL (*GNU General Public License*) バージョン2以降のライセンスに基づき、オープンソースとして公開されているブログアプリケーションです。b2/cafelogの後継として、2003年5月に最初のバージョンがリリースされました。

　最初のバージョンから約1年後に、WordPressにはプラグインを作成するためのAPIが組み込まれました。これによって、WordPressのコアファイルを変更することなく、任意の機能追加を行うことが可能になりました。

　現在でもWordPressのプラグインは、とてもシンプルなアーキテクチャの上に成り立っており、基本的な事柄を習得することは比較的容易です。そのため、WordPressでシステムを開発する人だけでなく、Webデザイナーや、そのシステムのユーザーまでも、プラグインを作成するようになっています。また、これらのさまざまな層の人たちによる多彩な発想によって、非常に多くのテーマやプラグインが開発されることになりました。その結果、これらのテーマやプラグインが今日のWordPressの大きな魅力、大きな価値となっています。

　それでは、WordPressはやはりただの「ブログシステム」なのでしょうか？また、WordPressではいったい何ができるのでしょうか？

よく似た要件はございませんか？

　本書は、Webエンジニアを主な読者対象として、WordPressをベースにWebシステム開発を行う際に必要な知識や概念を解説しています。しかし、Ruby on Rails[注1] (以下Rails) やLaravel[注2] といった、Webアプリケーションフレームワークを用いた開発とは、そもそも比較になりません。チャンネルが異なります。例えば、多くの計算や集計・分析を必要とする業務システムなどの開発では、WordPressは（当然！）適合しないでしょう。

　それでは、WordPressは所詮「ブログエンジン」にすぎないかというと、も

注1　http://rubyonrails.org/
注2　https://laravel.com/

う少し欲ばることができます。例えば、多くのWebアプリケーションは、「何かのデータを蓄積して、それを利用するシステム」と言うことができます。当たり前じゃないかと怒られそうですが、これはちょっと大事な話かもしれません。

もちろん、個々のアプリケーションごとにさまざまなデータの特性や要件が存在します。個々に最適なスキーマを用意することは、ある場面では最善の、またある場面では、唯一の選択肢となることは否定できません。しかし、多くのアプリケーションの本質と言える部分、データを保持して出力することは、実はそれほど変わらないはずです。

例えば、かわいい店員がいるお店のクチコミ情報サービス、例えば、モバイルアプリケーションのバックエンドデータサーバーなどです。また、営業活動に必要なナレッジの蓄積、施設来館者情報の管理、簡易な商品およびその在庫情報管理などもこれに該当します。それらに共通するのは、データを蓄積し、その蓄積されたデータを利用するシステムだということです。

そして、「データを蓄積して利用する」という部分で抽象化して考えてみると、それらはよく似た機能であることに気付きます。例えば、ブログのカテゴリーやタグといった分類、洋服のタイプやサイズなどの分類、またブログのコメントと、かわいい店員に対する口コミなどです。

それらは要するに演出です。データとはそもそも抽象化された現実です。どのように見せるかという部分を工夫することによって、ブログ記事にも、ショーケースにも、FAQのスレッドにもなれるはずです。

ちょうど良い湯加減で

それでは、WordPressはそれらをどのように抽象化できるのでしょうか。

本書の「**第5章　WordPressの基本アーキテクチャ**」でも詳しく解説しますが、WordPressのデータベース構造はとてもシンプルです。テーブルは全部で12個あります。その中で主要な概念を表すエンティティ（データの実体）はたったの4つに過ぎません。それは投稿データを扱うwp_postsテーブル、ユーザーを扱うwp_usersテーブル、コメントを扱うwp_commentsテーブル、カテゴリーやタグなどの分類を扱うwp_term_taxonomyテーブル注3です。

まさに、一般的なブログのデータを表現しているスキーマに見えますが、でもどうでしょうか。「たったこれだけのテーブルで作れるWebアプリケーショ

注3　バージョン3.4以前にはリンクという機能もありましたが、バージョン3.5以降は、リンク機能がデフォルトで非表示の機能となるなど、今後はあまり利用されないと考えられるため、本書では割愛します。

第1章　WordPressとは

ンなんて限られているよ」と思われたでしょうか？

　いや、そうでもないですよ。割といけます。もっと言うなら、ちょうど良い湯加減です。

　少し例を挙げてみましょう。WordPressで投稿（*Post*）と呼ばれる組込みの記事データは、wp_postsテーブルに保存されます。さて、WordPressでは画像などのファイルも管理しますが、実はこの情報はwp_postsテーブルに格納されています。また、WordPressの基本機能にサイトのメニューを管理する機能がありますが、こちらもwp_postsテーブルにデータが保存されています。もう1つ、WordPressには記事データの編集履歴を管理する機能も組み込まれていますが、これらの履歴もまたwp_postsテーブルに格納されています。

　このようにWordPressでは、組込みの機能に必要な異なった特性のデータの保存にwp_postsテーブルを利用しています。これはRailsなどにある単一テーブル継承（*Single Table Inheritance*）と似た概念かもしれません。そして、このようなデータの管理をとても簡単に扱えるように工夫されたAPI（と、それ以上のもの！）がWordPressには備えられています。開発者はこれらを用いて、いわゆるブログ記事のようなデータ以外の、さまざまな独自のエンティティを多彩に表現できます。

　そういった意味で、WordPressはブログだけのシステムではなく、開発者の気付きと演出次第では、さまざまなエンティティをとても少ないステップで表現できるプラットフォームにもなり得るのです。

必要な要件に愛を

　そうは言っても、抽象度の高いスキーマ[注4]は大きな制約をもたらすこともあります。例えば、複雑なアプリケーションの構築にWordPressは向いていません。それでもWordPressを用いるメリットはあるでしょうか？

　すでに述べたように、WordPressには、いろいろな属性のデータを簡単に表現できる手段があります。しかし、実際に開発されるアプリケーションでは、その他にも多くの要求が出てきます。

　まずは主要なエンティティのCRUD[注5]の画面が必要です。さらに編集権限などを確認するためのユーザー認証と権限まわりの仕組みも必要です。さらに、エンティティをうまく分類し、検索するための仕組みも必要になります。

注4　「ブログベースのスキーマ」と言ったほうが正しいと思いますが、ここはあえて前向きな表現としています。

注5　Create（生成）、Read（読み取り）、Update（更新）、Delete（削除）をまとめた用語です。

ライセンス ● 1.2

またユーザー登録が必要なアプリケーションの場合は、ユーザー登録に関する一連の処理の画面作成や実装、ちょっと気の利いた仕様であれば、「Facebookや Twitter アカウントで OAuth 認証できるようにしないとね、当たり前だよね」と誰かに言われることもあるでしょう。

Web サービスやアプリケーションの開発にあたっては、そのアプリケーションの本質的な部分の他にも、それを支えるためのさまざまな定型的な仕様の実装が必要になります。

WordPress では、標準機能やプラグインを用いて、これらの機能を簡単に導入できます。しかも必要なものには、その管理画面も提供されています。標準機能はもとより、導入したプラグインも多くの場合は、「そのままユーザーに提供できるもの」のはずです。

もちろん、「すべて！なんでも！」とは言いません。しかし、WordPress の魅力である豊富なプラグインは、多くの課題を解決してくれるでしょう。そしてあなたは、よくある定型的な要件の実装に時間を費やすことなく、アプリケーションの一番大切な部分に、より多くの時間、向き合うことができるはずです。

1.2 ライセンス

前述しましたが、WordPress は、GPL バージョン 2 以降の任意のライセンスに基づき開発・提供されています。

GPL というと、開発者のみなさんは少し怪訝な顔をするかもしれません。実際筆者も、開発に使いたい製品が GPL ライセンスだとちょっと身構えます。受託で開発する製品に GPL ライセンスのライブラリを利用すると、自分が開発したソースコードも公開する必要があるのではないかと心配になったりします。

それでは、WordPress ベースで Web サイトやサービスを開発したら、そのソースコードを公開する必要があるでしょうか？

答えは大丈夫です。その必要はありません。これは受託開発で請け負った場合についても同様です。あなたはクライアントに「その心配はありません」と伝えることができます。

GPL の解釈としては、あなたが開発した成果物を配布する場合、GPL の互換

5

第1章 WordPressとは

ライセンスを選択しなければならないという理解のほうが近いでしょう[注6]。

筆者は、Webで公開されるサービスやサイトの場合について、配布の解釈を気にしていましたが、WordPressのコミュニティでこれを学ぶことができました。例えば、あなたがWordPressを改変して独自のCMSとしてリリースする場合は、GPLのライセンスに基づいて手続きされなければなりません。しかし、WordPressで作ったWebサイトやサービスを公開すること自体は、あくまでソフトウェアの利用であって配布にあたらないため、問題とはなりません。

1.3 WordPressが持つ魅力

美しい管理画面

本書では、WordPressをWebアプリケーション開発のプラットフォームとして利用することを目的としていますが、多くのアプリケーションでは、管理者がデータをメンテナンスするための管理画面が必要です。WordPressにもWebサイトやブログのメンテナンスを目的とした管理画面がデフォルトで用意されています(図1.1)。

■ 図1.1　WordPressの管理画面

注6　GNUライセンスに関してよく聞かれる質問
　　　http://www.gnu.org/licenses/gpl-faq.html#GPLRequireSourcePostedPublic

WordPressのすてきなポイントの1つとして、この管理画面がとても美しいことが挙げられます。これは、WordPressでアプリケーションを開発する際に、そのアプリケーションが持つ魅力となるでしょう。

もちろん、アプリケーションによってはカスタマイズが必要になりますが、WordPressでは管理画面のカスタマイズで利用するAPIも豊富に用意されています。本書では、「**第11章　管理画面のカスタマイズ**」で管理画面のカスタマイズ方法について解説しています。

豊富なテーマ

他のブログシステムと同様に、WordPressでもブログやサイトの外観を変更できるテーマ機能を備えています（**図1.2**）。テーマの検索やインストールは、管理画面から実行可能です。検索オプションは、色やレイアウト構成から選択できますが、テーマが備えている機能でも選択できます。

■ 図1.2　テーマの管理画面とインストール画面

WordPressのテーマは外観だけでなく、そのサイトが備えるべき機能も提供します。つまり、WordPressで開発するということは、そのテーマを開発することを意味します。言い換えると、テーマはWordPressにおける実装コンテナと言えます。

テーマの開発にはいくつか押さえておくべき基本的なルールがあります。本書では、「**第6章　テーマの作成・カスタマイズ**」でテーマの基本的な考え方や、主要なルールとそのポイント、具体的な開発例などを紹介しています。

第1章 WordPressとは

強力なプラグイン

　アプリケーションのプラットフォームとしてWordPressを採用した場合、その恩恵を最も感じることができるのは、プラグインの導入でしょう。

　WordPressでは、プラグインもまたテーマと同様に、管理画面からインストールできます（**図1.3**）。あまり目立ちませんが、機能をプラグインというカタチで管理画面からインストールできるのは、とても利便性が高いことです。

■ 図1.3　プラグインのインストール画面

　例えば、何かのプラグインを探しているとしましょう。目ぼしいものが見つかったあとのダウンロード・解凍・所定のディレクトリへの配置、アップロードという一連の作業は意外に面倒です。そのプラグインをとりあえず試したいぐらいであれば、なおさら気の重い作業になるはずです。

　しかし、WordPressのプラグインは、管理画面から簡単にインストールして利用できます。そのため、とりあえず試してみたり、似た機能を持った複数のプラグインを比較することなども手軽に行えます。

　また、管理画面でプラグインのソースコードも編集できます。プラグインの編集画面（**図1.4**）に移動すると、プラグインのファイル一覧と、そのソースコードの閲覧や編集が可能です。実際に管理画面でソースコードを編集することはほとんどありませんが、場合によっては少し便利な機能になるはずです。

　これらのことは考え方を変えると、良質なサンプルソースを検索でき、加えてその動作の確認まで手軽にできるということを意味します。

■ 図1.4　プラグインの編集画面

　検索で見つかったプラグインがあなたの要件にピッタリなものであれば、そのまま導入してシステムに組み込めます。また、そのプラグインが欲しい機能と少し違っていたら、そのプラグインに変更を加えてから導入することもできます[注7]。本書では、「**第4章　プラグインによる機能拡張**」で管理画面のカスタマイズ方法について解説しています。

自動アップデート

　WordPressにインストールしたテーマやプラグインは、自動アップデート機能によって、管理画面でバージョン更新通知を受け取り（**図1.5**）、管理画面からプラグインのバージョンアップもできます（**図1.6**）。また、WordPress自体でバージョンアップがあった場合も、管理画面で同様の通知を受け取り、アップデートできます。

■ 図1.5　プラグインの管理画面での更新情報の通知

注7　ただし、その後も元のプラグインが更新されることを考えると、あまり望ましい方法ではないかもしれません。

■ 図1.6 プラグイン更新中の画面

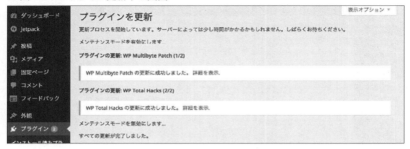

　もちろん、この更新作業によって、導入済のプラグインやテーマ、あるいはあなた自身が開発したプログラムで、何らかの問題が起きるかもしれません。しかし、バグやセキュリティリスクを含むおそれがある古いリリースを、安全にかつ手軽に最新版へ更新できることはとても重要です。また、単に手軽に更新できるだけでなく、その必要性をサイトの管理者に教えてくれること自体に、大きな有用性があるはずです。

1.4　WordPressのエコシステム

　WordPressには、いろいろなエコシステムが用意されています。

WordPress.org

　WordPress.org[注8]は、前述の自動更新機能やテーマ・プラグインのディレクトリをホストしてくれるWebサイトです（**図1.7**）。
　このサイトでは、WordPress本体のダウンロード、サポートフォーラム、ドキュメント（Codex[注9]）、またテーマやプラグインなどが提供されています。開発を行う際、頻繁に参照することになるでしょう。日本語版サイト[注10]も提供されています。

注8　http://wordpress.org/
注9　http://codex.wordpress.org/
注10　http://ja.wordpress.org/

■ 図1.7　WordPress.org

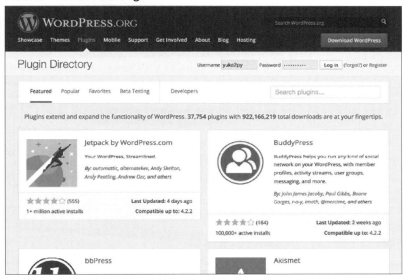

Codex ──ドキュメントリファレンス──

　Codexは、WordPressの公式オンラインドキュメントです。本家の他に日本語版サイト[注11]も用意されています。インストールからAPIリファレンスまで、WordPressの技術的な情報が幅広く掲載され、開発者が最も参照することになるサイトです（**図1.8**）。

注11　http://wpdocs.osdn.jp/

第1章 WordPressとは

■ 図1.8　Codex日本語版

　筆者の印象ですが、WordPressについてWebで検索すると、多くの検索結果が得られる一方、それらは単なるプラグインの使い方であったりして、実際の開発にはあまり役に立たないように見えました。そのような場合は、Webでの検索ではなく、Codexを参照・検索してみることをお勧めします。Codexにはまとまった情報が掲載されており、Webで検索するよりも必要な情報をすばやく得られる場合があります。

　Codex日本語版サイトは、有志の活動によって提供されています。そのため、本家に比べて情報が古かったり、本家にはあって、日本語版サイトにはないページもありますので注意してください。なお、Codexのサイトから申請すれば、誰でもCodexの編集者になることができます。

フォーラム

　WordPressには、サポートの一貫として質問や議論が行えるフォーラム[注12]が用意されています。わからないことがあれば、質問を投稿し、他のユーザーによるサポートが受けられます。WordPressについてより深く、広く学びた

注12　http://wordpress.org/support/

い場合は、このフォーラムを講読することをお勧めします。開発に関する情報やプラグインに関する情報など、幅広く情報を得られるはずです。日本語版サイト[注13]も提供されています（**図1.9**）。

■ 図1.9　日本語フォーラム

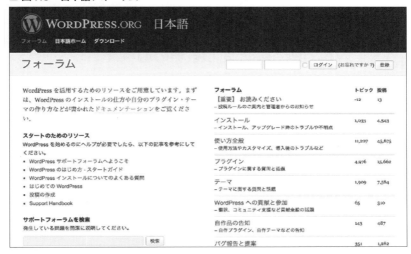

WordBench ──ユーザーコミュニティ──

WordPressには、WordBench[注14]というユーザーコミュニティが各地に存在し、勉強会や懇親会などの活動を通じてWordPressのエコシステムの発展に貢献しています。

筆者もWordBench神戸[注15]に参加していますが、WordBenchを通じて学べることがたくさんありました。WordBench神戸では、ユーザーからデザイナー、そして開発者まで、幅広い内容で活発に活動が行われています。

システムエンジニアである筆者も、ユーザー向けやデザイナー向けの勉強会に参加することで得られた知見が多くありました。例えば、管理画面の細かな機能の紹介、便利なプラグインの紹介などです。これらの情報を得ることは、

注13　http://ja.forums.wordpress.org/
注14　http://wordbench.org/
注15　http://wordbench.org/groups/kobe/

第**1**章　WordPressとは

WordPressで開発するメリットを最大化するためには実はとても重要なことです。普段はテスト自動化や美しいコードの書き方ばかりを気にする筆者も、勉強会の中で、「なるほど、コードを書かなくてもできるじゃないか！」「こんなプラグインがあったのか！」といった気付きに出会えたことが多くありました。

1.5　WordPressと関わる際の心構え

　ここまでで、WordPressの魅力とそれを取り巻く環境などについて紹介しました。それでは、WordPressをアプリケーションのプラットフォームとして導入する際、そのメリットを活かすために、どのように考えていけば良いのか、筆者の経験を踏まえて少しお話しします。

外部設計

　WordPressを導入すると決めたのであれば、これまでと少し違った心構えが必要になるかもしれません。

　あなたの前にWebシステムの要件がいくつか存在するとします。その中でまず考えなければならないことは、「プラグインでできることはどれか？」です。クライアント要件をよく吟味して、プラグインの導入を積極的に考えていきましょう。

　プラグインを適切に導入するには、事前にプラグインについての知識を備えておくことが大切です。幸いなことにプラグインの紹介を目的とした良書が多数出版されていますので、参考にしてみてください。なお、本章でも「**第4章 プラグインによる機能拡張**」で、よくある要件に対応するための主なプラグインを紹介しています。

　筆者自身、何らかの機能を実装したあとに、他のエンジニアから「それ、既存のプラグインでできるよ」と言われたことがありました。そしてたいていの場合、自ら開発したプラグインよりも既存プラグインのほうが高機能でした。既存のプラグインの存在を知っていて、かつ利用していれば、その機能の実装にかけたコストを他の機能の実装に配分できたでしょう。そのような見方がWordPressにおける開発では重要なことです。「品質とは何か」を広い視野で考えたときに、WordPressは、優れた付加価値を創り出してくれるかもしれません。

14

詳細設計・プログラミング

　当たり前の話ですが、できるだけWordPressのルールに従うことが開発におけるポイントとなります。WordPressのAPIはとてもシンプルで、覚えるべき概念も比較的少ないため、割と早めに理解できた気分になります。

　しかし、実際に何か作ってみると、導入したプラグインが期待した動作をしないなどの事態もよく起こります。ページナビゲーションのプラグインを導入したがナビゲーションが表示されない、URLのルーティングを変更したがパンくずリストプラグインが対応しない、などがその一例です。

　WordPressをベースにした開発の強みがプラグインの利用にあるとしたら、そのプラグインがうまく動かない作りになることを避けなければなりません。そのためには、WordPressを正しく理解しておく必要があります。本書は読者をそのような理解にできるだけ近づけることを目標としています。

ディレクション

　WordPressによるメリットを活かすために、依頼主であるクライアントにWordPress本体やプラグインの制限事項を理解してもらうことが重要です。クライアントにWordPressを利用するメリットを伝えたうえで、プラグインで実装している部分については、ある程度プラグインの仕様に準じることを説明し、事前に理解してもらうことが大切です。クライアントの要求に応じて、プラグインで実現している部分に手を入れていると、想定以上のコストアップにつながることがあります。

　筆者の場合は事前説明をしたうえで、なるべくクライアント自身に、プラグインの利用について選択してもらっています。これを行うことによって、プラグインを利用せずに開発した場合のコストなどと比較して説明する際に、クライアントから一定の理解をいただける場合が多いように感じます[注16]。

HTMLコーディング

　WordPressのテンプレートファイルは、いわゆるスタンダードなPHPのソースファイルです。いわゆるテンプレートエンジンのようなものはありませ

注16　もちろんうまくいかないことも多々あります。

第1章 WordPressとは

ん[注17]。ですので、HTMLコーディングとWordPressへの組み込みを分業する場合、プレーンなHTMLで記述し、あとでWordPressのコードを挿入するパターンもあります。

テンプレートファイルのHTMLコーディングでは、WordPressの出力コードをある程度理解して書く必要があります。特に、WordPressが出力する既定のCSSクラス群をうまく活用してコーディングすることが重要です。また一部の機能には、あるパートのHTMLをまるごと関数で出力していることもあります。これを把握しておかないと、あとでCSSコーディングを追加・変更しなければならなくなるなど、余計なコストが発生します。

このように、デザインやHTMLコーディングの担当者もWordPressをある程度理解しているのが望ましいです。もちろん、外部に開発を委託する場合も同様です。

Column

WordPressのコーディング規約

WordPressにもコーディング規約は存在します。ただし、PSR[注a](*PHP Standards Recommendations*) 準拠にはなっていません。そこにもWordPressの個性が存在しているのです。

リスト1.aは、WordPressのコーディング規約に沿った短いコードです。

■ **リスト1.a　コーディング規約に沿ったコード例**

```
if ( 0 < $item->num_stocks ) {
    echo get_item_on_sale_tag();
} else {
    echo get_item_soldout_tag();
}

foreach ( $items as $item ) {
    display_item_box( $item );
}

$val = $dict['bar'];
$val = $array[0];
$val = $collection[ $bar ];
```

注17　少し検索するとSmartyを導入した事例などが出てきますが、本書では取り扱いません。

まとめ ● 1.6

第1章

```
function myfunction( $param1, $param2 = 0 ) {
    ...
}
```

　括弧の使い方がおもしろいですね。スペースは多めで、括弧の内側にもスペースが入っています。角括弧構文によるコレクションの参照では、定数値と変数で記述が異なります。また行頭インデントにはタブを利用しています。その他、コーディング規約に関する詳細は、WordPress Coding Standards[注b]を参照してください。「郷に入れば郷に……」ではありませんが、筆者はWordPressのコードを書く際は、WordPressのルールに準じて書くようにしています[注c]。

注a　PHPのコーディング規約をまとめたものです。
注b　https://make.wordpress.org/core/handbook/coding-standards/
注c　結果的にいろいろとスッキリするのがその理由ですが、複数のプロジェクトを同時並行で進めている場合は、他の言語で括弧の内側にスペースを間違えて入れてしまったりして、苦笑いしてしまいます。

1.6　まとめ

　WordPressは2016年現在、全世界でもっとも多く導入されているCMSです。テーマやプラグインなどのリソースが大きな魅力になっていることは確かですが、「なぜその資産が生み出されたのか？」を考えてみると、WordPress自体にも魅力があったことは認めざるをえません。

　本書を手にとったみなさんは、WordPressをもっと知りたい、もしくは接点を持とうとしている方だと思います。それは良い機会です。第2章以降では、WordPressをより賢く使いこなすノウハウをたくさん紹介しています。せっかくですから、世界でもっとも利用されているCMSのおもしろい部分を紐解き、楽しんでみようではありませんか。

第**2**章

環境の準備

第**2**章　環境の準備

2.1　WordPressの準備

WordPressの必要環境

WordPress 4.6の動作推奨環境は以下の通りです。

- PHP 5.6以上
- MySQL 5.6以上、またはMariaDB 10.0以上

PHP 5.2.4以上、MySQL 5.0以上の環境でも動作しますが、セキュリティ上の観点から推奨されていません。

この他にPHPからメールを送信できる環境であること、Imagick[注1]やGD[注2]などの画像処理ライブラリなどが必要になります。一般的なホスティングサーバーであれば、標準で備えられていると思います。

なお、本書で掲載するサンプルコードなどは、コードの意図を汲み取りやすいように、主にPHP 5.3以上を対象として記述しています。公式に配布するプラグインやテーマを開発する際は、PHP 5.2で動作するコードで記述する必要がありますので、適宜読み替えてください[注3]。

データベースの準備

まずMySQLに新しいデータベースを準備します。WordPressのインストール時に自動でテーブルが作成されますので、データベースは空のままでも問題ありません。なお、WordFressを他のテーブルが存在する既存のデータベースにもインストールできます。その際、他のテーブルとテーブル名が干渉しないように、インストール時にテーブル接頭辞を設定してください。

注1　http://www.imagemagick.org/
注2　http://php.net/manual/ja/book.image.php
注3　多くのWordPressユーザーがまだPHP5.2を利用していることを理由に、後方互換性を維持する方針をとっています。
　　　https://make.wordpress.org/meta/2015/03/01/major-update-to-our-version-stats-for-php-mysql-and-wordpress/

WordPressパッケージの準備

WordPress.org日本語版[注4]のトップページから最新のWordPress日本語版をダウンロードすることができます。

WordPress日本語版は、日本語環境に合わせてカスタマイズされたパッケージです。日本語の翻訳リソースだけでなく、さまざまに最適化されていますので、日本語環境のWordPress環境を構築する場合は、基本的に日本語版をダウンロードして利用することをお勧めします。

WordPressのインストール

WordPressのインストールはとても簡単です。まず、HTTPでアクセス可能な任意のディレクトリに、準備したWordPressのソースコードを配置してください。これはWebルートでも良いですし、そうでなくてもかまいません。

次に、ブラウザからファイルを配置したディレクトリを参照します（**図2.1**）。

■ 図2.1　WordPressのインストール

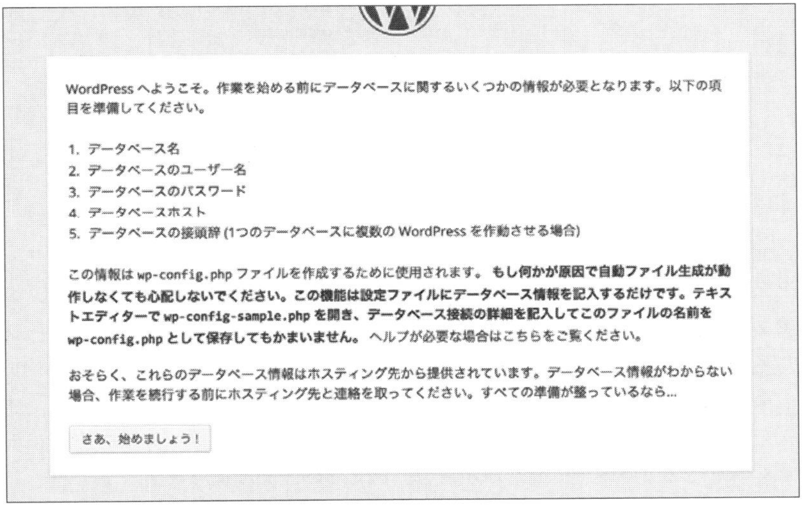

まずはインストールに必要な情報が案内されますので、それらを確認して準備を進めます。

注4　https://ja.wordpress.org/

第2章 環境の準備

　図2.1にある`wp-config.php`は、WordPressの設定情報を保存するファイル
です。データベースへのアクセス情報やデバッグモードの設定などが保存され
ています。あとの手順の際に必要な情報を入力することで自動作成されますが、
その後の開発やリリースにおいて、このファイルを開いて設定変更する場面は
多々あります。

　「さあ、始めましょう!」をクリックすると**図2.2**の画面に進みます。

■ **図2.2　データベース関連情報の設定**

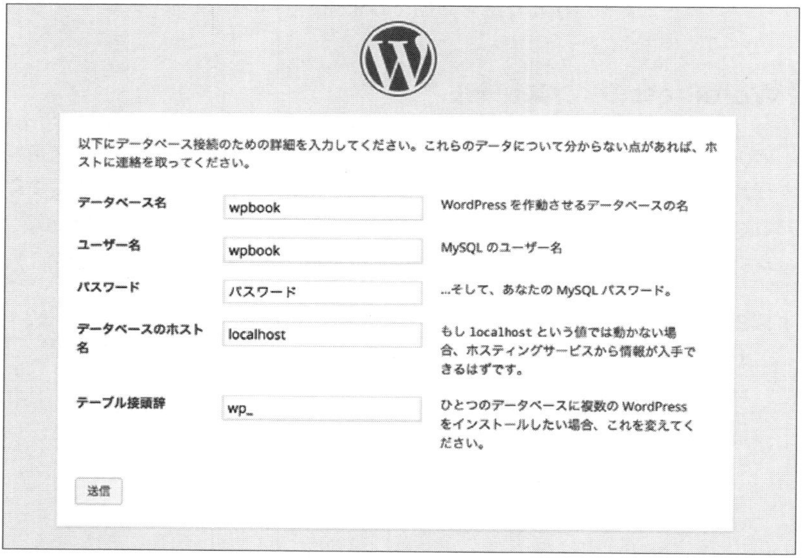

　図2.2にあるテーブル接頭辞は、すべてのテーブル名に付与されるプリフィ
クスです。デフォルトはwp_で、実際のテーブル名は、例えば投稿のテーブル
であればwp_postsという名前となります。もし利用するデータベースでテーブ
ル名が重複していれば、この設定を変更してテーブル名の重複を解消できます。

　なお、本書では、わかりやすさのためにデフォルトのwp_というプリフィク
スを付与したテーブル名を付けて解説を進めます。データベースへの接続がう
まくいった場合は確認画面が表示され、**図2.3**の画面に進みます。

　図2.3ではWordPressで必要な情報を入力します。サイト名、WordPress
の管理者アカウント情報、管理者メールアカウントなどを設定します。画面で
も説明されていますが、すべての設定は後から管理画面で変更できます。

WordPressの準備 ● 2.1

■ 図2.3　WordPressが必要とする情報の設定

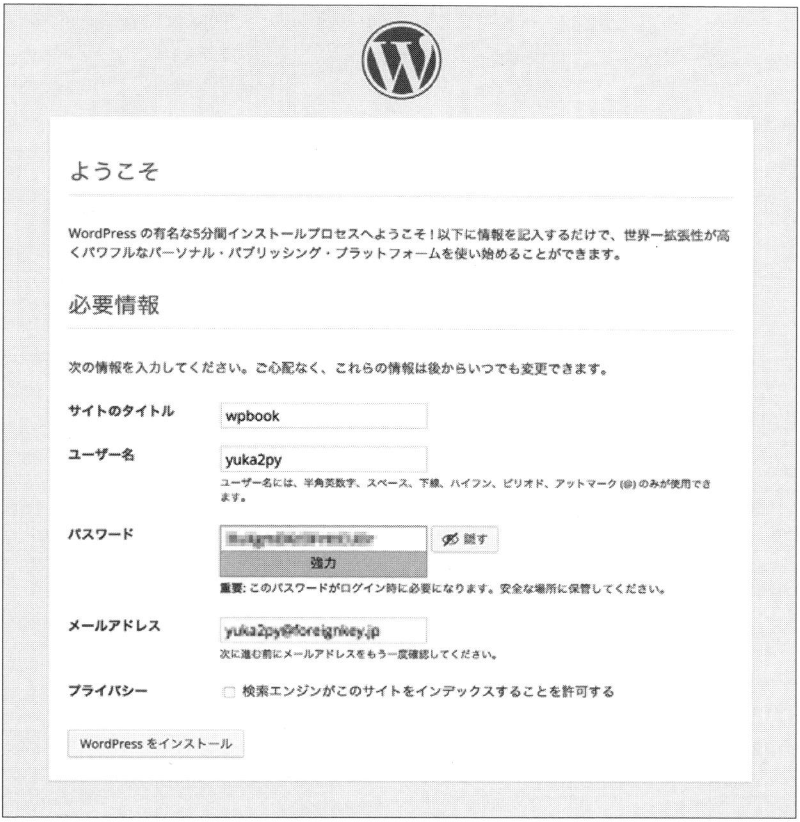

第2章

ようこそ

WordPress の有名な5分間インストールプロセスへようこそ！以下に情報を記入するだけで、世界一拡張性が高くパワフルなパーソナル・パブリッシング・プラットフォームを使い始めることができます。

必要情報

次の情報を入力してください。ご心配なく、これらの情報は後からいつでも変更できます。

サイトのタイトル	wpbook
ユーザー名	yuka2py

ユーザー名には、半角英数字、スペース、下線、ハイフン、ピリオド、アットマーク (@) のみが使用できます。

パスワード	●●●●●●●●●●●●　　💡 隠す　強力

重要: このパスワードがログイン時に必要になります。安全な場所に保管してください。

メールアドレス	yuka2py@foreignkey.jp

次に進む前にメールアドレスをもう一度確認してください。

プライバシー	☐ 検索エンジンがこのサイトをインデックスすることを許可する

[WordPress をインストール]

23

第2章 環境の準備

インストールを完了するとログイン画面（**図2.4**）になります。図2.2で設定したユーザー名とパスワードでログインすると、WordPressの管理画面のダッシュボードが表示されます。

■ 図2.4　ログイン画面

これでWordPressのインストールは完了です。

2.2　開発環境の整備

インストールが完了したら、開発の準備を行いましょう。

まずデバッグできる環境を整えていきますが、WordPressにはデバッグやテストのための気の利いた仕組み、コンビニエンスなメソッドなどがほとんど準備されていません。

ここではWordPressの開発に関連する主な設定と、よく利用されている開発に役立つプラグインなどを簡単に紹介していきます。

デバッグモードとWordPressの定数

WordPressにはデバッグモードがあります。設定ファイルである`wp-config.php`を開き、以下の行を見つけてください。

```
define('WP_DEBUG', false);
```

この設定をtrueに変更するとデバッグモードが有効になり、PHPエラーの
Noticeなどが画面へ出力されます。

WP_DEBUGの他にも指定可能な定数がたくさんあります。エラーの表示やログ
の出力、データベースクエリの記録やキャッシュなどをコントロールできます。
表2.1は主な定数です。

■ **表2.1 デバッグなどに関連したWordPressの定数**

定数名	説明
WP_DEBUG	WordPressのデバッグモードを有効にする。この設定をtrueとすると、各種のデバッグ設定が有効になる
WP_DEBUG_DISPLAY注a	trueでPHPエラーを画面に出力する。未指定時はtrueで、エラーを出力する。設定値にnullを設定すると、PHPのグローバル設定が利用される。指定する場合は、wp-config.phpで定義する
WP_DEBUG_LOG注b	trueでPHPエラーをログファイルに出力する。未指定時はfalseで、trueを指定すると、通常は{webroot}/wp-content/debug.logにログが出力される。指定する場合は、wp-config.phpで定義する
SAVEQUERIES	trueを指定すると、WordPressのすべてのデータベースへのクエリが保持される。この定数を指定しただけでは、保存されたデータは閲覧できない。自分で参照するコードを書くか、Debug Bar注cなどのプラグインを利用する。指定する場合は、wp-config.phpで定義する
DISALLOW_FILE_EDIT	trueを指定すると、管理画面でのテーマやプラグインファイルの編集機能が無効になる。未指定時はfalse。未指定の場合は、WordPressにログインするとPHPコードの編集ができるため、重大なセキュリティホールに繋がる可能性がある。ほとんどのサイトやアプリケーションにおいて、この定数を指定することが望ましい
DISALLOW_FILE_MODS	プラグインやテーマの更新およびインストールを無効にする

注a　WP_DEBUGがtrueの場合のみ有効となります。
注b　WP_DEBUGがtrueの場合のみ有効となります。
注c　Debug Barプラグインは後述（次ページ）しています。

他にもWordPressの挙動の変更やメモリ、ディレクトリ名などさまざまな
定数が存在します。それらは/wp-includes/default-constants.phpなどで確認
できます。

第**2**章　環境の準備

Column

デバッグモードの有効化・無効化

　本文で述べたように、デバッグモードを有効にすると、画面やログファイルにPHP
エラーのNoticeが表示されます。ところが、WordPressにインストールされたい
くつかのプラグインでは、あなたが期待しないNoticeを出力することがあります。
これはプラグインがうまく作られていないためですが、邪魔になることもあります。
しかし、デバッグモードを無効にするのも本末転倒です。筆者は基本はデバッグモ
ードをONとし、何か不可避な問題がある場合にだけ、OFFにして対応しています。

開発に役立つプラグイン

　WordPressには、たくさんのプラグインがありますが、ここでは、よく利
用されているシステム開発をサポートするためのプラグインを紹介します。

● Debug Barプラグイン ──デバッグメニューの追加──

　Debug Barプラグインは、たいへんよく利用されるプラグインです。プラグ
インをインストールして有効化したら、wp-config.phpに以下の設定を追加し
ます。

```
define('WP_DEBUG', true);
define('SAVEQUERIES', true);
```

　プラグインをインストールして設定を変更したあとに、WordPressの画面
を開くと、画面上部のAdmin BarにDebugというメニューが追加されます。
クリックすると、**図2.5**のような画面が表示され、**表2.2**に挙げた情報を確認
できます。

■ 図2.5　Debug BarプラグインによるSQLの表示

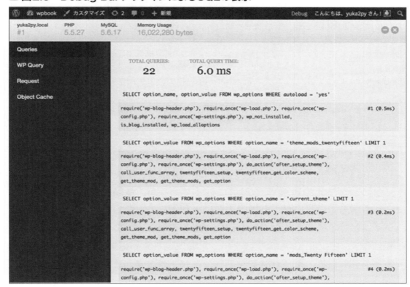

■ 表2.2　Debug Barプラグインで確認できる情報

種類	説明
Queries	WordPressが発行したSQLと、そのSQLが発行されたポイントの簡易スタックトレース
WP Query	解析されたWordPressへの問い合わせ結果（global $wp_query）の内容
Request	リクエストパスとマッチしたリライトルール
Object Cache	WordPressのメモリ内にキャッシュされているデータの状況

　この他にも、Debug Barプラグインではアドオンとなる追加のプラグインをインストールすることで、より多くの情報を確認できます。**表2.3**はDebug Barプラグインのアドオンの一覧です。

第2章 環境の準備

■ 表2.3　Debug Barのアドオン

種類	説明
Debug Bar Actions and Filters Addon	現在のリクエストについて、アクションフックやフィルターフックの状況を確認できる
Debug Bar Extender	WordPressのトータルの処理時間や、チェックポイントごとの処理時間の記録などが確認できる
Debug Bar Post Meta	現在表示されている投稿のカスタムフィールドの内容を確認できる
Debug Bar Transients	Transients API（キャッシュAPI）の現在の内容を確認したり、キャッシュを削除したりできる

● Theme Check/Plugin Checkプラグイン ──テーマ・プラグインの危険性診断──

　Theme CheckプラグインやPlugin Checkプラグインは、テーマやプラグインがWordPress.orgの審査基準に沿っているか、危険になるおそれがあるコードを含んでいないか、非推奨の機能を利用していないかなど、テーマやプラグインとしての基本的な適性を確認できるプラグインです。

　図2.6は、Plugin Checkプラグインを導入してチェックした結果です。管理画面から簡単にこのような結果を得ることができます。

■ 図2.6　Plugin Checkプラグインによるチェック結果

　ただし、これらのチェックは画一的な確認です。このチェックをパスしても、

すべてのリスクを回避できるわけではありません。逆に、これらの画一的なチェックが、開発しているアプリケーションにとって不要である可能性もありますので、利用するかしないかは適宜判断してください。

これらのチェックはあくまでも補助的なものですが、抜けやミスを未然に防ぐという意味では、とても大きなメリットがあります。また、導入した別のプラグインに問題があるかどうか確認する際にも役立てることができます。

WordPress開発において、プラグインの活用は大きなメリットであることは前章で述べました。そのメリットを最大限享受するためにも、これらのチェックを有効に活用してください。

2.3 WP-CLI ──WordPressのコマンドラインツール──

WP-CLIとは

WP-CLI(*Command Line Interface for WordPress*)は、WordPressをコマンドラインで操作するためのツールです。以下に挙げたものをはじめ、WordPressに対するほぼすべての操作をコマンドだけで実行できます。

- WordPressのインストール
- ユーザーの作成
- ユーザー権限のカスタマイズ
- テーマのインストールや切り替え
- プラグインのインストールや有効化
- WP-Cronの設定

また、一連の操作をまとめたシェルスクリプトを作成すれば、自動化も可能です。WordPressによる開発では非常に役に立つツールです[5]。

WP-CLIのインストール

本書では、WP-CLIのインストールを簡単な説明にとどめます。詳しい手順についてはWP-CLIのWebサイト[6]を参照してください。

注5 筆者は誤ったプラグインをインストールしたことによって、管理画面にログインできなくなった際、WP-CLIでプラグインを無効化して、事無きを得た経験があります。

注6 http://wp-cli.org/

第2章 環境の準備

インストールに必要な環境は以下の通りです。

- UNIXに準拠した環境（OS X、Linux、FreeBSD、Cygwinなど）
- PHP 5.3.29以上
- WordPress 3.7以上

まず、以下のようにpharファイルをサーバーにダウンロードします。

```
$ curl -O https://raw.githubusercontent.com/wp-cli/builds/gh-pages/phar/wp-cl
i.phar  実際は1行
```

次に以下のようにコマンドを実行して、pharファイルが動作するかを確認します。

```
$ php wp-cli.phar --info
```

次にwpコマンドとして使うための設定を行います。

```
$ chmod +x wp-cli.phar
$ sudo mv wp-cli.phar /usr/local/bin/wp
```

この状態でwpコマンドを実行して、以下のように出力されれば正しく設定されています。

```
$ wp --info
PHP binary: /usr/bin/php
PHP version:    5.4.36
php.ini used:    /etc/php.ini
WP-CLI root dir:    phar://wp-cli.phar
WP-CLI global config:    /home/vagrant/.wp-cli/config.yml
WP-CLI project config:
WP-CLI version: 0.18.0
```

以下では、利用中のWordPressのWP-Cronイベントの一覧を取得しています。プラグイン名とステータスや、バージョンなどを確認できます。

```
$ wp cron event list
+--------------------+---------------------+--------------------+----------+
|hook                |next_run_gmt         |next_run_relative   |recurrence|
| wp_version_check   | 2016-09-25 15:38:30 | 11時間 31 minutes | 12時間   |
| wp_maybe_auto_update | 2016-09-25 10:00:00 | 5時間 53 minutes | 12時間   |
| wp_update_plugins  | 2016-09-25 15:38:30 | 11時間 31 minutes | 12時間   |
| wp_update_themes   | 2016-09-25 15:38:30 | 11時間 31 minutes | 12時間   |
```

2.4 VCCWによる環境構築 ──Vagrantベースの開発環境──

WordPressを開発するためのローカル環境構築には、いくつかの方法がありますが、Vagrantを利用した開発環境の構築が非常に楽に行えます。

VCCWとは

仮想環境構築ツールVagrantを利用した環境構築の代表的な方法として、VCCW(*Vagrant Chef CentOS Wordpress*) によるものがあります。VCCWは、WP Total hacksプラグインなどの著名なプラグインの開発者である宮内隆行氏が開発しています。

VCCWは、WordPressの開発環境向けにチューニングされたVagrantの設定ファイルです。PHP、MySQL、Apache、Git、gruntなどの環境がインストールされるだけでなく、WP-CLIやWordmove（デプロイツール）など、WordPress開発者がよく使うツールも同時にインストールされます。

VCCWのインストール

インストールに必要な環境は以下の通りです。

- VirtualBox 4.3以上
- Vagrant 1.5以上

なお、筆者はOS X (Yosemite)で実行しています[注7]。

まず、以下のようにGitHubリポジトリからクローンを実行します。

```
$ git clone git@github.com:vccw-team/vccw.git
```

Gitが使えない環境の場合は、VCCWのWebサイト[注8]からファイルをダウンロードしてください。

PCのスペックやネット環境によりますが、`vagrant up`コマンドを実行してから、約15分～30分で環境構築が終了します（**図2.7**）。

VCCWのバージョン2.8.1の初期設定では、http://wordpress.local/ にア

注7 筆者自身はWindowsでの検証は行っていませんが、同僚のWindows 7環境では動作していました。
注8 http://vccw.cc/

第2章 環境の準備

クセスすると、VirtualBox上に構築したWordPressを確認できます。ただし、Windowsの場合は、hostsファイルの更新を自動的に行わないため、以下のように自分で書き換える必要があります。

```
wordpress.local 192.168.33.10
```

■ 図2.7　VCCWによるWordPress環境の構築

本書では、インストール以降の使い方については割愛しています。詳しくはVCCWのWebサイトおよびGitリポジトリ内のREADME[注9]を参照してください。

2.5 まとめ

本章では、WordPressを利用するにあたっての環境構築の手順や、開発を始める前に知っておいたほうが良いプラグインを紹介しました。次の第3章では、WordPressの基本機能を簡単に紹介していきます。

注9　https://github.com/vccw-team/vccw/blob/master/README.md

第3章

基本機能

第3章 基本機能

3.1 表示オプション

　表示オプションは、管理画面全般に備わっているインタフェースです。管理画面のレイアウトを変更したり、その画面で利用可能な機能の表示・非表示を任意に設定できます。この表示オプションにおいて、デフォルトでは非表示で設定されている機能は、たとえ便利なものであってもなかなか気付かず、結局使わないことになります。ですので、表示オプションを一度開いて、どのような機能があるのかを確認しておくと良いでしょう。

　表示オプションは管理画面右上にある、[表示オプション]をクリックして利用できます(**図3.1**)。

■ **図3.1　投稿画面の表示オプション**

3.2 投稿と固定ページ

　WordPressに組み込みで提供されている投稿と固定ページは、WordPressが扱う記事データの形式(投稿タイプ)で、基本的なデータはいずれも`wp_posts`テーブルに保存されます。

　投稿は、ブログ記事などの随時更新される記事データをサポートするためにセットアップされています。カテゴリーやタグによる分類をサポートしています。

　固定ページは、一般的なWebサイトで更新頻度の低いページを作成する場合に適するようにセットアップされています。固定ページは、各ページに親子関係を持つことができ、例えば「トップ > 会社情報 > 沿革」といった階層のあるサイトのページ構造を簡単に表現できます。

　図3.2は投稿の編集画面です。また、**表3.1**は投稿や固定ページでサポートされている主な機能をまとめています。

■ 図3.2　投稿の編集画面

■ 表3.1　主な投稿と固定ページの設定項目

項目	説明
投稿タイトル	投稿のタイトル
本文	投稿の本文
フォーマット（投稿のみ）	投稿の表現方法についてのメタ情報を設定する。利用するにはテーマのサポートが必要
カテゴリーとタグ（投稿のみ）	投稿には1個以上のカテゴリーと、0個以上のタグを設定できる。また、カテゴリーに階層の概念があるがタグにはない
アイキャッチ画像	投稿のサムネイルを設定する。テーマのサポートが必要
ステータス	公開済み、下書き、レビュー待ちなど、投稿の状態を設定する
公開状態	投稿の非公開・閲覧にパスワードを求める設定や、その投稿の先頭部分の固定表示などを設定する
公開日時	未来の日時を指定して、予約投稿が可能
ディスカッション	投稿へのコメント、トラックバック、ピンバックの許可の設定
スラッグ[注a]	投稿に付与するユニークで読み上げ可能な識別子。WordPressの設定によっては、投稿のパーマリンクの一部としても利用される
カスタムフィールド	投稿に紐付けて追加データを保存できる、WordPressの重要な機能の標準のインタフェース。例えば、商品の値段などの表現が可能
作成者	投稿の作成者
リビジョン	投稿の変更履歴
ページ属性（固定ページ）	ページの親子関係や順序、個別に適用したいテンプレートなどを設定する

注a　タクソノミーに付与するユニークな識別子のことです。表示適性が高い英数字で付与します。

第**3**章　基本機能

　このようにWordPressは、一般的なWebサイトでよく利用されるであろう、2つの投稿タイプが標準で準備されており、それぞれに適した設定でセットアップしてくれます。そして開発者は、投稿や固定ページの他にも、独自の投稿タイプを任意の設定で簡単にセットアップすることができます。

　これらの機能は、他のブログシステムにもよくある機能ですが、WordPressでは、開発者がカスタマイズしたり、見せ方をアレンジすることで、さまざまな意味合いのデータを表現することができます。例えば、TODOという投稿タイプを作成し、その投稿ステータスとして「至急」「重要」「ふつう」「これはまあ後で良いか」「完了」などで表現できます。

3.3　メディア ──ファイル管理機能──

　メディアとは、WordPress上で画像を始めとした、さまざまなファイルを管理する機能です（**図3.3**）。メディアのメタデータもwp_postsテーブルに保存される投稿タイプの1つです。他の投稿タイプと同様にタイトルやファイルの説明（本文）を保存できます。また、フロントサイトにファイルそれぞれ固有の公開ページを持つこともでき（テーマの対応は必要）、それらのファイルのページへのコメントを許可・禁止することもできます。

■ 図3.3 メディアの編集画面

ファイルが画像の場合は、キャプションやaltテキスト[注1]も設定できます。

また、アップロード時に自動でサムネイルが作成されます。サムネイルの画像サイズは、テーマによって決められています。開発者は自分のアプリケーションで設定することによって、任意のサイズのサムネイル画像を必要な数だけ準備できます。

3.4 カテゴリーとタグ ——タクソノミー——

カテゴリーとタグは、投稿を分類（タクソノミー）するために標準でセットアップされています。また、カテゴリーは親子関係を作って階層的な分類にすることも可能です。

投稿データと同様に、タクソノミーも開発者が自由に追加したり、設定できます。**図3.4**はカテゴリーの編集画面ですが、ほんの数行のコードを記述するだけで、任意の投稿タイプに任意のタクソノミーを追加し、これと同様の管理画面を準備できます。

注1 画像などが表示されない場合に、代わりに表示するためのテキスト要素のことです。

第3章 基本機能

　例えば、商品という投稿タイプに色、サイズ、形状といった分類も簡単に追加できます。そして、各分類ごとにメンテナンス画面が提供されます。

■ **図3.4　カテゴリーの編集画面**

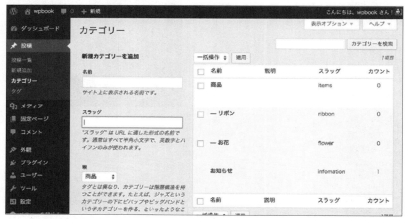

3.5　投稿フォーマット

　投稿フォーマットは、投稿データの表示方法の指定を標準化する目的で導入された機能です。aside、gallery、imageなど、標準も含め10個のフォーマットの種類が規定されています（**表3.2**）。

■ 表3.2　投稿フォーマットの種類（標準を除く）

種類	説明
aside	Facebookのノートのような内容。通常はタイトルを伴わない
chat	チャット履歴のような内容
gallery	画像ギャラリーのような内容。画像やギャラリーのショートコードを含む
link	外部へのリンク。投稿内容の最初のaタグをその投稿の外部リンクとする。あるいは投稿内容がURLのみであれば、その投稿のリンク先とし、投稿タイトルをリンク表示名とする
image	単独の画像。投稿内の最初のimgタグをその投稿の画像とする。あるいは投稿内容がURLのみであれば、それを画像URLとし、投稿タイトルを画像のtitle属性とする
quote	引用文。投稿中にblockquoteが含まれること。あるいは、投稿内容を引用文とし、投稿タイトルで出典・作者を表す
status	短い近況の報告。Twitterのような内容
video	単独の動画。投稿中のvideoやobject/embedタグをその投稿の動画と見なす。あるいは投稿本文がURLのみであれば、それを動画URLとする。またテーマが動画をサポートする場合は、投稿の添付ファイルとして動画を含めることができる
audio	音声ファイル。ポットキャスティングにも利用できる

　テーマは投稿フォーマットをサポートしています。投稿フォーマットに応じてテンプレートの一部を切り替えて、フォーマットごとに異なったビューを提供できます。開発者がフォーマットを独自に追加する仕様ではない[注2]ため、アプリケーションでの幅広い応用には向きませんが、ユーザーのさまざまな種類の投稿を扱うシステムでは有用かもしれません。

3.6　テーマのカスタマイズ

　テーマは、サイトの外観だけでなくそのサイトが備える機能も提供しています。WordPressをベースとした場合は、このテーマを実装コンテナとして開発するケースが多いでしょう。

　WordPressのテーマでは、ユーザーがフロントサイトの外観（ヘッダー画像や背景画像、サイトの基本色など）をカスタマイズするためのいくつかの機能が提供されています（**表3.3**）。

注2　投稿フォーマットという機能自体が、投稿の種類を標準化し、テーマ間での互換性や、外部ブログツールとの連携などの目的として導入されたものですので、いたしかたないところではあります。

第**3**章　基本機能

■ 表3.3　主なテーマの外観のためのカスタマイズ機能

項目	説明
テーマカスタマイザー	テーマの外観をユーザーがプレビューを見ながらカスタマイズできる機能を提供する。テーマのサポートが必要。Theme Customization APIを用いてサポートする
カスタムヘッダー	任意の画像をテンプレート内に表示できる機能。主にサイトのヘッダー画像のカスタマイズのために利用される。テーマのサポートが必要
カスタム背景	任意の画像をサイトの背景として表示できる機能。テーマのサポートが必要

3.7　ウィジェット

　ウィジェットは、テーマやプラグインで登録されたパーツを、サイト内の任意の場所にユーザー自身が選んで設置できる機能です（**図3.5**）。

　Webサイトのサイドバーなどで、最近の投稿や最近のコメント、タグクラウド[注3]などの表示・非表示を切り替えたり、またその配置をドラッグ＆ドロップで並べ替えたりできます。

　ウィジェットを配置するプレースホルダーは、テーマの開発者が好きな位置に複数設定できます。またウィジェット自体もテーマやプラグインを使って開発者が提供できますので、ブログのサイドバー的なものに限らず、フロントサイトの構成要素をユーザーがさまざまにカスタマイズできる機能として利用できます。ウィジェットの実装については「**12.7　ウィジェット ──追加機能の実装──**」で解説します。

注3　タグ文字列を雲のように表示し、色や文字の大きさなどで視覚的に情報を表示できます。

■ 図3.5　ウィジェットの管理画面

3.8　カスタムメニュー

　カスタムメニューは、テーマでサポートするメニューなどを作成する機能です。グローバルメニューやフッターメニューなどを、ユーザー自身が任意にカスタマイズして利用できます。

　メニュー項目は、サイトの投稿やアーカイブを選択したり、任意のURLを指定して追加できます。また、項目をドラッグ＆ドロップで並び替えができて、階層化もサポートされています。メニューを表示するプレースホルダーはテーマの開発者が任意に設置でき、ユーザーはどのメニューをどのプレースホルダーに表示するかといった選択ができます。

　なお、カスタムメニューの管理画面（**図3.6**）では、表示オプションで隠れている機能が多いです。メニュー項目に独自のCSSクラスも設定できますので、一度表示オプションをすべてONにして確認してみることをお勧めします。

第3章 基本機能

■ 図3.6　カスタムメニューの管理画面

3.9 ユーザーと権限

　WordPressには柔軟性の高いユーザー管理と、ユーザー権限管理の仕組みが備わっています。**図3.7**はユーザーの一覧画面です。新規ユーザーの追加、削除、編集の他、ユーザーに権限グループ（*Role*）を割り当てることができます。標準の権限グループは管理者、編集者、投稿者、寄稿者、購読者と5種類で、それぞれに必要な権限（*Capability*）がセットアップされています。

■ 図3.7　ユーザー管理画面

　開発者にとって、WordPressのユーザー権限管理の仕組みはシンプルです。ユーザーに対して権限を直接、または権限グループを通して間接的に割り当てることができます。また、独自の権限や権限グループを追加することもできます。詳しくは「**第10章　ユーザーと権限**」で解説します。

　なお、ユーザーの権限の管理や付与にはプラグインの利用も便利です。本書でも「**4.5　User Role Editor──ユーザー権限──**」でプラグインを紹介します。

　また、WordPressではユーザーを管理者が登録する以外に、不特定のユーザーがサイトのユーザー登録画面を通じて自分でユーザー登録を申請できるオプションもあります。これは管理画面の「設定 > 一般 メンバーシップ」にある「誰でもユーザー登録ができるようにする」から有効にします。

3.10　サイト設定

　管理画面の設定タブでは、サイト全般の表示や挙動に関するいろいろな設定ができます。主な項目を**表3.4**にまとめています。

第3章 基本機能

■ 表3.4　サイト設定の主な項目

区分	項目	説明
一般	サイトのタイトル キャッチフレーズ	通常は、サイトのタイトルとディスクリプションを設定する
	WordPressアドレス(URL) サイトアドレス(URL)	WordPressコアファイルのインストール先URLと、このサイトやシステムのURL。通常は同一だが、WordPressのコアファイルを別ディレクトリに配置したい場合、WordPressアドレスを変更する
	メールアドレス	管理用メールアドレス
	メンバーシップ	「だれでもユーザー登録ができるようにする」を有効にすると、フロントサイトにユーザー登録用の画面が公開され、不特定のユーザーがユーザー登録できるようになる
	新規ユーザのデフォルト権限グループ	新しいユーザのデフォルトの権限グループを設定
	タイムゾーン 日付のフォーマット 時刻のフォーマット 週の始まり	日時のフォーマットやタイムゾーンなどの設定。「週の始まり」は標準のカレンダーウィジェットのフォーマットに利用される
投稿設定	投稿用カテゴリーの初期設定	「投稿」のカテゴリーのデフォルト設定。カテゴリー指定なしで投稿された場合、ここで設定したカテゴリーが指定される
	デフォルトの投稿フォーマット	「投稿」のフォーマットのデフォルト設定
	メールでの投稿	メールから投稿するための諸設定。POP3で受信できる特定のメールボックスにあるメールを自動的に「投稿」として投稿する
	更新情報サービス	XML-RPCによるping送信オプション
表示設定	フロントページの表示	トップページに表示する内容などを指定する。デフォルトは「最新の投稿」で、トップページに投稿の一覧が表示される。「固定ページ」を選択すると、「フロントページ」のセレクトボックスで指定した任意の固定ページがトップページに表示される。「投稿ページ」は少しわかりにくいが、トップページを固定ページにして表示されなくなった投稿の一覧を、代わりに表示させるページを指定する。ここで指定した固定ページは、その内容なども無視されて投稿の一覧が表示されるようになる
	1ページに表示する最大投稿数	投稿の一覧や各種アーカイブページなど、一覧ページで1ページに表示される投稿数を指定できる。なお、開発者はプログラムからこの数値を特定のページや条件で上書きすることもできる

続く

44

サイト設定 ● 3.10

表示設定	RSS/Atom フィードで表示する投稿数 RSS/Atom フィードでの各投稿の表示	RSS/Atom フィードの出力件数と、投稿の本文の全文を出力するか、抜粋を出力するかなどを選択する
	検索エンジンでの表示	検索エンジンへのインデックスの許可／非許可を設定する
ディスカッション	投稿のデフォルト設定	サイト全般についての、コメントの許可、ピンバック／トラックバックの送信や受信許可を設定する
	他のコメント設定	コメントの必須入力項目の設定、ユーザーのみへのコメント許可の他、コメントに関する詳細設定を行う
	自分宛てのメール通知	コメントが投稿されたときの著者へのメールでの通知を設定する
	コメント表示条件	コメントの公開での管理者によるモデレーションの要否と、その関連設定を行う
	コメントモデレーション コメントブラックリスト	コメントの内容から、モデレーションの一部やスパム判定を自動化する設定を行う
	アバター	コメント投稿者のアバター表示の有効化や、各種設定を行う
メディア	画像サイズ	画像のサムネイルや、自動で準備される縮小画像などの大きさを設定する。サイズに 0 を指定すると、そのサイズの画像は生成されない
	ファイルアップロード	ファイルアップロード先についてのオプションを設定する
パーマリンク設定	共通設定	投稿のパーマリンク構造を設定する。いくつかの標準的な設定か、あるいはパーマリンク構造タグを利用して、任意の設定を指定できる
	オプション	標準の「投稿」にセットアップされたカテゴリーとタグのアーカイブページのリンクの一部を指定できる

第3章

　以上のように、とてもたくさんの項目を管理画面から設定でき、たいへん便利ではありますが、あなたがテーマを作成する場合は、必要に応じてこれらのオプションをテーマがサポートする必要があることに注意してください。

　なお、あなたが作ろうとしているものが一般的な Web サイトでなく、Web アプリケーションなどであれば、これらのほとんどのオプションを使用しないかもしれません。

　サポートしていないオプションの設定画面を表示しておくことに問題がある場合、開発者は管理画面のメニュー表示をカスタマイズすることもできます。管理画面のカスタマイズ全般については、「**第 11 章　管理画面のカスタマイズ**」で解説します。

45

第3章 基本機能

3.11 まとめ

　WordPressの基本機能を知っておくことは、WordPressによるアプリケーション開発で非常に重要なことです。これらを理解していないと、カスタマイズの実装に余計な工数がかかったり、実はすでに用意されている機能を手間をかけて自分で実装してしまうなどの無駄に繋がることもあります。自分では理解していると思っている方も、もう一度確認して効率的な開発を行ってもらえると幸いです。

第 **4** 章

プラグインによる
機能拡張

第4章 プラグインによる機能拡張

4.1 Toolset Types ——エンティティの追加と構成——

エンティティとは

WordPressでは、カスタムフィールド、カスタム投稿タイプ、カスタムタクソノミーと呼ばれる、いろいろなデータ表現を構成するための3つの重要な機能があります。これらを利用することで、例えば商品といったデータ型を作成し、価格などの属性、またその色、サイズといった分類を扱うことができます。また、この価格、色、サイズなどをエンティティと呼びます。

当然、これらのAPIはプログラムから利用できる一方、管理画面から制御できるプラグインもあります。なお、プログラマブルなアプローチについては、「第8章 投稿データと関連エンティティ」を参照してください。

Toolset Typesの概要

Toolset Typesプラグイン[注1]では、先ほど挙げたカスタムフィールド、カスタム投稿タイプ、カスタムタクソノミーの3つの機能を管理画面から制御できます(**図4.1**)。

■ 図4.1 Toolset Typesプラグイン

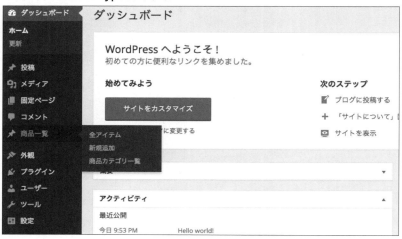

注1 https://wordpress.org/plugins/types/

カスタムフィールドのみ管理する場合は、Advanced Custom Fields プラグイン[注2]が有名で、とても多くのフィールドモジュールが提供されています。また、カスタム投稿タイプとカスタムタクソノミーのみ管理する場合は、Custom Post Type UI プラグイン[注3]が有名です。機能要件に応じてこれらを使い分けると良いでしょう。

以降では、1つのプラグインで3つの機能をサポートしている Toolset Types プラグインの機能を紹介します。

主な機能

Toolset Types プラグインの主な機能は以下の通りです。

- カスタム投稿タイプやカスタムタクソノミーの追加・変更・削除
- 投稿タイプのリレーション
- 投稿フィールドの追加・変更・削除
- タームフィールドの追加・変更・削除
- ユーザーフィールドの追加・変更・削除
- 設定ファイルのインポート・エクスポート

● 利用可能なフィールド

フィールドとは、例えば商品というデータについて、価格や商品画像といった属性を追加したい場合に利用する API のことです。これらの属性をプログラムから追加するのは簡単ですが、WordPress でそれらを編集する画面を用意する場合は、一手間掛かってしまいます。Toolset Types プラグインでは、そのような編集画面を簡単に構成できます。

Toolset Types プラグインで準備されているフィールドは**表4.1**の通りです。また表示例は**図4.2〜図4.20**となります。

注2　https://wordpress.org/plugins/advanced-custom-fields/
注3　https://wordpress.org/plugins/custom-post-type-ui/

第4章 プラグインによる機能拡張

■ 表4.1 Toolset Typesプラグインのフィールド

フィールド名	表示例
オーディオ	図4.2
チェックボックス(単一)	図4.3
チェックボックス(複数)	図4.4
カラーピッカー	図4.5
日付	図4.6
メール	図4.7
エンベッドメディア	図4.8
ファイル	図4.9
画像	図4.10
数値	図4.11
電話	図4.12
ラジオボタン	図4.13
セレクトボックス	図4.14
Skype	図4.15
複数行テキストボックス	図4.16
一行テキストボックス	図4.17
URL	図4.18
動画	図4.19
WYSIWYG	図4.20

■ 図4.2 オーディオ

■ 図4.3 チェックボックス(単一) 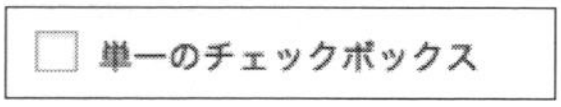　　　■ 図4.4 チェックボックス(複数)

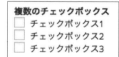

■ 図4.5 カラーピッカー

■ 図4.6 日付

Toolset Types ――エンティティの追加と構成―― ● 4.1

■ 図4.7　メール

メール

■ 図4.8　エンベッドメディア

エンベットメディア

■ 図4.9　ファイル

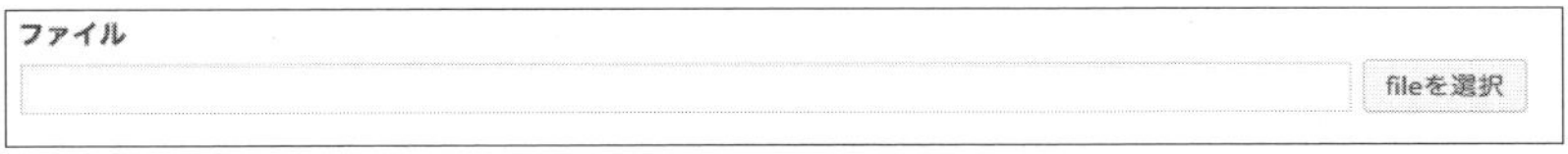

ファイル

fileを選択

■ 図4.10　画像

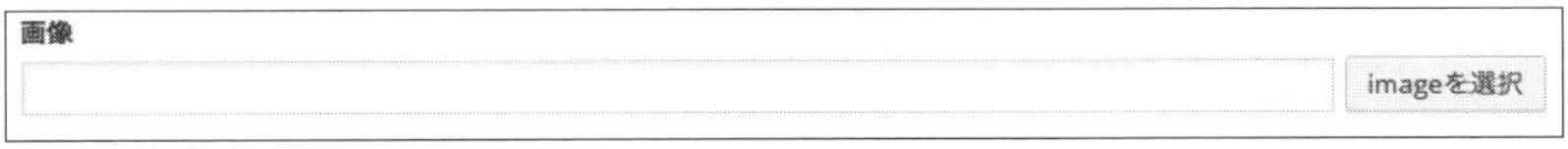

画像

imageを選択

■ 図4.11　数値

数値

■ 図4.12　電話

電話

■ 図4.13　ラジオボタン

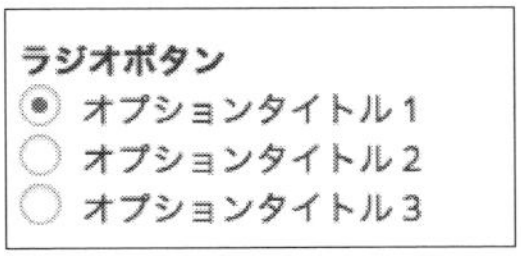

ラジオボタン
- ◉ オプションタイトル1
- ◯ オプションタイトル2
- ◯ オプションタイトル3

■ 図4.14　セレクトボックス

選択　オプションタイトル1 ▲▼

■ 図4.15　Skype

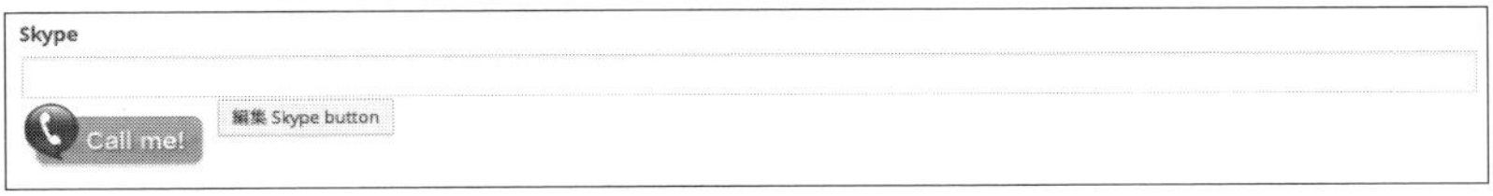

Skype

Call me!　編集 Skype button

■ 図4.16　複数行テキストボックス

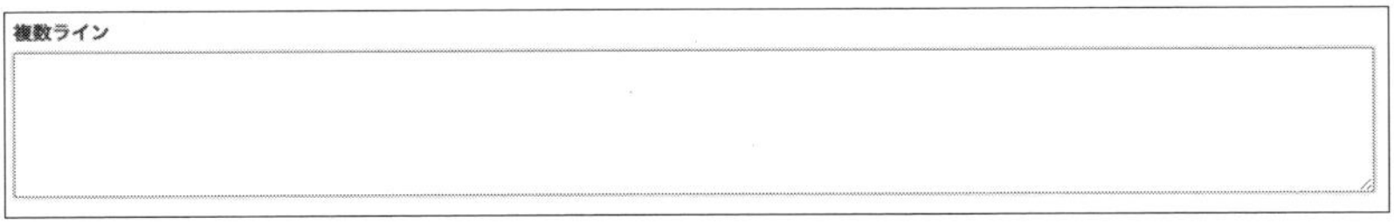

複数ライン

第
4
章

51

第4章 プラグインによる機能拡張

■ **図4.17 1行テキストボックス**

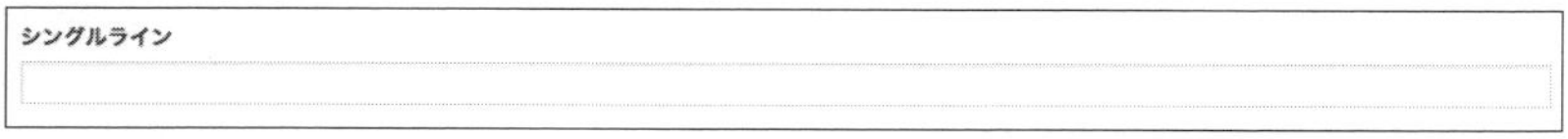

シングルライン

■ **図4.18 URL**

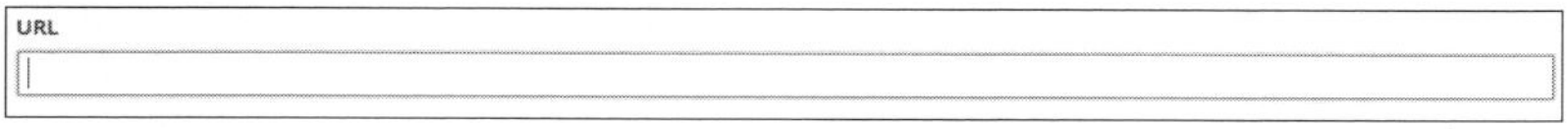

URL

■ **図4.19 動画**

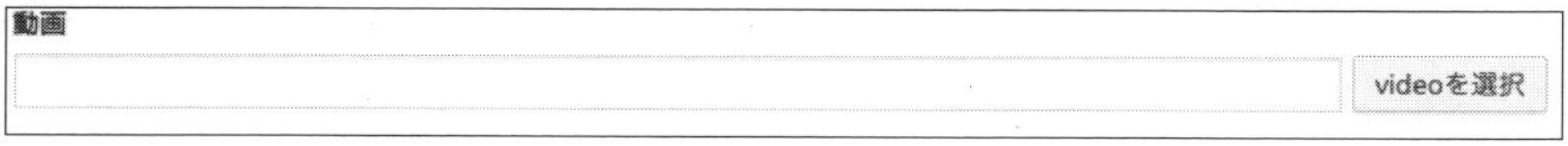

動画	
	videoを選択

■ **図4.20 WYSIWYG**

WYSIWYG

📎 メディアを追加　📅 Types　　　　　　　　　　　　ビジュアル　テキスト

B *I* ᴬᴮᶜ ≣ ≣ 66 — ≣ ≣ ≣ ⌀ ⧉ ▤ ✕ ▦

p

● **作成済みフィールドのビジュアルエディターでの利用**

　作成したフィールドは、ビジュアルエディターにショートコードを利用することで、情報を表示することが可能です（**図4.21**）。

52

■ 図4.21　作成したフィールドをビジュアルエディターで利用

● 投稿タイプのリレーション

　Toolset Typesプラグインには、投稿タイプごとに関連付けができる機能があります。例えば、**図4.22**のように、user（利用者）、booking（予約）、room（部屋）の3つの投稿タイプを作成しそれぞれを関連付ければ、簡単な部屋予約管理システムが作成できます。

■ 図4.22　投稿タイプのリレーション

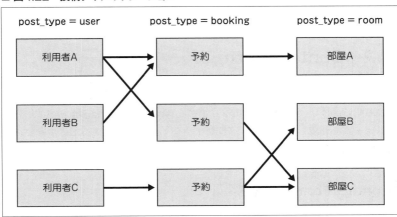

　Toolset Typesプラグインのカスタム投稿タイプの設定画面にPost繋がりという項目があります（**図4.23**）。そちらでカスタム投稿タイプ同士の関連付けをすることが可能です。

第4章 プラグインによる機能拡張

■ 図4.23 カスタム投稿タイプ同士の関連付け

booking（予約）の投稿タイプにuser（利用者）とroom（部屋）を親の投稿タイプとして関連付けをしています。最初の投函は親の投稿タイプ、次回の投函は子の投稿タイプになります。

関連付けの設定をすると記事の投稿画面に**図4.24**のフィールドが表示され、別の投稿タイプと紐付けすることができます。

■ 図4.24 booking（予約）投稿タイプの投稿画面

4.2 Contact Form 7 ——フォーム——

コーポレートサイトを制作する際は必ずといって良いほど、サイト訪問者からのお問い合わせページが必要になります。WordPressには1からお問い合わせフォームを作成しなくても、プラグインをインストールするだけですぐにお問い合わせフォームを作成できます。

Contact Form 7の概要

プラグインの公式ディレクトリにはフォームのプラグインがいくつか公開されています。その中でもContact Form 7プラグイン[注4]は、ダントツのダウン

注4　https://wordpress.org/plugins/contact-form-7/

ロード数を誇っています。Contact Form 7プラグインには多くのフックが準備されており、プラグインのコアファイルを触ることなく、カスタマイズすることが可能です（**図4.25**）。

■ **図4.25　Contact Form 7プラグイン**

主な機能

Contact Form 7プラグインの主な機能は以下の通りです。

- 管理画面からフォーム部品の作成
- 自動返信メール
- サンクスメッセージ・ページの設定
- メッセージ保存（Flamingo[注5]プラグインとの連携）
- スパムフィルタリング（Akismet[注6]プラグインとの連携）

● **管理画面からフォーム部品の作成**

Contact Form 7プラグインを利用すると、自分でフォームタグを書かなくても管理画面からContact Form 7プラグインの独自フォームタグを利用することで、簡単にフォーム部品を作成できます（**表4.2**）。表示例は**図4.26**～**図4.41**の通りです。

注5　https://wordpress.org/plugins/flamingo/
注6　https://wordpress.org/plugins/akismet/

第4章　プラグインによる機能拡張

■ 表4.2　Contact Form 7プラグインのフォーム部品

フォーム部品	表示例（左は設定画面、右は表示例）
テキスト項目	図4.26
メールアドレス	図4.27
URL	図4.28
電話番号	図4.29
数値（スピンボックス）	図4.30
数値（スライダー）	図4.31
日付	図4.32
テキストエリア	図4.33
ドロップダウン・メニュー	図4.34
チェックボックス	図4.35
ラジオボタン	図4.36
承諾の確認	図4.37
クイズ	図4.38
CAPTCHA	図4.39
ファイルアップロード	図4.40
送信ボタン	図4.41

■ 図4.26　テキスト項目

■ 図4.27　メールアドレス

■ 図4.28　URL

■ 図4.29　電話番号

第4章 プラグインによる機能拡張

■ 図4.30　数値(スピンボックス)

■ 図4.31　数値(スライダー)

■ 図4.32　日付

■ 図4.33　テキストエリア

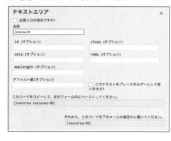

■ 図4.34　ドロップダウン・メニュー

■ 図4.35　チェックボックス

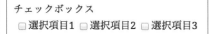

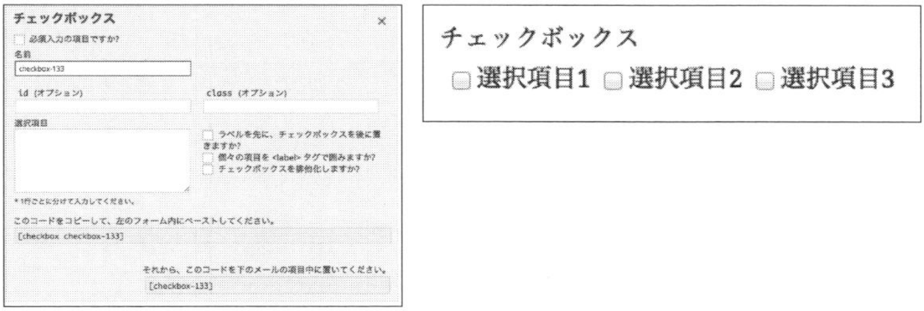

■ 図4.36　ラジオボタン

■ 図4.37　承諾の確認

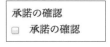

第4章 プラグインによる機能拡張

■ 図4.38 クイズ

■ 図4.39 CAPTCHA

■ 図4.40 ファイルアップロード

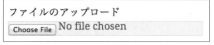

■ 図4.41 送信ボタン

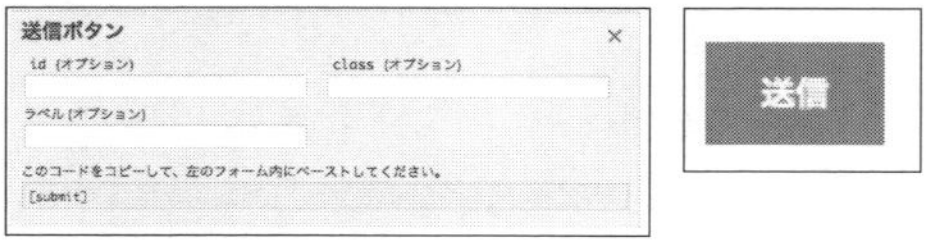

● 自動返信メール

　Contact Form 7プラグインのメールタブの一番下にあるメール(2)を使うことで自動返信メールを送信することが可能です。宛先にフォームから受け取るメールアドレス（**図4.42**では [your-email]）を設定すれば、フォームから受け取ったメールアドレスへメールを送信できます。

■ 図4.42　自動返信メール

● **サンクスメッセージ・ページの設定**

　フォーム送信後にサンクスページへとページを遷移させたい場合は、Contact
Form 7プラグインのその他の設定タブにあるその他の設定のテキストエリア
に以下のようなJavaScriptのコードを記載すれば、送信完了後にサンクスペー
ジに遷移させることができます（**図4.43**）。

```
on_sent_ok: "location = 'http://example.com/';"
```

■ 図4.43　サンクスメッセージ・ページ設定機能

● **メッセージ保存 ──Flamingoプラグインとの連携──**

　Contact Form 7プラグイン単体では、フォームから送信されたデータはメ
ールでの送信のみになります。もし、メールの送信先が間違っていた場合は、
取り返しのつかないことになります。

　Contact Form 7プラグインとFlamingoプラグイン[注7]を一緒にインストー
ルしておくと、Contact Form 7プラグインで送信されたデータをWordPress
の管理画面から管理でき、何かのトラブルでメールが使えない場合でも、フォ
ームからの送信情報を確認できます（**図4.44**）。

注7　https://wordpress.org/plugins/flamingo/

第4章 プラグインによる機能拡張

■ 図4.44 Flamingoプラグインのアドレス帳一覧画面

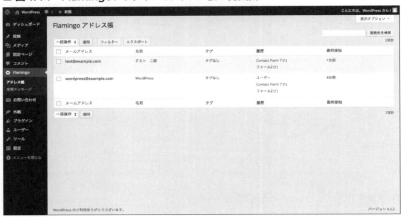

アドレス帳により送信者のメールアドレスを管理できます。どのページのどのフォームから送信したかも確認できます（**図4.45**）。

■ 図4.45 受信メッセージ確認画面

● **スパムフィルタリング**――Akismetプラグインとの連携――

Contact Form 7プラグインのテキスト項目、メールアドレス、URLの3つのフォーム部品にはAkismet（オプション）のオプションがあります。WordPressにデフォルトでインストールされているAkismetプラグインを有効化し、WordPress.comと連携させると、Akismet（オプション）を利用でき、

フォームからのスパムをフィルタリングすることができます（**図4.46**）。

■ 図4.46　スパムフィルタリング機能

Akismet (オプション)
　☐ 送信者の名前の入力を要求する項目

Column

Contact form 7に準備される多くのフック

　Contact form 7には、開発者が拡張しやすいように約70のフックが設定されています（**表4.a**）。Contact Form 7のディレクトリで`apply_filters`、`do_action`をキーに検索してみると、設定されているフックを確認できます。

■ 表4.a　主なContact form 7関連フック

フック名	説明
wpcf7_before_send_mail	メール送信前のフォーム情報を取得できる
wpcf7_skip_mail	メール送信をスキップできる。デモをする際などに設定をしておくと、メールを送信することなくフォームの動作を確認できる
wpcf7_validate_xxx	独自のバリデーションのロジックを追加できる。xxxの部分を email、url、tel のようにフォームに設定したタグのタイプを指定する

4.3　WP Super Cache ——キャッシュ——

　Webサイトを運営するうえで、ページの表示スピードは運営者がとても気になるところです。テーマ、プラグインのコードを見直すのも1つですが、キャッシュプラグインを利用すれば、管理画面からいくつか設定するだけで表示スピードを改善できます。

WP Super Cacheの概要

　WordPressにはキャッシュ系プラグインはいくつかあります。その中でWP

第4章 プラグインによる機能拡張

Super Cacheプラグイン[注8]は、WordPress.comを運営している
Automattic[注9]が開発しているページキャッシュプラグインです（**図4.47**）。

■ 図4.47　WP Super Cacheプラグイン

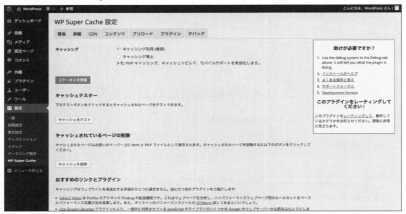

ページ圧縮機能やCDN（*Content Delivery Network*）との連携が可能で、キャッシュ系プラグインの中では最も有名なプラグインです。ECサイトでの利用には注意が必要ですが、WordPressをブログとして利用し、表示速度に不満がある場合は使用してみると良いでしょう。

主な機能

WP Super Cacheプラグインの主な機能は以下の通りです。

- mod_rewriteキャッシング・PHPキャッシング
- キャッシュの有効期限と削除スケジュールの設定
- 受け付けるファイル名と除外するURIの設定
- 全ページキャッシュ

● mod_rewriteキャッシング・PHPキャッシング

WP Super Cacheプラグインでは、キャッシングの方法として**表4.3**の3つ

注8　https://wordpress.org/plugins/wp-super-cache/
注9　https://automattic.com/

の設定ができます。

■ 表4.3　WP Super Cacheプラグインによるキャッシング

キャッシングの方法	説明
キャッシュファイルの提供にmod_rewriteを利用	PHPを介さずにmod_rewriteを利用してキャッシュファイルを提供するため、非常に速くページが表示される。Apacheのmod_rewriteが必要となる
キャッシュファイルの提供にPHPを利用	キャッシュファイルをmod_rewriteではなく、PHPを介して提供する。その場合は.htaccessの編集の必要がなくなるため、設定が簡易になる
レガシーなページキャッシング	ログインユーザー、コメントを投稿する特定のユーザーに対してキャッシュされる

● キャッシュの有効期限と削除スケジュール

　Cache TimeoutとSchedulerによって、キャッシュの有効期限とキャッシュを削除するスケジュールを設定できます（図4.48）。

■ 図4.48　キャッシュの有効期限とキャッシュの削除スケジュールの設定

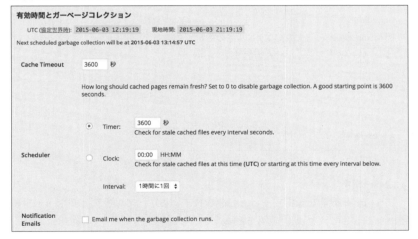

● 受け付けるファイル名と除外するURIの設定

　キャッシュしないテンプレートファイル（図4.49）やキャッシュしないページの文字列（図4.50）、キャッシュしたいファイル名（図4.51）などを指定できます。

第**4**章 プラグインによる機能拡張

■ 図4.49　キャッシュしないテンプレートファイルの指定

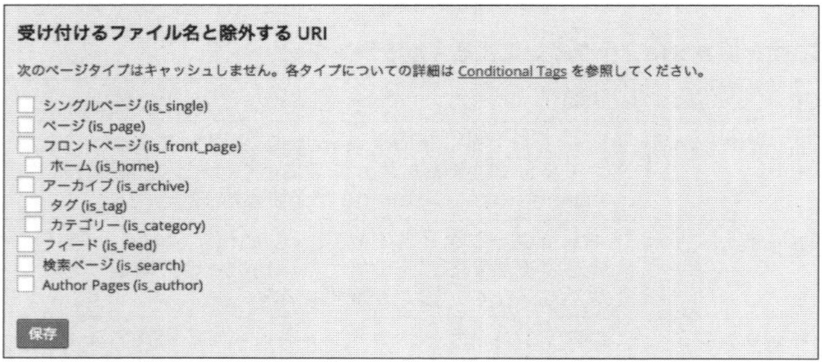

受け付けるファイル名と除外する URI

次のページタイプはキャッシュしません。各タイプについての詳細は Conditional Tags を参照してください。

- [ ] シングルページ (is_single)
- [ ] ページ (is_page)
- [ ] フロントページ (is_front_page)
- [ ] ホーム (is_home)
- [ ] アーカイブ (is_archive)
- [ ] タグ (is_tag)
- [ ] カテゴリー (is_category)
- [ ] フィード (is_feed)
- [ ] 検索ページ (is_search)
- [ ] Author Pages (is_author)

保存

■ 図4.50　キャッシュしないページの文字列の指定

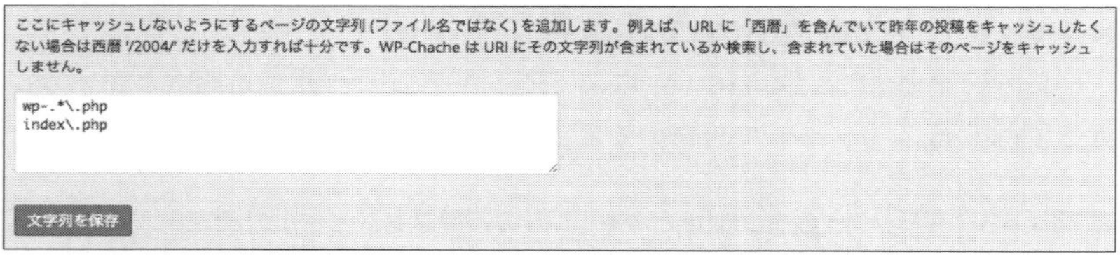

ここにキャッシュしないようにするページの文字列（ファイル名ではなく）を追加します。例えば、URL に「西暦」を含んでいて昨年の投稿をキャッシュしたくない場合は西暦 '/2004/' だけを入力すれば十分です。WP-Chache は URI にその文字列が含まれているか検索し、含まれていた場合そのページをキャッシュしません。

```
wp-.*\.php
index\.php
```

文字列を保存

■ 図4.51　キャッシュしたいファイル名の指定

上で指定した除外文字列にマッチしてもキャッシュするファイル名をここに追加してください。

```
wp-comments-popup.php
wp-links-opml.php
wp-locations.php
```

ファイルを保存

● **全ページキャッシュ**

　プリロード機能を設定すると、公開されているすべての投稿と固定ページをキャッシュしてくれます（**図4.52**）。

■ 図4.52　全ページキャッシュ機能

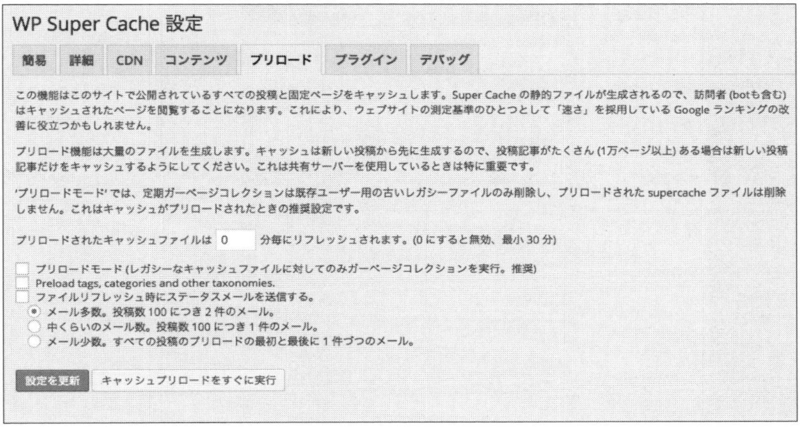

4.4　BackWPup ──バックアップ──

　何かの不手際でサーバーのファイルが全部消えてしまったときや、データベースのデータを消去してしまったときでも迅速に復旧作業ができるように、常日頃からファイルやデータベースをバックアップしておくことはとても重要です。WordPressのプラグインには、スケジュール機能がついたバックアッププラグインがあります。

BackWPupの概要

　BackWPupプラグイン[注10]は、多機能なバックアッププラグインです（**図4.53**）。WordPressのファイル一式、データベースのバックアップを行えます[注11]。Dropbox、Amazon S3などの外部ファイルストレージへのバックアップをすることが可能です。

注10　https://wordpress.org/plugins/backwpup/
注11　BackWPupにはリストア機能はありません。簡単にリストアしたい場合は、有料サービスのVaultPressを利用してください。

第4章 プラグインによる機能拡張

■ **図4.53　BackWPupプラグイン**

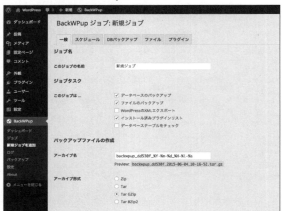

主な機能

BackWPupプラグインの主な機能は以下の通りです。

- ファイル・データベースのバックアップ
- クラウド・ストレージサービスへのバックアップ
- バックアップのスケジューリング
- バックアップエラーのメール通知

● ファイル・データベースのバックアップ

BackWPupプラグインでは、データベースとWordPress配下のファイルの両方をバックアップすることができます(**図4.54**)。

BackWPup ――バックアップ―― ● 4.4

■ 図4.54　データベースのバックアップ

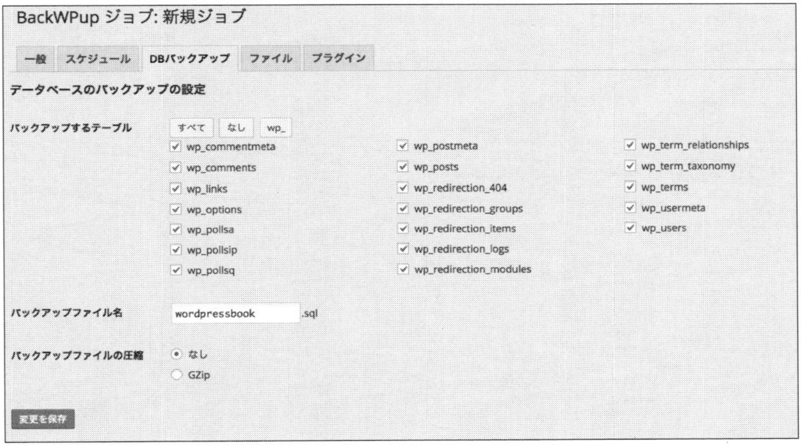

BackWPup ジョブ: 新規ジョブ

一般　スケジュール　**DBバックアップ**　ファイル　プラグイン

データベースのバックアップの設定

バックアップするテーブル	すべて　なし　wp_		
	☑ wp_commentmeta	☑ wp_postmeta	☑ wp_term_relationships
	☑ wp_comments	☑ wp_posts	☑ wp_term_taxonomy
	☑ wp_links	☑ wp_redirection_404	☑ wp_terms
	☑ wp_options	☑ wp_redirection_groups	☑ wp_usermeta
	☑ wp_pollsa	☑ wp_redirection_items	☑ wp_users
	☑ wp_pollsip	☑ wp_redirection_logs	
	☑ wp_pollsq	☑ wp_redirection_modules	

バックアップファイル名	wordpressbook	.sql

バックアップファイルの圧縮	⦿ なし
	○ GZip

変更を保存

　データベースのバックアップでは、プラグインが作成したテーブルのバック
アップもとれます（**図4.55**）。

第4章 プラグインによる機能拡張

■ 図4.55 ファイルのバックアップ

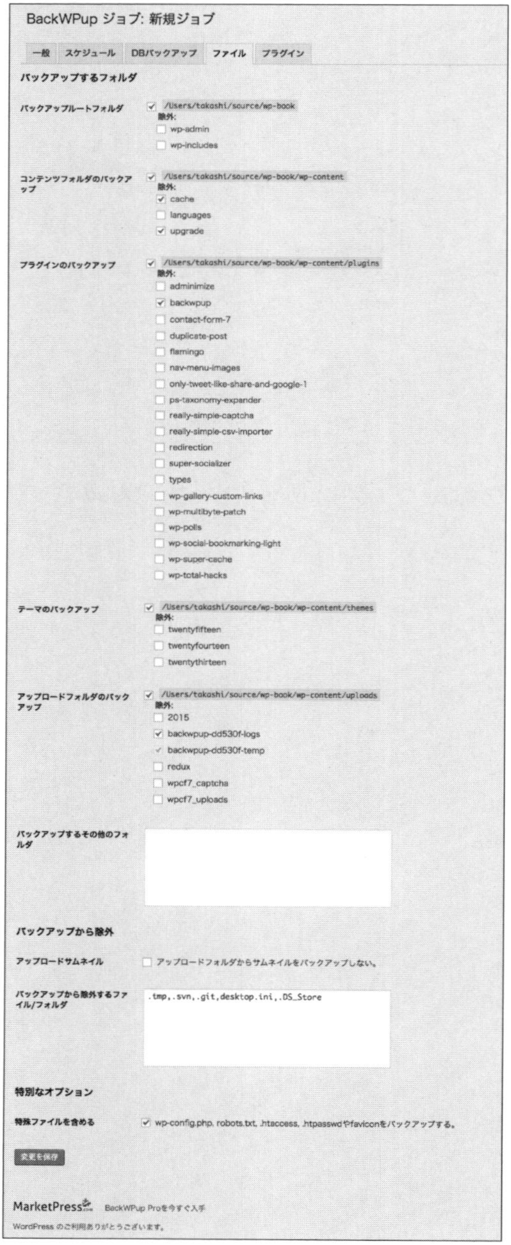

BackWPup ジョブ: 新規ジョブ

一般　スケジュール　DBバックアップ　ファイル　プラグイン

バックアップするフォルダ

バックアップルートフォルダ
- ☑ /Users/takashi/source/wp-book
- 除外:
  - ☐ wp-admin
  - ☐ wp-includes

コンテンツフォルダのバックアップ
- ☑ /Users/takashi/source/wp-book/wp-content
- 除外:
  - ☑ cache
  - ☐ languages
  - ☑ upgrade

プラグインのバックアップ
- ☑ /Users/takashi/source/wp-book/wp-content/plugins
- 除外:
  - ☐ adminimize
  - ☑ backwpup
  - ☐ contact-form-7
  - ☐ duplicate-post
  - ☐ flamingo
  - ☐ nav-menu-images
  - ☐ only-tweet-like-share-and-google-1
  - ☐ ps-taxonomy-expander
  - ☐ really-simple-captcha
  - ☐ really-simple-csv-importer
  - ☐ redirection
  - ☐ super-socializer
  - ☐ types
  - ☐ wp-gallery-custom-links
  - ☐ wp-multibyte-patch
  - ☐ wp-polls
  - ☐ wp-social-bookmarking-light
  - ☐ wp-super-cache
  - ☐ wp-total-hacks

テーマのバックアップ
- ☑ /Users/takashi/source/wp-book/wp-content/themes
- 除外:
  - ☐ twentyfifteen
  - ☐ twentyfourteen
  - ☐ twentythirteen

アップロードフォルダのバックアップ
- ☑ /Users/takashi/source/wp-book/wp-content/uploads
- 除外:
  - ☐ 2015
  - ☑ backwpup-dd530f-logs
  - ☑ backwpup-dd530f-temp
  - ☐ redux
  - ☐ wpcf7_captcha
  - ☐ wpcf7_uploads

バックアップするその他のフォルダ
```
[                    ]
```

バックアップから除外

アップロードサムネイル
- ☐ アップロードフォルダからサムネイルをバックアップしない。

バックアップから除外するファイル/フォルダ
```
.tmp,.svn,.git,desktop.ini,.DS_Store
```

特別なオプション

特殊ファイルを含める
- ☑ wp-config.php, robots.txt, .htaccess, .htpasswd や favicon をバックアップする。

[変更を保存]

MarketPress.　BackWPup Proを今すぐ入手
WordPress のご利用ありがとうございます。

BackWPup ──バックアップ── ● 4.4

　ファイルバックアップでは、バックアップ対象外にするディレクトリやファイルを細かく設定できます。キャッシュディレクトリなどバックアップに必要のないディレクトリやファイルはここで設定すると良いでしょう。

● **クラウド・ストレージサービスへのバックアップ**

　BackWPupプラグインでは、WordPressがインストールされているサーバー以外にも、クラウド・ストレージサービスへのバックアップも可能です。無料プランで転送できるストレージサービスは以下の通りです。

- Dropbox
- Amazon S3
- Microsoft Azure
- Rackspace
- SugarSync

● **バックアップのスケジューリング**

　バックアップの実行は、手動、WordPressのcron、リンクの3つの方法から実行ができます（**図4.56**）。

第4章

71

第4章 プラグインによる機能拡張

■ 図4.56　バックアップのスケジューリング

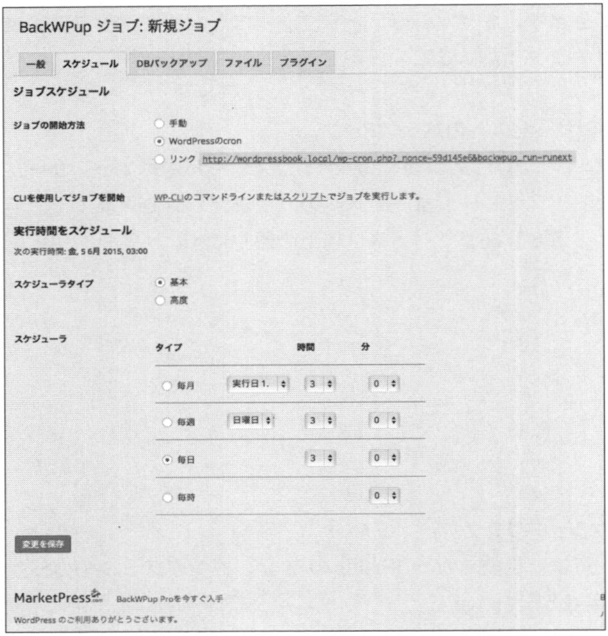

Column

日時でのスケジューリング

WordPressのcronを選択すると、実行時間をスケジュールすることができます。スケジューラタイプで「高度」を選択すると、より細かくスケジュールの設定をすることができます（**図4.a**）。

■ 図4.a　日時でのスケジューリング

● バックアップエラーのメール通知

バックアップファイル作成中に不具合が生じた場合、指定したメールアドレスへ通知をしてくれます（**図4.57**）。

■ **図4.57　バックアップエラーのメール通知**

ログファイル	
ログの送信先メールアドレス	wordpress@example.com
メールのタイトル	BackWPup WordPress <wordpress@example.com>
エラー	☑ ジョブの実行中にエラーが発生した場合にのみログをメールで送信

変更を保存

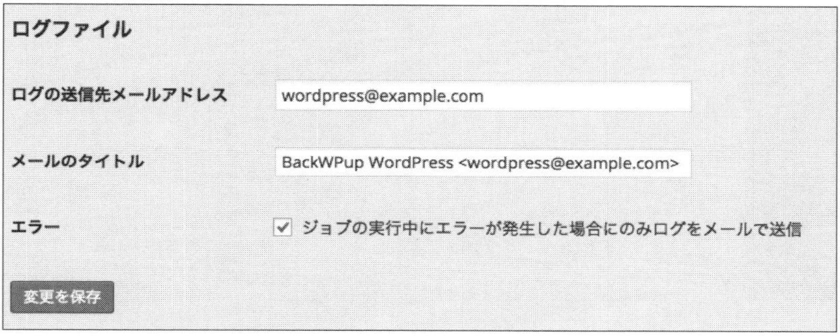

4.5 User Role Editor ──ユーザー権限──

WordPressには、標準でユーザーとその権限を取り扱う概念があります。これらはプログラムからコントロールできる一方、権限の作成や付与を管理画面でメンテナンスできるようにするプラグインが存在します。なお、ユーザーと権限についての詳細およびプログラマブルなアプローチは、「**第10章　ユーザーと権限**」を参照してください。

User Role Editorの概要

User Role Editorプラグイン[注12] は、新たに権限グループ（管理者、編集者、投稿者、寄稿者、購読者）を追加したり、権限グループの権限の追加・削除などが可能なプラグインです（**図4.58**）。例えば、カスタム投稿タイプでitem（商品）を追加した場合、そのitemのみ投稿できる権限グループを作成し、管理できます。

注12　https://wordpress.org/plugins/user-role-editor/

第4章 プラグインによる機能拡張

■ 図4.58 User Role Editorプラグイン

主な機能

User Role Editorプラグインの主な機能は以下の通りです。

- 既存の権限グループに対する権限の付加
- 新しい権限グループの作成
- 新しい権限の作成

● 既存の権限グループに対する権限の付加

既存の権限グループとは、購読者・寄稿者・投稿者・編集者・管理者・特権管理者などを指します。**図4.59**は投稿者を選択した状態の画面で、すでに設定されている権限にはチェックが入っています。各権限グループの権限を確認することもできます。

■ 図4.59　既存の権限グループに対する権限の付加

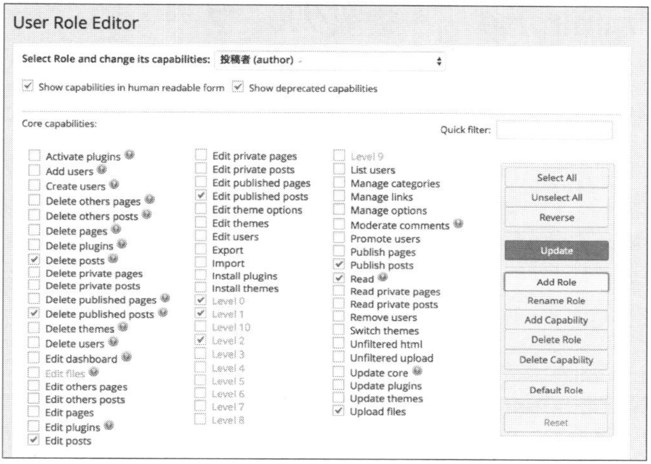

● 新しい権限グループの作成

商品管理者(item_manager)のように新しく権限グループを追加し、そのグループに対して権限を付与できます（**図4.60**）。カスタム投稿タイプで作成した投稿タイプのみ更新できる権限グループなどを作成できます。

■ 図4.60　新しい権限グループの作成

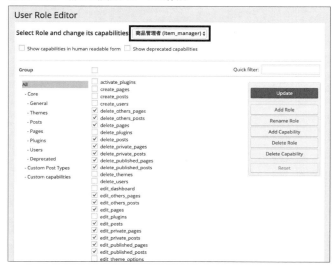

第**4**章　プラグインによる機能拡張

4.6　Adminimize ——権限グループ——

Adminimizeの概要

　Adminimizeプラグイン[注13]は、権限グループ（管理者、編集者、投稿者、寄稿者、購読者）ごとにダッシュボード機能を制限できるプラグインです（**図4.61**）。

　前述のUser Role Editorプラグインで追加した権限グループに対して、ダッシュボードの制限をかけたい場合などにも使用できます。User Role Editorプラグインとセットでインストールしておくと良いでしょう。

■ **図4.61　Adminimizeプラグイン**

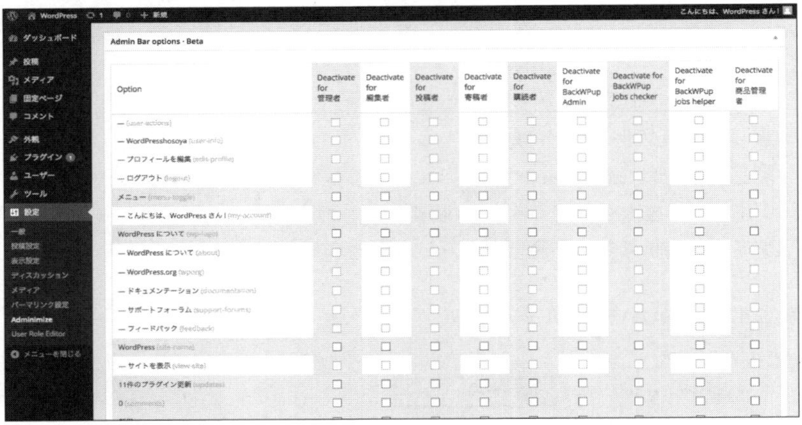

主な機能

　Adminimizeプラグインの主な機能は以下の通りです。

- アドミンバーの表示設定
- 権限グループ共通の設定
- 管理画面共通の設定
- ダッシュボードの設定

注13　https://wordpress.org/plugins/adminimize/

- 管理画面の配色の設定
- その他の設定

● アドミンバーの表示設定

Admin Bar optionsでは、ログイン時にヘッダーエリアに表示されるアドミンバーの非表示項目の設定ができます（**図4.62**）。設定できる項目は**表4.4**の通りです。また表示例を**図4.63**〜**図4.70**に示します。

■ 図4.62　Admin Bar options

第4章 プラグインによる機能拡張

■ 表4.4 Admin Bar optionsの設定項目

設定項目	制御個所
No Title!(user-actions)- admin(user-info)- プロフィールを編集(edit-profile) - ログアウト(logout)	図4.63
メニュー(menu-toggle) - 表示名(my-account)	図4.64
WordPressについて(wp-logo) - WordPressについて(about) - WordPress.org(wporg)- ドキュメンテーション(documentation)- サポートフォーラム(support-forums) - フィードバック(feedback)	図4.65
WordPress (site-name) - サイトを表示(view-site)	図4.66
X件のプラグイン更新(updates)	図4.67
0 (comments)	図4.68
新規(new-content) - 投稿(new-post) - メディア(new-media) - 固定ページ(new-page) - ユーザー(new-user)	図4.69
No Title!(top-secondary) - No Title! (wp-logo-external)	図4.70

■ 図4.63 ユーザー情報

■ 図4.64 ウェルカムメッセージ

■ 図4.65 WordPressについて

■ 図4.66 サイトを表示

■ 図4.67 更新通知

■ 図4.68 コメント

■ 図4.69 投稿

Adminimize──権限グループ── ● 4.6

■ 図4.70　ウェルカムメニュー

● 権限グループ共通の設定

Backend Optionsでは、権限グループに共通の管理画面の制御を設定できます（**図4.71**）。設定できる項目は**表4.5**の通りです。また表示例を**図4.72**〜**図4.76**に示します。

■ 図4.71　Backend Options

第4章 プラグインによる機能拡張

■ 表4.5　Backend Optionsの設定項目

設定項目	設定値	制御個所
User-Info	・Default ・Hide ・Only logout ・User & Logout	図4.72
Change User-Info, redirect to	・Default ・Frontpage of	the Blog User-Infoを設定後、ログアウトボタンを押されたあとのリダイレクト先の設定ができる
Footer	・Default ・Hide	図4.73
Timestamp	・Default ・Activate	図4.74
Category Height[注a]	・Default ・Activate	図4.75
Advice in Footer	・Default ・Hide	図4.76
Dashboard deactivate, redirect to	・Default ・Hide	ログイン時にダッシュボードにアクセスさせずに任意のページにリダイレクトさせる。利用する場合は、Menu Optionsのダッシュボード（index.php）をDeactivateする必要がある

注a　カテゴリーの数が多い場合でもスクロールバーを表示せずに全カテゴリーを表示できる

■ 図4.72　User-Info（Only logoutを選択した状態）

■ 図4.73　Footer

■ 図4.74　Timestamp

■ 図4.75　Category Height

■ 図4.76　Advice in Footer

● 管理画面共通の設定

　Global optionsでは、共通の管理画面の制御を設定できます（**図4.77**）。設定できる項目は**表4.6**の通りです。また表示例を**図4.78**〜**図4.82**に示します。

■ 図4.77　Global options

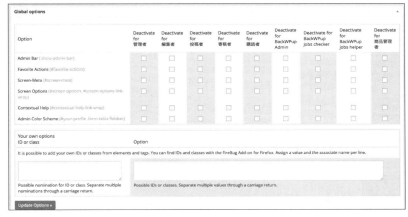

第4章 プラグインによる機能拡張

■ 表4.6　Global optionsの設定項目

設定項目	制御個所
Admin Bar(.show-admin-bar)	図4.78
Favorite Actions(#favorite-actions)	(WordPress 3.2のバージョンから削除された機能) https://core.trac.wordpress.org/ticket/17516
Screen-Meta (#screen-meta)[a]	図4.79
Screen Options (#screen-options, #screen-options-link-wrap)	図4.80
Contextual Help (#contextual-help-link-wrap)	図4.81
Admin Color Scheme (#your-profile .form-table fieldset)	図4.82

注a　クリックアクションが無効になります。

■ 図4.78　Admin Bar

Adminimize──権限グループ── 4.6

■ 図4.79 Screen-Meta

■ 図4.80 Screen Options

第4章 プラグインによる機能拡張

■ 図4.81 Contextual Help

■ 図4.82 Admin Color Scheme

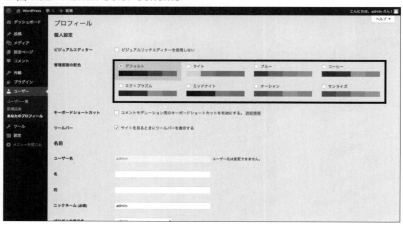

　また、Global optionsのYour own optionsでは、ID、classで指定したエリア表示を制御できます（**図4.83**）。

■ 図4.83 指定した表示エリアの制御

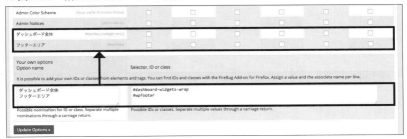

2つのテキストエリアに設定名と制御したいIDとclassを記載すると、権限グループで管理できるように上記エリアに追加されます。複数設定したい場合は、改行して記述すれば複数エリアを管理できます。

● ダッシュボードの設定

Dashboard optionsでは、ダッシュボード画面の制御を設定できます（**図4.84**）。設定できる項目は**表4.7**の通りです。また表示例を**図4.85**〜**図4.88**に示します。

■ 図4.84 Dashboard options

■ 表4.7 Dashboard optionsの設定項目

設定項目	制御個所
概要（dashboard_right_now）	図4.85
アクティビティ（dashboard_activity）	図4.86
クイックドラフト（dashboard_quick_press）	図4.87
WordPressニュース（dashboard_primary）	図4.88

第4章 プラグインによる機能拡張

■ 図4.85　概要

■ 図4.86　アクティビティ

■ 図4.87　クイックドラフト

■ 図4.88　WordPressニュース

● 管理画面の配色の設定

　Set Themeでは、管理画面の配色を一括で変更できます（**図4.89**）。

■ 図4.89　Set Theme

● その他の設定

その他にも Adminimize プラグインでは、いろいろな設定が可能です。ここではそのうちの一部を挙げますので、興味を持った機能があれば利用してみてください。

- Menu Options … 管理画面のサイドバーの設定
- Write Options - Post、Write Options - Page … 新規記事の作成画面や、記事一覧画面のクイック編集のエリアの設定
- Widgets … ウィジェットの設定
- WP Nav Menu … メニューの設定

4.7 Really Simple CSV Importer ──CSVからのデータ取り込み──

WordPress では、別のブログシステム（Blogger、Movable Type、Tumblr など）からデータを取り込む機能が標準で提供されていますが、標準では CSV ファイルを取り込む機能が提供されていません。

クライアントからの提供データが CSV ファイルであることは多いと思います。WordPress ではプラグインを使うことにより、CSV ファイルを投稿データとしてインポートすることができます。

Really Simple CSV Importerの概要

Really Simple CSV Importer プラグイン[注14] は、CSV 形式のデータを WordPress の投稿、固定ページ、カスタム投稿タイプ、カテゴリー、タクソノミーとして取り込むことが可能なプラグインです（**図4.90**）。また、Advanced Custom Fields プラグイン、Custom Field Suite プラグインで拡張したカスタムフィールドにも対応しています。フックも準備されており、CSV データをプログラミングで加工後に WordPress へ取り込むことも可能です。

注14　https://wordpress.org/plugins/really-simple-csv-importer/

第4章 プラグインによる機能拡張

■ 図4.90 Really Simple CSV Importerプラグイン

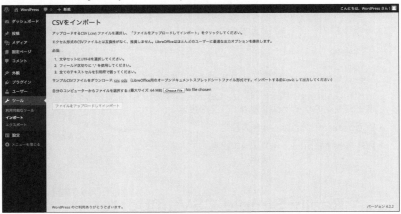

主な機能

Really Simple CSV Importerプラグインの主な機能は以下の通りです。

- CSV形式データの投稿とインポート
- フックを使ったインポートデータの加工

● CSV形式データの投稿とインポート

　CSV形式データでの投稿や、固定ページ、カスタム投稿タイプ、カテゴリー、タクソノミーなどのインポートが可能です。利用可能なカラム名と値は**表4.8**の通りです。

Really Simple CSV Importer ──CSVからのデータ取り込み── ● 4.7

■ **表4.8　利用可能なカラム名と値**[注a]

カラム名	型	値
ID or post_id	数値	投稿ID
post_author	ログイン名またはID	投稿者のユーザー名またはユーザーID数値
post_date	文字列	公開日の時間指定
post_content	文字列	投稿の本文
post_title	文字列	投稿のタイトル
post_excerpt	文字列	投稿の抜粋
post_status	draft、publish、pending、future、private、またはカスタムステータス	投稿ステータス。デフォルトはdraft
post_name	文字列	投稿のスラッグ
post_parent	数値	投稿の親ID。階層構造を持つ投稿タイプの場合に使用する
menu_order	数値	並び順
post_type	post、pageまたはany other post type name（必須）	投稿タイプスラッグ。ラベルではない
post_thumbnail	文字列	投稿サムネイル（アイキャッチ画像）のURI、またはパス
post_category	文字列、カンマ区切り	投稿カテゴリーをスラッグで指定する
post_tags	文字列、カンマ区切り	投稿タグを名前で指定する
tax_{taxonomy}	文字列、カンマ区切り	接頭辞tax_で始まるフィールドは、カスタムタクソノミーとして使用する。タクソノミーはすでに登録済みである必要がある。入力値はタームの名前、またはスラッグ
{custom_field_key}	文字列	その他のカラムのラベルはすべてカスタムフィールドとして扱われる
cfs_{field_name}	文字列	Custom Field Suiteプラグインで設定されたカスタムフィールドにインポートしたい場合は、接頭辞cfs_を追加する

注a　表4.8はhttp://notnil-creative.com/blog/archives/3465から引用しています。

第4章

● フックを使ったインポートデータの加工

　データ登録前データと登録後データをフックを使って取得できます（**表4.9**）。CSVデータを登録前に加工したい場合や、データ作成後に記事IDを取得し記事IDをもとに他の処理をさせたい場合などで非常に便利です。

89

第4章 プラグインによる機能拡張

■ **表4.9 フックを使ったインポートデータの加工**

フック名	説明
really_simple_csv_importer_save_post	投稿データの保存前に加工などが可能
really_simple_csv_importer_save_meta	メタデータの保存前に加工などが可能
really_simple_csv_importer_save_tax	タクソノミーデータの保存前に加工などが可能
really_simple_csv_importer_dry_run	データベースにCSVデータを登録しない、テスト実行の設定が可能
really_simple_csv_importer_post_saved	保存後のポストデータの加工などが可能

4.8 Super Socializer ——SNS連携——

昨今では、SNSと連携した機能を要求される場面が多々あります。例えば、TwitterやFacebookへの投稿機能はもちろん、それらソーシャルサービスのアカウントによるアプリケーションへのログインなどです。WordPressでは、これらの機能を簡単に追加できるプラグインがあります。

Super Socializerの概要

Super Socializerプラグイン[注15]は、SNS連携でよく使うFacebookコメント機能、ソーシャルログイン機能、シェアボタン機能などが利用できるプラグインです（**図4.91**）。シェアボタンはFacebook、Twitterの他にLinkedin、Google+、Pinterest、Tumblrもあり、表示・非表示するテンプレートを管理画面から設定できます。

注15 https://wordpress.org/plugins/super-socializer/

4.8 Super Socializer —— SNS連携

■ 図4.91　Super Socializerプラグイン

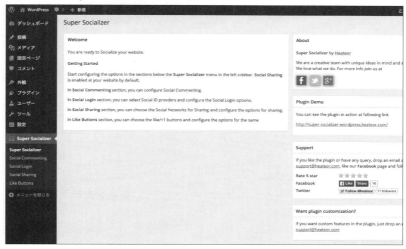

　Super SocializerプラグインはSNS連携できるプラグインの中では後発のプラグインですが、先にリリースされたプラグインより星の数がダントツで多く、ユーザーから高評価を得ているプラグインです。

主な機能

　Super Socializerプラグインの主な機能は以下の通りです。

- ソーシャルコメントの追加
- ソーシャルログインの利用
- シェアボタンの利用

● ソーシャルコメントの追加

　WordPressのコメント機能の他にFacebook、Google+、Disqusを追加できます（図4.92）。

第4章 プラグインによる機能拡張

■ 図4.92　Facebookでのコメント画面

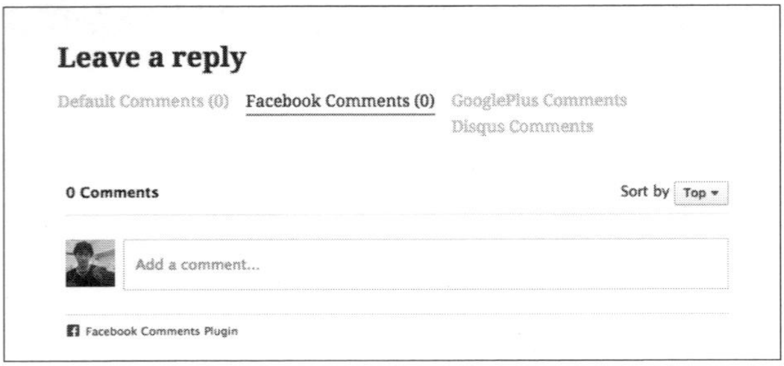

●ソーシャルログインの利用

以下に挙げているソーシャルサービスのログイン機能を利用できます（**図4.93**）。

- Facebook
- Twitter
- LinkedIn
- Google+
- Vkontakte
- instagram
- Xing

■ 図4.93　ソーシャルログイン機能

※画像引用：https://ja.wordpress.org/plugins/super-socializer/screenshots/

● シェアボタンの利用

以下に挙げたものをはじめ、多くのソーシャルサービスのシェアボタンやメール、プリントボタンを利用できます（**図4.94**）。

- Facebook
- Twitter
- LinkedIn
- Google+
- Print
- Email
- Yahoo!
- Reddit
- Digg
- Delicious
- StumbleUpon
- Float it
- Tumblr
- Vkontakte
- Pinterest
- Xing
- Whatsapp

■ 図4.94　シェアボタン機能

第**4**章　プラグインによる機能拡張

Column

Jetpack by WordPress.comのパブリサイズ共有

　Jetpack by WordPress.com プラグイン[注a]の機能の1つにパブリサイズ共有機能があります。この機能は、記事を公開したタイミングで自分のFacebookウォールやFacebookページ、Twitter、Google+、Tumblrなどに記事をシェアすることができます（**図4.a**）。

■ **図4.a　SNSへの投稿**

共有設定
連携は解除されています。

パブリサイズ共有

このブログをソーシャルネットワークサイトと連携し、新しい投稿を自動的に友達と共有しましょう。自分だけで連携を利用するか、他のユーザーと同アカウントに連携できるようにするか選択できます。他のユーザーと共有している連携では（共有）というテキストが表示されます。

→パブリサイズ共有についての詳細。

Facebook	連携	Tumblr	連携
Twitter	連携	Path	連携
LinkedIn	連携	Google+	連携

　共有先は以下の通りです。

- 自分のFacebookのウォール
- 自分が管理しているFacebookページ
- Twitter
- LinkedIn
- Tumblr
- Path
- Google+

注a　https://wordpress.org/plugins/jetpack/

(4.9) WP-Polls ──アンケート──

　「**4.2　Contact Form 7 ──フォーム──**」では、サイトへの訪問者のお問い合わせフォームの作成が簡単にできるプラグインを紹介をしましたが、以下

4.9 WP-Polls ——アンケート——

に紹介するプラグインでは、サイトへの訪問者から簡易なアンケートを集めて、かつ集計もしてくれます。

WP-Pollsの概要

WP-Pollsプラグイン[注16]は、Webサイトに簡単にアンケートフォームを設置できるプラグインです（図4.95）。管理画面からフォームのHTMLの変更が可能なため、見た目のカスタマイズも柔軟に対応することが可能です。

■ 図4.95　WP-Pollsプラグイン

主な機能

WP-Pollsプラグインの主な機能は以下の通りです。

- 複数アンケートの管理
- アンケートのスケジューリング
- 複数回答

● 複数アンケートの管理

1つのアンケートだけでなく、複数のアンケートを管理することが可能です

注16　https://wordpress.org/plugins/wp-polls/

（図4.96）。

■ 図4.96　複数アンケートの管理

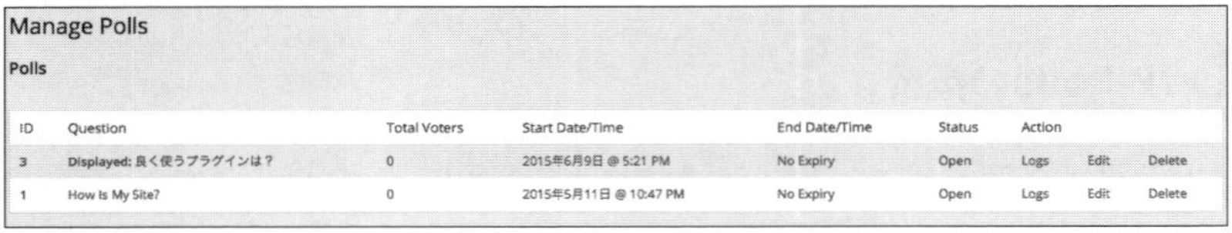

Manage Polls
Polls
ID
Question
Total Voters
Start Date/Time
End Date/Time
Status
Action
3
Displayed: 良く使うプラグインは？
0
2015年6月9日 @ 5:21 PM
No Expiry
Open
Logs
Edit
Delete
1
How Is My Site?
0
2015年5月11日 @ 10:47 PM
No Expiry
Open
Logs
Edit
Delete

● アンケートのスケジューリング

アンケートの募集の開始日時と終了日時を設定できます（**図4.97**）。

■ 図4.97　アンケートのスケジューリング

Poll Start/End Date
Start Date/Time
2015年5月11日 @ 10:47 PM
Edit Start Date/Time
11
5月
2015
@
22
47
29
End Date/Time
This Poll Will Not Expire
Do NOT Expire This Poll
9
6月
2015
@
17
25
25
Edit Poll
Close Poll
Cancel

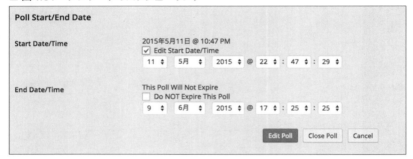

● 複数回答

アンケートの回答を複数選択できます。選択可能な数の制限をかけることもできます（**図4.98**）。

■ 図4.98　複数回答機能

Poll Multiple Answers
Allows Users To Select More Than One Answer?
Yes
Maximum Number Of Selected Answers Allowed?
2

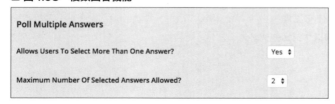

4.10 WP Total Hacks ──WordPressでよく行うカスタマイズ──

WP Total Hacksの概要

WP Total Hacksプラグイン[注17] は、WordPressでよく実施するカスタマイズを管理画面上から設定できるプラグインです（**図4.99**）。Faviconの追加や、抜粋から、[…]を削除、Google Analyticsをインストール、ウェブマスターツールの認証など25以上の機能を提供してくれます。

■ 図4.99　WP Total Hacksプラグイン

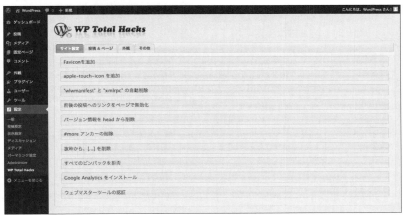

管理画面もとてもシンプルで複雑な設定が必要なく、ほとんどの機能をon / offの設定だけで管理できます。

主な機能

WP Total Hacksプラグインの主な機能は以下の通りです。

- サイトの設定
- 投稿・ページの設定
- 外観の設定

注17　https://wordpress.org/plugins/wp-total-hacks/

第4章 プラグインによる機能拡張

● サイトの設定

Faviconを追記したり、バージョン情報をheadから削除したり、抜粋から[...]を削除したり、Google Analyticsのインストールや、ウェブマスターツールの認証などが設定できます（**表4.10**）。

■ 表4.10　サイト設定

設定内容	説明
Faviconを追加	headに <link rel="Shortcut Icon" type="image/x-icon" href="//wordpressbook.local/wp-content/uploads/2015/06/favicon.ico" /> のコードが追加される
apple-touch-iconを追加	headに <link rel="apple-touch-icon" href="//wordpressbook.local/wp-content/uploads/2015/06/wordpress-logo-32-blue.png" /> のコードが追加される
wlwmanifestとxmlrpcの自動削除	headから <link rel="EditURI" type="application/rsd+xml" title="RSD" href="http://wordpressbook.local/xmlrpc.php?rsd" /> <link rel="wlwmanifest" type="application/wlwmanifest+xml" href="http://wordpressbook.local/wp-includes/wlwmanifest.xml" /> のコードを削除する
前後の投稿へのリンクをページで無効化	headから <link rel='prev' title='マークアップ: HTMLタグとフォーマット' href='http://xxxxxx' /> <link rel='next' title='Hello world!' href='http://xxxxxx' /> のコードを削除する
バージョン情報をheadから削除	headから <meta name="generator" content="WordPress 4.2.2" /> のコードを削除する
#moreアンカーの削除（**図4.100**）	「続きを読む」のアンカータグに自動で付与される#more-xxxを削除する
抜粋から、[...]を削除（**図4.101**）	the_excerpt()を使った場合に表示される[…]を削除する

■ 図4.100　#moreアンカーの削除

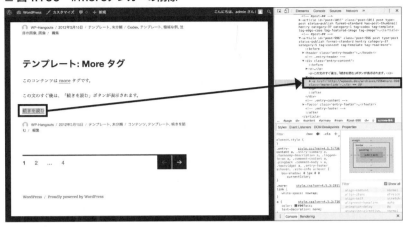

■ 図4.101　抜粋から、[...] を削除

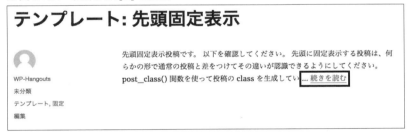

他にもすべてのピンバックを拒否したり、Google Analyticsをインストールしたり、ウェブマスターツールの認証などが設定できます。

● 投稿・ページの設定

投稿のメタボックスを削除、リビジョンコントロール、セルフピンバックの停止、下書きページへの子ページ作成の許可などを設定できます（**表4.11**）。

第4章 プラグインによる機能拡張

■ 表4.11 投稿・ページの設定

設定内容	説明
投稿のメタボックスを削除	以下のメタボックスを削除する ・ディスカッション ・コメント ・スラッグ ・作成者 ・カスタムフィールド ・抜粋 ・トラックバック送信 ・Format ・Post Tags ・カテゴリー
ページのメタボックスを削除	以下のメタボックスを削除する ・ディスカッション ・コメント ・スラッグ ・作成者 ・カスタムフィールド
リビジョンコントロール	保存できるリビジョンの件数を指定する。すべてのリビジョンを保存するとデータベースの容量を圧迫するため、設定しておくと良いでしょう

　他にもセルフピンバックを停止したり、ページに抜粋を追加したり、下書きページへの子ページの作成を許可するなどが設定できます。

● 外観の設定

　管理画面のヘッダーのロゴを変更、管理画面フッターを変更、ログイン画面のロゴを変更などの設定ができます。

　その他にも、ダッシュボードウィジェットの無効化、テキストウィジェットでショートコードを使用可能にする、テキストウィジェットでoEmbedを使用可能にする、Webmaster権限を追加するなどの設定もできます。

4.11 その他の便利なプラグイン

ImageWidget ——画像の設定——

　ImageWidgetプラグイン[注18]は、ウィジェットから簡単に画像を設定できる

注18 https://wordpress.org/plugins/image-widget/

その他の便利なプラグイン ● 4.11

プラグインです。デフォルトでWordPressに準備されているウィジェットには、メディアで管理されている画像を追加できる機能がありません。ImageWidgetプラグインを利用すれば、メディアで管理されている画像を簡単にウィジェットで管理できます。

Google XML Sitemaps ——XMLサイトマップの作成——

Google XML Sitemapsプラグイン[注19]は、検索エンジンに登録するXMLサイトマップを作成するプラグインです。記事を公開したタイミングで自動でXMLサイトマップを更新し、検索エンジンにサイトマップが更新されたことを通知してくれます。手動でサイトマップを作成する手間を省くことができ、非常に便利です。

Duplicate Post ——記事の複製——

Duplicate Postプラグイン[注20]は、投稿・固定ページの記事を複製するプラグインです。カスタムフィールドも複製が可能ですので、同じデータを複製したい場合などに便利です。プラグインの設定画面から投稿日、ステータス、メディアファイルなど複製したい項目を選ぶことも可能です。また複製可能なユーザーの権限も設定が可能です。

Head Cleaner ——表示速度の改善——

Head Cleanerプラグイン[注21]は、ブラウザの表示速度を改善するプラグインです。<head>の中身とfooterエリア（wp_footerの出力されるコード）を整形し、ブラウザ側の表示スピードを改善し、CSSの圧縮や、JavaScriptをフッターエリアに移動するなどが可能です。

Search Everything ——検索対象の拡張——

Search Everythingプラグイン[注22]は、WordPressの検索対象を拡張するプ

注19 https://wordpress.org/plugins/google-sitemap-generator/
注20 https://wordpress.org/plugins/duplicate-post/
注21 https://wordpress.org/plugins/head-cleaner/
注22 https://wordpress.org/plugins/search-everything/

第4章

第4章 プラグインによる機能拡張

ラグインです。WordPress の検索対象は、投稿・固定ページのタイトルと本文です。Search Everything プラグインを使用すると、カスタムフィールドやカテゴリーなども検索対象になります。検索項目は管理画面から選択できます。

Regenerate Thumbnails ——画像サイズの再生成——

Regenerate Thumbnails プラグイン[注23] は、メディアで管理された画像のサイズを再生成するプラグインです。add_image_size で設定されたサイズで画像を再生成してくれます。コンテンツ作成後にテーマの変更やサムネイルサイズの変更をしたい場合に非常に便利です。

Simple Page Ordering ——ページの並び順の設定——

Simple Page Ordering プラグイン[注24] は、ドラッグ＆ドロップで固定ページの並び順を設定するプラグインです。固定ページのページ属性の順序の数値を変更するとページの並び替えが可能ですが、ページの間にページを差し込みたい場合や、現在の並び順を確認するのがとても手間になります。このプラグインを使えば、固定ページ一覧で現在の並び順を確認でき、ページ間へのページ差し込みが簡単にできます。

PS Taxonomy Expander
——カテゴリー・タクソノミーの並び順の設定——

PS Taxonomy Expander プラグイン[注25] は、カテゴリー、タクソノミーの並び順を設定するプラグインです。ドラッグ＆ドロップで並び順を簡単に制御することが可能です。カテゴリー、タクソノミーの並び替えを運営者側で管理したいという要望はよくあるため、非常に助かるプラグインです。

Redirection ——リダイレクトの設定——

Redirection プラグイン[注26] は、管理画面からページのリダイレクトを設定す

注23　https://wordpress.org/plugins/regenerate-thumbnails/
注24　https://wordpress.org/plugins/simple-page-ordering/
注25　https://wordpress.org/plugins/ps-taxonomy-expander/
注26　https://wordpress.org/plugins/redirection/

るプラグインです。301（Moved Permanently）、302（Found）、307
（Temporary Redirect）のHTTPステータスコードを設定できます。また転送
された件数やログの確認もできるため、非常に便利なプラグインです。

4.12 まとめ

　本章では、いくつかプラグインを紹介しましたが、これら以外でも開発を効
率化できるプラグインは多く存在します。自分で1から開発する前に、一度
WordPressのプラグインディレクトリを検索してみることをお勧めします。

第 **5** 章

WordPressの
基本アーキテクチャ

第**5**章　WordPressの基本アーキテクチャ

5.1　ファイル構成

WordPressの主なファイル・ディレクトリ

　WordPressのファイル構成はとてもシンプルです。インストールディレクトリの中の大まかなファイル・ディレクトリ構成は**表5.1**の通りです。

■ 表5.1　WordPressの主なファイル・ディレクトリ構成

ファイル・ディレクトリ	説明
/index.php	通常アクセスのエントリポイント
/wp-config.php	設定ファイル
/wp-admin/	管理画面用のファイル群
/wp-content/	サイトのデータを格納
/wp-content/languages/	ローカライズのための言語ファイル
/wp-content/themes/	テーマを格納
/wp-content/plugins/	プラグインを格納
/wp-content/uploads/	アップロードされたファイルを保存
/wp-inludes/	WordPress コアファイル

　`wp-config.php`は、WordPressの動作に必要な基本的な設定（WordPressの動作条件の定数や、データベース接続情報など）を記述する設定ファイルです。通常、インストール時に自動的に生成されます。

　`/wp-content`ディレクトリは、インストールされたテーマやプラグイン、あるいは管理画面からアップロードされた画像などのファイルが設置される場所です。

　他のディレクトリやファイルはWordPressのコアファイルであり、開発者が変更することはありません。

テーマとプラグイン ── 機能の実装コンテナ ──

　WordPressのテーマやプラグインは、管理画面などから追加できるアピアランス（外観）や機能ですが、開発者がWordPressをベースにシステムを開発しようとする場合、これらは必要な画面や機能を実装するための実装コンテナになります。言い換えると、WordPressでの開発とは、テーマやプラグインという実装コンテナ上に必要な実装を行っていく作業と言えます。

基本的にテーマは、テンプレートファイルやスタイルシートなどを含み、サイトの外観を表現します。またプラグインは、WordPressに機能を追加したり、変更したりします。

とはいえ、テーマにおいて機能の追加や変更を行えますし、プラグインでも、そのプラグインが必要とするアピアランスがあれば、独自のスタイルシートをフロントエンドに追加することもできます。

APIレベルでは、テーマもプラグインも、機能を実装する場所が異なるだけであり、それぞれで使えるAPIもほぼ共通です。

例えば、開発するアプリケーションにおいては、テーマですべての機能を実装できますし、実際にそれはよく行われるアプローチだと思います。ただし、この場合にテーマを変更すると、そのテーマに実装された機能も失われることになりますが、多くの場合はそれも要件的に問題にならないでしょう[注1]。

このように、機能を実装するという観点においてテーマとプラグインに大きな違いはなく、目的、あるいは利用形態によって、向いている実装コンテナが異なる程度という理解が良いかもしれません[注2]。

テーマのファイル構成

テーマについては、「**第6章　テーマの作成・カスタマイズ**」で詳しく解説しますが、このあとの解説をイメージしやすくするために、ここでも簡単に触れておきます[注3]。

あるテーマの構成ファイルは、/wp-content/themesディレクトリの下にそのテーマ用のディレクトリを作成してそこに配置します。例えばmy-themeという名前のテーマを作る場合、以下のようにディレクトリを作成し、必要なファイルを配置します。

- /wp-content/themes/my-theme/

テーマの最小構成ファイルは、style.cssとindex.phpのたった2つのファイルです。それぞれテーマディレクトリのルートに配置します。

- /wp-content/themes/my-theme/style.css

注1　一方、プラグインではサイト全体を構築できません。
注2　異なる意見もあると思いますが、目的と対象読者を想定して、本書ではあえてこのような解説としています。
注3　プラグインについては「**第7章　プラグインの作成と公開**」を参照してください。

第5章 WordPressの基本アーキテクチャ

• /wp-content/themes/my-theme/index.php

● テーマヘッダーファイル ——style.css——

style.cssはテーマのCSSを記述するとともに、テーマがWordPressに認識されるためのメタ情報を含む重要なファイルです。テーマのヘッダー情報は**リスト5.1**のような形式になり、これをstyle.cssの冒頭に記述します。

■ **リスト5.1 テーマヘッダーファイル**

```
/*
Theme Name: My Theme
Theme URI: http://example.com/my-theme/
Author: yuka2py
略
*/
```

● テンプレートファイル ——index.php——

index.phpはメインのテンプレートファイルです。

WordPressはリクエストの内容によって、利用するテンプレートが自動的に選択されますが、リクエストに適合するテンプレートが存在しない場合は、index.phpが選択・表示されます。この仕様からWordPressでは、もし、1つの表示スタイル（HTML）で良いという場合は、このindex.phpだけでも動作します[注4]。

なお、テンプレートの選択については、「**5.9 テンプレートの選択**」で解説しています。

● プログラムの記述場所 ——functions.php——

WordPressの挙動を変更したり、機能を追加したりなど、WordPressをカスタマイズするためのプログラムを記述する場所がfunctions.php[注5]です。functions.phpはテーマディレクトリのルートに配置します。

• /wp-content/themes/my-theme/functions.php

テンプレートファイル以外のPHPファイルの配置について、WordPressにはこれ以上の特別なルールはありません。つまり、プログラムファイルを複数

注4　index.phpだけで記事単体、また記事一覧も表示できます。テンプレート上の実際の記述については、**「第6章 テーマの作成・カスタマイズ」**で解説します。

注5　function.phpではありません。末尾のsを忘れないようにしてください。

のファイルに分割したい場合は、管理しやすいように適当に分割し、require してください。

● **その他のファイル配置は自由**

テンプレートファイルや一部のファイルにはいくつかのルールがあるものの、その他のテーマ構成ファイルの配置には、特に厳密なルールがありません。例えば、style.css 以外の CSS ファイルや JavaScript ファイル、functions.php からインクルードするその他の PHP ファイルなど、開発者はテーマディレクトリの中で好みの配置にできます[注6]。

もし何か基準があったほうが良いということであれば、デフォルトでインストールされている標準テーマを参考にすると良いでしょう。標準テーマの構成を読むことはさまざまな面で参考になるはずです。

5.2 データ構成

WordPress のデータの基本的な構成について見てみましょう。

図5.1 に、WordPress のデータベースの概要をまとめました。とてもシンプルですね。ほとんどの開発者は、このスキーマを見るだけでちょっとした安心感を覚えるのではないでしょうか。

注6　この辺りの自由さは、WordPressのカスタマイズを始めるにあたって、学習コストを低くしてくれます。多くのWebアプリケーションフレームワークでは、この辺りの作法を学ぶために一定のコストがかかりますが、WordPressでは全般にわたってとてもシンプルなルールと、また同様にシンプルなAPIの構成のおかげで、導入当初の学習コストが低くなっています。

第5章 WordPressの基本アーキテクチャ

■ 図5.1　データベースの概略図

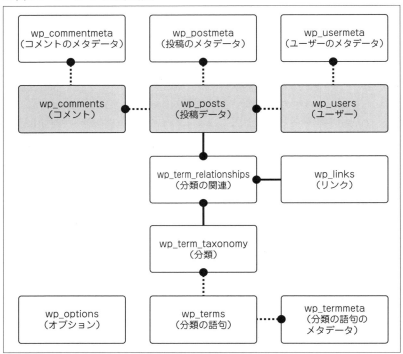

WordPressの主なテーブル

　WordPressのテーブル（**表5.2**）は、特徴として主な3つのエンティティ、wp_posts、wp_users、wp_commentsがあり、それぞれに関連するメタデータを扱うためのテーブルが定義されています。

　また投稿データを分類するために、wp_term_taxonomyを中心とする3つのテーブルが定義されています。WordPressでは、組込み投稿データを分類するカテゴリーとタグという機能がありますが、これらもタクソノミーを使った組込みの実装に過ぎません。

　wp_optionsは、システム横断的に設定データなどを保存するテーブルです。

　wp_linksは、管理画面のリンク機能で取り扱うデータを保存するテーブルでしたが、WordPress 3.5からリンク機能はデフォルトで非表示となり、今後は利用されない方向になると思われるため、本書でもこの機能の解説は割愛します。

データ構成 ● 5.2

■ 表5.2　WordPressの主なテーブル

テーブル	特徴
wp_posts	WordPressの中心である、いわゆる投稿データが保存されるテーブル。組込みのデータタイプの投稿や固定ページはもちろん、メディアやカスタムメニューなどまで、幅広いデータが格納される。post_type属性により異なるデータ型が表現される。WordPressではこのカラムにより表現される追加の投稿タイプを、一般にカスタム投稿タイプと呼ぶ。組込みの投稿や固定ページもこのカラムで表現されている。また、post_status属性によりデータの状態が表現される。いずれも開発者が任意に追加できる。menu_order属性により、レコードの並び順をサポートすることができる
wp_postmeta	wp_postsに紐付くメタデータが保存される。開発者は投稿に紐付く追加の情報を容易に保存できる。WordPressではこのテーブルに保存する情報を、一般にカスタムフィールドと呼ぶ
wp_comments	wp_postsのデータに付いたコメントの他、トラックバック、ピンバックのデータが保存される
wp_commentmeta	コメントに付随するメタデータが保存される
wp_users	サイトに登録されているユーザー情報が保存される
wp_usermeta	ユーザー情報用のメタデータ。標準の管理画面で設定できるユーザー情報の多くも、実はこのテーブルに格納されている
wp_links	古いバージョンのWordPressで利用されていた、ハイパーリンクなどの情報を保存していたテーブル。リンク機能はWordPress 3.5以降デフォルトでは無効化され、今後はあまり利用されなくなると思われる
wp_term_relationships	wp_postsとwp_term_taxonomyを多対多で関連付ける中間テーブル。その関連における並び替えをサポートしている。WordPressでは、このwp_term_relationships、wp_term_taxonomy、wp_termsの3つのテーブルで投稿データの分類をサポートする。組込みカテゴリーとタグもこれらのテーブルで構成されています。この仕組みで追加の分類を定義することを、WordPressでは一般にカスタムタクソノミーと呼ぶ
wp_term_taxonomy	分類上の語句を表し、分類項目の実体になる。階層をサポート。分類の種別(タクソノミー)自体は正規化されておらず、WordPressのコードの中で管理されている
wp_terms	分類の語句を保存する
wp_termmeta	分類の語句のためのメタデータ
wp_options	WordPress全体にわたるオプション情報を保存する。開発者も個別の設定を簡単に保存・読み込みができる

第5章

　それぞれのテーブルの意味や役割は、特に解説しなくてもおおむね理解できるぐらいシンプルだと思います。ところがWordPressは、そのような単純なデータ構造でありながら、標準的なブログサイトやWebサイトのみならず、やや込み入ったシステムやプラグインの実装も実現できます。中には、独自のテーブルを追加する必要があるものもありますが、多くのアプリケーションやプラグインが標準のテーブルにデータを保存しつつも、その見せ方を工夫して、

111

第5章　WordPressの基本アーキテクチャ

さまざまなデータの表現を行っています。

このようなアプローチが成り立つのは、WordPressのデータ構成がとても
シンプルなスキーマの上に、適度なバランスで抽象化されているからであり、
また、WordPressの標準の機能の多くも、これらの抽象化されたスキーマを
具象化することによって実装されているからです。

その抽象化されたデータ構成について、もう少し見てみましょう。

投稿タイプ

wp_postsテーブルは、WordPressの投稿データを保存するテーブルです。い
わゆるブログ記事のようなデータを保存できることはもちろんですが、
WordPressはこのテーブルをさまざまな特性のデータの保存に利用していま
す。

組込みの投稿データでわかりやすいものは、投稿と固定ページの2つの種類
のデータです。これらは異なる特性のデータですが、いずれもwp_postsテーブ
ルに保存されています。

このような投稿データの区分を投稿タイプと呼びます。投稿タイプの識別子
はwp_postsテーブルのpost_type属性に保存されます。組込みの投稿と固定ペー
ジのpost_type属性の値はそれぞれpostとpageです。

さて、投稿も固定ページもいわゆるブログ記事のようなデータですが、投稿
タイプの利用はそれだけにとどまりません。

WordPressには、画像やファイルを扱うためのメディアという機能があり
ますが、このデータもattachmentという投稿タイプで、wp_postsテーブルに
保存されています。また各種のメニューを簡単に管理できるカスタムメニュー
機能も、nav_menuという投稿タイプとして保存されています。

WordPressでは、このようにいわゆるブログ記事のようなデータではない、
さまざまな特性のデータの保存にもwp_postsテーブルが利用されています。ま
た、それらのデータの特性が大きく異なることにも注目してください。

● 投稿タイプの追加

さて、開発者はこの投稿タイプを簡単に追加できます。

WordPressでは、開発者が独自に追加する投稿タイプを、組込みの投稿タ

イプと区別してカスタム投稿タイプと呼びます[注7]。

リスト5.2は、goodsという投稿タイプをWordPressに追加するコードです。たったこれだけで、管理画面に**図5.2**のようなUIが表示され、商品というデータを追加・閲覧・更新・削除できるようになります。

■ **リスト5.2　投稿タイプの追加**

```
register_post_type( 'goods', array(
    'label' => '商品',
    'public' => true,
    'show_ui' => true,
) );
```

■ **図5.2　管理画面に追加された投稿タイプ**

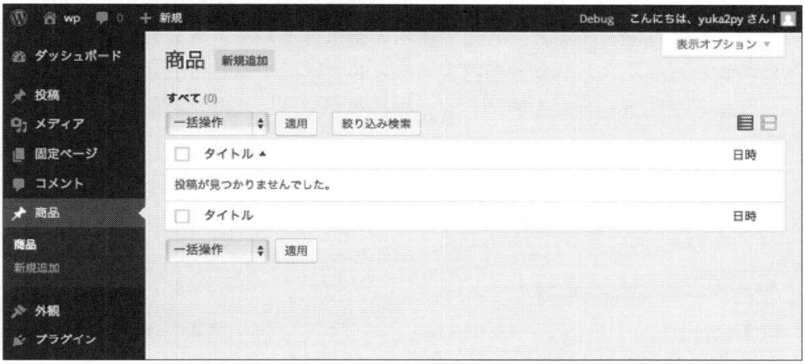

register_post_type()関数で投稿タイプを追加します。第1引数に投稿タイプのスラッグ、第2引数にオプションを連想配列で指定します。このオプションで、追加する投稿タイプの性質を大きくコントロールできます。

例えば、図5.2のような管理画面の標準UIを利用するかどうか、あるいは、投稿タイプをWordPress組込みの検索機能の対象にするか、また、そもそもこの投稿タイプを公開するか、アーカイブページを持つか、ページの階層関係をサポートするか、アイキャッチなどの組込み機能を利用するかなど、非常にたくさんのオプションを用いて、その特性や利用方法を柔軟にカスタマイズできます。

これらのオプションや投稿タイプの追加について詳しくは、「**第8章　投稿デ**

注7　ネットで見かける情報では、よく投稿、固定ページ、カスタム投稿タイプの3つを並列に位置付けて解説されていますが、実際には、すべての投稿データそれぞれに投稿タイプが設定されており、標準の投稿と固定ページも、その1つの組込みの実装に過ぎないことを理解しておいてください。

第**5**章　WordPressの基本アーキテクチャ

ータと関連エンティティ」で解説しますが、ここでのポイントは、投稿タイプを用いることで、さまざまな特性のデータの表現が可能になるということです。

けっしてブログのような記事データだけが保存対象ではありません。おおよそ追加・閲覧・更新・削除などの操作を伴うデータ[注8]は、投稿タイプを用いて個別の異なるエンティティとして管理できると考えてください。

そしてそれは公開するデータはもちろんのこと、例えば個別の機能のコンフィグ情報[注9]や、あるいは別の投稿データの履歴情報保存[注10]など、アプリケーションで内部的に利用するだけの情報の保存にも利用できます。

カスタムフィールド

商品のデータを追加・閲覧・更新・削除できるようになりましたが、新規追加の際に編集画面を開くと、入力できる項目はタイトル、本文のみです。これらはそれぞれ商品名と商品説明の入力欄として活用できそうですが、商品というエンティティであれば、他にも販売価格や商品サイズなどの情報も管理しなければなりません。

このような目的に利用するのがカスタムフィールドと呼ばれる、投稿データに紐付くメタデータの保存の仕組みです。

● 投稿データの保存と取得

以下は、ID=74の投稿データにpriceというキーで価格情報を保存する簡単な例です。

```
update_post_meta(74, 'price', 1000);
```

投稿のIDと情報のキー、そして値を指定するだけです。これだけでデータを投稿に紐づけて保存できます。保存先はwp_postmetaテーブルです。

カスタムフィールドの特徴として、スキーマを持たないことが挙げられます。データは任意の投稿に紐づけて、任意のキーで、いつでも簡単に保存できます。もちろん、必要であれば投稿ごとに異なる種類のデータも保存できますし、投稿タイプごとに決まった値も保存できます。カスタムフィールド自体は、投稿に紐づけられた、とてもシンプルなKey/Value形式のデータ永続化の手段です。

注8　おそらく多くの、いわゆるデータが該当するはずです。
注9　バックアップ系プラグインのBackWPupでは、バックアップのセットアップ情報を保存しています。
注10　組込みのリビジョン機能も、revision投稿タイプの投稿データとしてデータを保存しています。

データ構成 ● 5.2

保存したデータは、**リスト5.3**のように簡単に取得できます。

■ **リスト5.3　保存したデータの取得**

```
// メタデータAPIの関数で取得
$price = get_post_meta(74, 'price', true);

// WP_Postオブジェクト経由で取得（WordPress 3.5以降）
$price = $post->price;
```

　ここでは2つの例を挙げましたが、どちらでも簡単にデータを取得できることがわかると思います。この機能を利用して、例えば商品データに価格やサイズの情報を持たせるなど、その投稿タイプに必要なデータを管理できます。カスタムフィールドの詳しい使用方法は「**8.3　カスタムフィールド**」を参照してください。

　なお、投稿データのカスタムフィールドと同様に、ユーザーとコメントのデータにも、個々のエントリに紐付くメタデータを保存できるAPIが準備され、同じようにとても簡単に利用できます。

　WordPressではこのように、あるデータに紐付くメタデータを、とても簡単に利用できる仕組みが備わっていて、これらを利用することで、シンプルなデータベース構造であっても、さまざまなデータを柔軟かつ手軽に保存できるようになっています。

第5章

Column

カスタムフィールドのUI

　カスタムフィールドのデータ保存や取得自体はとても簡単にできますが、例えば商品価格を詳細画面で入力させるためのUIを作成するのは、実はちょっと面倒な作業です。そこで、カスタムフィールドをUI付きで扱えるプラグインを利用すると便利でかつ、より「WordPress的」と言えます。

　カスタムフィールドのUI作成のプラグインとしては、Advanced Custom Fieldsプラグインなどが有名です。

115

第**5**章　WordPressの基本アーキテクチャ

タクソノミー

wp_terms、wp_term_taxonomy、wp_term_relationshipsの3つのテーブルによって実現されるタクソノミーは、投稿データを分類するための重要な機能です。

● タクソノミーの追加

例えば、商品投稿タイプをアウター、インナー、トップス、ボトムスといったように、商品をカテゴリーで分類したいとき、タクソノミーを追加定義できます（**リスト5.4**）。

■ **リスト5.4　タクソノミーの追加**

```
register_taxonomy( 'goods_category', 'goods', array(
    'label' => 'カテゴリー',
    'show_ui' => true,
    'hierarchical' => true,
) );
```

第1引数はタクソノミーのスラッグです。第2引数はそのタクソノミーが対象とする投稿タイプを指定しています。第3引数は追加するタクソノミーのオプションです。投稿タイプのオプションと同様に、タクソノミーもさまざまなオプションを指定し、その性質を柔軟に設定できます。

これだけで**図5.3**のようなUIが管理画面に導入できました。

■ 図5.3 管理画面に追加されたタクソノミー

　商品のメニューにカテゴリーというサブメニューが追加され、その中で、カテゴリーの追加・編集・削除ができるようになっています。このように独自に追加定義したタクソノミーを、WordPressではカスタムタクソノミーと言います。なお、組込みの投稿データには、タグとカテゴリーという分類の仕組みがありますが、それらも実体的にはタクソノミーの組込みの実装に過ぎません[注11]。

コメント

　コメントは、いわゆるブログ記事へのコメントを実現するための機能です。個別の投稿データに従属するデータを保存できます。データは`wp_comments`テーブルに保存されます[注12]。

注11　タグとカテゴリーは組込みのタクソノミーの実装ですが、これらには付加的に多くの追加実装が組み込まれていて特別なものになっています（WP_Queryでの条件分岐判定ができるなど）。
注12　ここまで読んでいただくと「それも投稿タイプで実現できるではないか？」という意見があるかもしれません。筆者としてはここに歴史的な経緯を感じるのはもちろんのことですが、コメントの承認といった概念や、個別に特化したUIといった一定以上の存在意義も感じられます。機能とは裏返すと制約です。

第5章 WordPressの基本アーキテクチャ

コメントも他の機能と同様に、その見せ方を変えるだけでさまざまな用途に利用できます。例えば、商品に対するクチコミ情報をコメントで表現するなどが考えられます。

Column

WordPressでのデータモデリング

WordPressのテーブルはとても少なくシンプルですが、多くのWordPressのアプリケーションはテーブルの追加なしに個々のデータを表現しています。どうしているのでしょうか？

表5.aにアプリケーションデータのWordPressでの表現について例示してみました。

■ **表5.a　WordPressのテーブルを利用したアプリケーションデータの表現例**

テーブル	組込みデータ	クチコミサイト	ショップサイト
wp_posts	投稿、固定ページ	店舗情報	商品情報、店舗情報、販売員情報、お知らせ
wp_comments	投稿コメント	クチコミ	商品評価
wp_term*	カテゴリー、タグ	地域区分、タグ	商品種別、セール中フラグ、サイズ区分、色・柄区分

まず飲食店のクチコミサイトを考えてみます。店舗情報はwp_postsに保存します。それぞれの店舗のクチコミにはコメントを利用しましょう。この場合、UIも見せ方を少し変えるだけでそのまま使えそうです。飲食店のクチコミですから、地域ごとに検索できるようにしたいですね。ここではカテゴリーのような階層化をサポートしたタクソノミーを利用します。階層をサポートするので、「［大阪］＞［大阪市］＞［中百舌鳥周辺］」といった表現が可能です。どんな料理を出すのか、どんな傾向のお店なのかなどは、タグで表現すると良さそうです。

次はいくつかの小売店を持つ雑貨屋さんのWebショップを考えてみます。まず肝心の商品情報は、wp_postsテーブルのpost_type=itemで表現できます。同様に店舗情報は、post_type=shop、販売員情報はpost_type=staff、お知らせなどの更新情報は、標準の投稿（post_type=post）を利用して保存できます。

このように、wp_postsテーブルでは異なるエンティティをpost_typeを変えて表現できます。これはRailsの単一テーブル継承と似た概念です。なお、異なる投稿タイプを使うと、標準の投稿・固定ページと同様に、個別の一覧や編集画面を本当に簡単に用意できます。これは、管理画面のCRUDの作成に割く時間を大幅に軽減してくれることでしょう（しかもあの美しい管理画面で！）。

基本的な処理の流れ ● 5.3

> さて、Webショップに掲載された、商品の属性や分類はどのように表現できる
> でしょうか。商品価格などは、カスタムフィールドを使って商品のメタデータとし
> て表現できます。またサイズや色・柄といった分類項目はタクソノミーを使って表
> 現できます。
>
> なお、カスタムフィールドは、検索にあまり向かない構造になっています。検索
> が多くなる場合はなるべくタクソノミーで表現したいところです。蛇足ですが、例
> えば商品の価格は価格帯で検索したくなりますが、どのようにすれば解決できるで
> しょうか？ この場合は、商品価格とは別に価格帯のタクソノミーを設ける方法も考
> えられます。そして、商品データの更新時にフックして、価格帯のタクソノミーを
> 自動で付与するのです。

5.3 基本的な処理の流れ

WordPressには、いわゆるMVCのWebアプリケーションフレームワーク
にあるコントローラーやアクションといったものは存在しません。データの抽
出も、テンプレートの選択も、リクエストされたパラメーターに基づいて自動
的に決定し、処理されます。

WordPressによるシステム開発では、この既定の処理をよく理解し、うま
く利用することが大切です。独自の処理を加えるには、その既定の処理の間に
処理を挟み込む（フックする）アプローチをとります。

図5.4は、一般的なMVCのWebアプリケーションフレームワークと
WordPressの実装個所の違いを大まかに説明したものです。濃い色のコンポ
ーネントは、開発者が実装する個所を示しています。

第5章

119

第5章 WordPressの基本アーキテクチャ

■ 図5.4　MVCフレームワークとWordPressの開発の違い

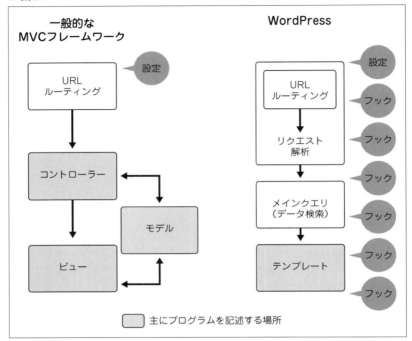

　いくつかの一般的なWebアプリケーションフレームワークでは、ルーティングを定義してURLとコントローラーの関係を指定したあと、コントローラで必要なデータを取得してビューに引き渡します。エンティティに関連するロジックは、モデルに記述します。規約に沿って記述することで、これらの一部を自動化するフレームワークもありますが、コントローラーで自由にフローを制御できる場合が多いです。

　一方、WordPressの考え方はまったく異なります。すでに述べたように、WordPressでは、既定のルールに沿ってすべてが処理されます。この既定の処理を、フックという仕組みを使って変更していくのが、WordPressの開発の基本です。

　うまくカスタマイズする ── なるべく美しく簡潔に行う ── ポイントは、この既定の処理をよく理解し、最大限利用することです。

　WordPressでは、やりたいことを実現するためにどういったモデル構成とするか、どのようにコントローラーを分けるかは考えません。WordPressでは、「実現したいことが既存のどの仕組みに似ているか?」を考え、そしてそれ

基本的な処理の流れ ● 5.3

を「どう見せるか？」「どうアレンジできるのか？」を考えるのです。

そのため、WordPressで本格的なシステム開発を行う際は、基礎的な仕組みや既定の処理の種類などを理解しておくことがとても重要です。

リクエストパラメーターとページの種類

WordPressは、リクエストから得られたパラメーターに基づいて既定の処理を行い、その結果を返すシステムです。必要なデータの検索も、表示するテンプレートの選択も、リクエストパラメーターに基づき、既定のルールに沿って処理されます。

例えば、以下はIDが「1192」の個別の記事を表示するリクエストと、カテゴリーのterm_idが「4」の記事一覧（アーカイブ）を表示する簡単なリクエストです（WordPressインストール直後のデフォルト設定の場合）。

```
http://www.mysite.jp/index.php?p=1192
http://www.mysite.jp/index.php?cat=4
```

ここで個別の記事やカテゴリーの一覧にあたるのが、WordPressにおけるページの種類です。WordPressは、リクエストパラメーターからページの種類で示されたデータを取得し、既定のテンプレートを呼び出します。こういった既定の処理のバリエーションが、WordPressのページの種類と考えてください。ページの種類について詳しくは、「**5.5　ページの種類**」で解説します。

また、このページの種類を決める他に、WordPressが返すコンテンツを指定するリクエストパラメーターにはたくさんの種類があり、複雑なコンテンツのリクエストを表現できます。これらのパラメーターの種類や、その解析のメカニズムついては「**5.6　リクエストパラメーター**」で解説します。

メインクエリと条件分岐

リクエストパラメーターが得られると、それに対応するデータが自動的に検索・取得されます。この自動的に取得されるという点が重要です。この検索のことをWordPressではメインクエリと呼びます。メインクエリは、WordPressの処理の中でも特に重要な概念です。その意味や役割、またその取り扱いの方法などについて、正しい理解が必須です。メインクエリについて詳しくは、「**5.7　メインクエリ**」で解説します。

またWordPressでは、メインクエリの内容を調べて、それがどのようなリ

第5章

121

第**5**章　WordPressの基本アーキテクチャ

クエストか確認し、それぞれのリクエストに応じて処理を分岐し、目的の処理を行います。

　一般的なMVCフレームワークでは、リクエストごとに処理するコントローラーが決定され、個々のコントローラー内で処理のフローを組み立てます。しかしWordPressにコントローラーはありません。ある特定のリクエストにおいて特別な処理を行いたい場合は、現在のリクエストがどのようなリクエストであるかを調べ、条件分岐して処理を行います。

　このメインクエリを調べる手法は、実装面で必要なことはもちろんですが、メインクエリの意味合いを理解するうえでも大切です。これらについては「**5.8 クエリフラグ**」で解説します。

▎テンプレート階層とメインループ

　メインクエリによって必要なデータが検索・取得されたあとに、テンプレートが呼び出されます。WordPressではこの呼び出されるテンプレートも、ページの種類に基づいて自動的に決定されます。どのページの種類に対してどのテンプレートファイルがロードされるかという決まりについては、「**5.9　テンプレートの選択**」で解説します。

　ロードされたテンプレート上で、メインクエリによって取得されたデータを出力します。WordPressでは投稿データなどを出力するための処理をループと呼び、その中でもメインクエリに基づくループをメインループと呼びます。

　WordPressのループにはいくつか種類があり、それぞれに少し取り扱い方法が異なります。また、WordPressは処理のコンテキストが重要であることから、メインループの記述にもいくつかの注意が必要です。これらのループとその取り扱い方法については、「**5.10　ループとテンプレートタグ**」で解説します。

基本的な処理の流れ ● 5.3

> #### Column
>
> ## フックによる適切な書き換え
>
> WordPressの情報をWebで検索していると、テンプレートファイルの中にPHP
> のコードを書きすぎている例をよく見かけます。その多くはフックを使ってより適
> 切な方法で書き換えることができます。
> 　WordPressにMVCはないと書きましたが、テンプレート（View）にはロジック
> を書かないほうが望ましいです。Webではいろいろな手法を見かけますが、なる
> べくフックを使ってうまく処理するのが良いでしょう。

▍既定の処理の変更

　ここまでWordPressの基本的な処理の流れについて解説してきました。

　WordPressにはあらかじめ定められた処理があり、リクエストパラメータ
ーに基づいてデータが取得され、テンプレートがロードされます。

　それでは、その既定の動作を変更したり、新しく独自の処理を追加したいと
き、開発者はどのようにアプローチできるでしょうか？

　WordPressでは、前にも述べましたがこれをフックという仕組みで実現し
ています。フックは、WordPressの処理フローのさまざまなポイントに、独
自の処理を挿入する（引っ掛ける＝フックする）仕組みです。別の表現をすると、
WordPressの処理フローの各イベントにイベントハンドラを登録し、既定の
処理を変更したり、追加したりしていくイメージです。

　例えば、リクエスト解析直後の処理にフックして、リクエストパラメーター
を変更して既定の処理を変えたり、データが検索される直前にフックして検索
パラメーターを変更して検索結果をコントロールしたり、特定のページへのリ
クエストのときだけ、HTML側からロードするJavaScriptファイルを追加した
りすることができます。

　フックは以下のようなコードで登録します。

```
add_action( $tag, $function_to_add, $priority, $accepted_args );
```

　このadd_action()関数は、WordPressのプラグインAPIに含まれる関数で
す。プラグインAPIはフックの仕組みを中心とした、WordPressの処理を追加・
変更するために使われる重要なAPIです。

　このフックが利用できる範囲はとても広く、WordPressのほとんどの処理

第5章

123

第**5**章　WordPressの基本アーキテクチャ

にフックを適用できます[注13]。まさに、WordPressでの開発の根幹といっても過
言はありません。

　このフックとプラグインAPIについては、後述の「**5.4　プラグインAPI**」で解
説します。

　ここまで、WordPressの基本的な処理の流れと、それを変更するフックとい
いう仕組みについて解説しました。ここから、それぞれについてもう少し詳し
く解説していきます。

5.4　プラグインAPI

　プラグインAPIはその名前から、しばしばWordPressのプラグインを作る
ためのものと思われがちですが、その理解は正しくありません。プラグインAPI
はWordPressの既定の処理を追加・変更するためのAPIです。もちろん、プ
ラグイン開発時にも利用しますが、テーマの開発においても利用します。また
コアファイルの内部でも利用されています。プラグインAPIは、WordPressの
動作全般にわたっての根幹です。

　プラグインAPIには大きく分けて、フックとオーバーライドできる関数とい
う2つの仕組みがあります。

フックの利用

　フックは、WordPressの処理フローのさまざまなポイントに割り込み、独
自の処理を引っ掛けて（＝フックして）WordPressの挙動を変更する仕組みで
す。前述しましたが、WordPressの処理フローの各所にイベントハンドラを
登録して既定の処理を変更したり、追加したりするようなイメージのものです。

● 2種類のフック ── アクションとフィルター ──

　このフックにはアクションとフィルターという2つの種類があります。大ま
かに言うと、アクションは処理を追加し、フィルターはデータや処理を変更す
るイメージです。しかし実際のところ、その利用の区別はあいまいになってき
ており、これらの役割の違いについてはあまり厳密に考えなくても良いと筆者
は考えています。

注13　欲しい場所にないこともよくあったりもしますが……。

ただ、1つハッキリしているのは、フィルターは値を返すことです。フィルターの場合は、引数として受け取った値に必要な処理を行ってから返すことを忘れないようにしてください。

● **フックへの処理の登録**

フックに処理を登録するには、add_action()またはadd_filter()という2つの関数を利用します（**リスト5.5**）。2つの関数の引数とそのデフォルト値は共通です。また、詳細を**表5.3**にまとめました。

■ **リスト5.5　add_filter/add_action関数**

```
// フィルターの登録
add_filter($tag, $function_to_add, $priority, $accepted_args)

// アクションの登録
add_action($tag, $function_to_add, $priority, $accepted_args)
```

■ **表5.3　add_filter/add_action関数の引数**

引数名	型	説明	デフォルト値
$tag	string	フック名	—
$function_to_add	callable	フックする関数	—
$priority	int	実行優先順。値が小さいほど先に実行される	10
$accsepted_args	int	フック関数が受け付ける引数の数	1

第1引数はフックの名前で、処理を追加するフックの名前を指定します。第2引数にはフックさせて実際に処理を行う関数（callable）を指定します。次に残りの引数について少し詳しく説明します。

● **フックの優先順位**

WordPressでは、サードパーティのプラグインはもちろん、テーマやコア内部においてなど、さまざまな場所からフックが追加されます。ここで、同じフックに複数の処理が追加されたとき、その実行の順番が問題になることがあります。第3引数の$priorityでは、この実行順序の優先度を指定します。数値は小さいほうが先に実行されますので、早めに実行したいフックは小さな数字、あとで実行したい場合は十分に大きな数値を指定します。

例えば、投稿データの保存後にコールされるsave_postというアクションフックがあります。あなたが作成しているプラグインAでは、このフックで保存されたあとの投稿データを受け取り、何らかの別の処理を行っているとします。

ところが、別のプラグインBでは、この同じフックで投稿データをさらに加工する処理を行っているとします。あなたのプラグインAがプラグインBによる処理後に実行されるべきだとしたら、プラグインAの$priorityは、プラグインBのそれよりも大きな数値を設定しなければなりません。

● フックした関数が受け取る引数の数

慣れないうちによく忘れてしまうのが、$accsepted_argsの指定です。WordPressでは、フック関数が受け取るべき引数の数をadd_filter/add_action関数で登録する時点に指定する必要があります。

例えばsave_postにフックする関数は、2つの引数を取ります。1つ目は更新された投稿データのID、2つ目は投稿データオブジェクト(WP_Post)です。これら両方のデータを受け取りたい場合は、$accsepted_argsを2に指定する必要があります。

● 簡単なフックの例

リスト5.6は、投稿の本文を表示する直前にコールされるthe_contentというフィルターにフックした例です。ここで、$contentには投稿本文の文字列が入ってきますので、句点を顔文字を付けて返しています。**図5.5**のような出力結果が得られます。

■ リスト5.6 フィルターフックで投稿本文を加工する例

```
add_filter( 'the_content', function(){
    return str_replace( '。', ' (*´Д`*)。', $content );
} );
```

■ 図5.5 投稿本文を加工した結果

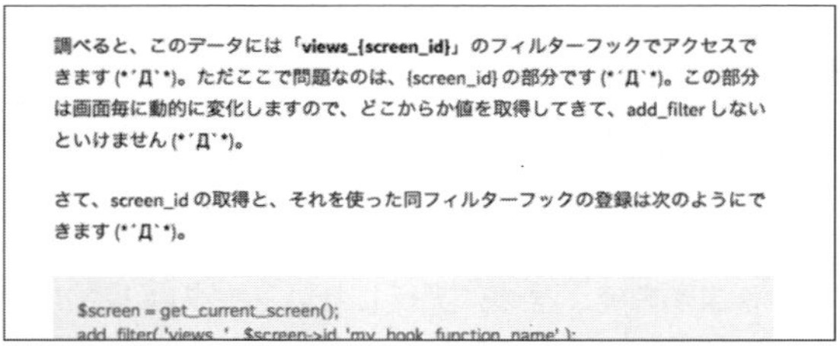
調べると、このデータには「**views_{screen_id}**」のフィルターフックでアクセスできます (*´Д`*)。ただここで問題なのは、{screen_id} の部分です (*´Д`*)。この部分は画面毎に動的に変化しますので、どこからか値を取得してきて、add_filter しないといけません (*´Д`*)。

さて、screen_id の取得と、それを使った同フィルターフックの登録は次のようにできます (*´Д`*)。

$screen = get_current_screen();

とても簡単な例ですが、WordPressではこのように、フックを利用してさまざまな処理に割り込み、目的の処理を実現しています。

プラグインAPI ● 5.4

主なアクションフック・フィルターフック

表5.4では、WordPressの主なアクションフック・フィルターフックを挙げています。フックの適用範囲の広さを感じてもらえるよう、代表的なものだけでなく、特殊なものも挙げてみました。もちろん、これはほんの一部です。

■ 表5.4 主なアクションフック・フィルターフック

フックの種類	フック名	説明
初期化など		
A	plugins_loaded	有効なプラグインがすべて読み込まれたあとにコールされる
A	after_setup_theme	テーマのロード後にコールされる
A	init	ログインユーザーのセットアップ後（WP#init）の実行後にコールされる。テーマやプラグインなど多くの初期化処理に利用できる。このフックはWordPressの動作で常にコールされることに注意し、例えば管理画面でのみ必要な処理など、特定の場面でのみ必要な処理は、より適切なフックを利用することが望ましい
A	widgets_init	組込みのウィジェットの登録後にコールされる。ウィジェットの登録に利用できる
A	wp_loaded	すべての初期化処理の最後（wp-settings.phpの最後）にコールされる
A	admin_menu	管理画面のメニュー構築前にコールされる。管理画面にメニューを追加したいときに利用できる
A	admin_init	管理画面の初期化処理の中でコールされる。管理画面固有の初期化処理に利用できる。管理画面のみ加えられるべき初期化処理は、このフックで行うことが望ましい
A	wp	すべての初期化処理、メインクエリの検索などが完了し、テンプレートが呼び出される前にコールされる
A	shutdown	PHPがシャットダウンするタイミングで実行される（内部的にはPHPのregister_shutdown_function()関数で実現されている）
リクエストの解析		
F	query_vars	WPオブジェクトのpublic_query_varsを変更する。WordPressが受け付ける外部入力パラメーターの制限を変更したいときに利用できる
F	request	WPオブジェクトによるリクエストパラメーター（query_vars）の解析直後にコールされる。解析されたquery_varsを変更し、リクエストの意味合いを変更したいときに利用できる
A	parse_request	WPオブジェクトによるリクエストパラメーター（query_vars）の解析直後にコールされる

続く

127

第5章　WordPressの基本アーキテクチャ

	投稿データの検索	
A	parse_query	WP_Queryオブジェクトが生成され、検索パラメーターが解析された直後にコールされる。現在の検索内容の確認などに利用できる
A	pre_get_posts	WP_QueryオブジェクトがSQLを組み立てる直前にコールされる。WP_Queryの検索条件を変更したいときに利用できる
	テンプレート・出力関連	
A	template_redirect	テンプレートファイルの読み込み直前にコールされる。既定のテンプレートを変更したり、出力処理自体を大きく変えたい場合に利用できる
A	wp_enqueue_scripts	通常、テンプレートでHTMLヘッダー部の出力が開始される前にコールされる。CSSやJavaScriptの出力を指示できる
F	the_content	投稿データの本文などが出力される前などにコールされる
	投稿データの保存	
F	wp_insert_post_data	投稿データが実際に作成または更新される前に、保存されるデータなどを引数としてコールされる。保存内容を加工するなどに利用できる（更新時もコールされることに注意）
A	save_post	投稿データが作成・更新されたあとにコールされる
A	edit_post	投稿データが更新されたあとにコールされる
A	deleted_post	投稿データが削除されたあとにコールされる
	テーマ・プラグイン	
A	switch_theme	テーマが変更されたときにコールされる
A	activate_{プラグインファイル名}	プラグインが有効化されたときに呼び出される
	その他	
F	upload_mimes	アップロードを許可するファイルの拡張子とmime-typeを含むリストを変更できる
F	default_title	新規投稿画面でのデフォルトのタイトル情報を設定できる。本文用、抜粋用のフィルターもある
F	user_has_cap	ユーザーの持つ権限のリストを変更する
F	rewrite_rules_array	リライトルールが生成されたときに、生成されたルール自体を変更できる
F	query	データベースへのほぼすべてのクエリに適用される
F	posts_where	WP_Queryオブジェクトによって投稿データが検索されるときに、Where句を加工できる。他にも、orderby、groupby、fields、joinなどがある

A＝アクションフック、F＝フィルターフック

プラグイン API ● 5.4

フックの探し方

さて、WordPressには非常にたくさんのフックがあります。どのフックがどのタイミングで呼ばれ、どのような処理に適していて、どんな結果を得られるかを、すべて把握するのはとても難しいことです。実際の開発では頻繁にフックを探すことになるでしょう。ここではフックを探す方法をいくつか紹介します。

● フック名で探す

利用したいフック名がわかる場合は、一覧から検索できると簡単です。WordPress Hooks Database[注14]では、WordPressのバージョンごとのフックを一覧できます。

このWebサイトでは、アクション・フィルターの両方または一方を個別に閲覧でき、WordPressのバージョンごとに、フックがコールされている付近のソースコードまで閲覧できる、かなり有用なサイトです。ソースコードまで簡単に確認できるため、フックの引数の数や意味を調べたりするのにとても便利です。

● 処理の流れで探す

投稿データの保存の直前に処理させたいといったように、あるタイミングで処理したいということもよくあります。Debug Bar Actions and Filters Addonプラグイン[注15]をWordPressにインストールして利用すると、個々の画面で実際にコールされているアクションフックを呼ばれている順序で確認できます。

WordPressでは、画面によって呼ばれるフックも異なるため、個々の画面で実際にコールされるフックがわかるこのプラグインは非常に役に立ちます。なお、このプラグインは、Debug Barプラグインのアドオンとして動作するため、Debug Barも一緒にWordPressにインストールする必要があります。

● 何らかのキーワードから探す

手掛かりがあまりなく、何となく「こんな処理をしたいんだけど……」という感じでどのようにフックを探したら良いか迷うこともあります。そのようなときは、WordPressのソースコードを直接検索することも悪くない選択肢だと

注14 http://adambrown.info/p/wp_hooks/version/
注15 http://wordpress.org/plugins/debug-bar-actions-and-filters-addon/

第5章 WordPressの基本アーキテクチャ

思います。筆者の場合は、以下のような正規表現でWordPressのソース全体を検索しています。

```
(do_action|apply_filters)(_ref_array)?\( ?['"][_'"\w]*検索したい文字列
```

この正規表現によって、フックの呼び出し個所を検索できます。例えば、メディアのサムネイルについて何か処理を行いたいとき、画像関連の処理がされるフックを探せば、目的のフックを見つけられるかもしれません。また先ほどの正規表現を使って、例えばimageという文字列を検索すると、それっぽいフックの呼び出し部が見つけられるかもしれません。

● より良いフックを探す

とりあえず目的を達成できるフックが見つかってもより適切なフックを探したいというときもあります。そんなときには、ソース上のフックの場所にある程度目星を付け、ソースコードを読むのも、地道ですが有用なアプローチです。

ソースを読むのは少し大変ですが、フックがコールされる意味やそのコンテキストまで理解できるメリットもあります。単により良いフックを見つけるだけではなく、WordPressの仕組みをより知ることにもつながりますので、余裕があればソースコードを読むのも素敵なことです。

オーバーライドできる関数

WordPressには、プラグインやテーマで開発者が独自に定義できるコア関数があります。これらの関数では、プラグインやテーマで同名の関数が定義されていると、コアの実装はロードされません。この仕組みにより、WordPressのいくつかの重要な関数について、フック以上の大きな挙動の変更を行うことができます。オーバーライドできる関数は、/wp-includes/pluggable.phpに定義されています。

WordPress 4.4で定義されている関数は、**表5.5**の通りです。

■ 表5.5　オーバーライドできる関数

wp_set_current_user	wp_get_current_user	get_currentuserinfo
get_userdata	get_user_by	cache_users
wp_mail	wp_authenticate	wp_logout
wp_validate_auth_cookie	wp_generate_auth_cookie	wp_parse_auth_cookie
wp_set_auth_cookie	wp_clear_auth_cookie	is_user_logged_in
auth_redirect	check_admin_referer	check_ajax_referer
wp_redirect	wp_sanitize_redirect	wp_safe_redirect
wp_validate_redirect	wp_notify_postauthor	wp_notify_moderator
wp_password_change_notification	wp_new_user_notification	wp_nonce_tick
wp_verify_nonce	wp_create_nonce	wp_salt
wp_hash	wp_hash_password	wp_check_password
wp_generate_password	wp_rand	wp_set_password
get_avatar	wp_text_diff	

　これらの利用例として、例えば`wp_check_password()`や`get_userdata()`など
の関数をオーバーライドすることで、WordPressの標準のユーザー管理の仕
組みを変更し、別のシステムやサーバーのデータから認証やユーザー情報を取
得することなど、外部システムとの連携が可能になります。

5.5　ページの種類

　繰り返しますが、WordPressはリクエストパラメーターに基づいて既定の
処理を行い、その結果を返すシステムです。それはつまりリクエストに対して
出力されるページの種類が決まっているということでもあります。

主なページの種類

　ページの種類の具体的な意味はこのあと順に解説しますが、ページの種類の
概念は、WordPressの理解のためにとても重要です。ここではまず、WordPress
にどんなページの種類があるか見てみましょう。
　表5.6は、WordPressのページの種類の一覧です。

第5章 WordPressの基本アーキテクチャ

■ 表5.6 ページの種類

階層1	階層2	階層3
アーカイブ	カスタム投稿タイプ別	
	カスタムタクソノミー別	
	カテゴリー別	
	タグ別	
	作者別	
	日時別	年別
		月別
		日別
		時間別
個別ページ >	個別投稿ページ	添付ファイルページ
		カスタム投稿タイプページ
		投稿ページ
	固定ページ	
サイトフロントページ		
ブログメインページ		
検索結果ページ		
404エラーページ		
コメントポップアップページ		

　ページの種類には階層があり、包含されるものは上位の種類についても真です。大きく分けると、投稿データの一覧となるアーカイブ、投稿の詳細画面にあたる個別ページ、そしてその他の3つに分類されます。

　表5.6をご覧いただくとわかるように、先ほど紹介したカスタム投稿タイプやカスタムタクソノミーといった、独自に追加したデータ型のアーカイブは、WordPressが既定するページの種類に含まれています。

　これはつまり、商品というカスタム投稿タイプを追加するだけで、その商品一覧のページや詳細ページが準備され、また、カスタムタクソノミーでその商品の分類を設定したら、その分類ごとの一覧ページが持てるということです。また、既定の命名ルールでテンプレートファイルを準備することで、それぞれ別のテンプレートが自動的に適用されます。

サイトフロントページとブログメインページ

　サイトフロントページとブログメインページは似ていますが、異なるものです。サイトフロントページは文字通り、そのサイトのトップページです。一方、

ブログメインページは、投稿データの一覧ページのことです。WordPressを
インストールした直後は、サイトのトップページに記事一覧が表示されている
ため、この2つは同じです。

しかし、管理画面の[設定]>[表示設定]>[フロントページの表示]の設定でフ
ロントページに固定ページを指定すると、サイトのトップページは記事一覧で
はなく指定した固定ページが表示されるため、ブログメインページではなくな
ります(**図5.6**)。

トップページを固定ページにして、さらにブログメインページを別に指定す
るには、管理画面の同じ設定の投稿ページ側に、別の固定ページを指定します。
投稿ページに指定した固定ページは、ブログメインページを表示するためのコ
ンテナとしてのみ利用され、その固定ページに指定したURLには、固定ページ
の内容ではなく、記事一覧が表示されます。

■ 図5.6　表示設定

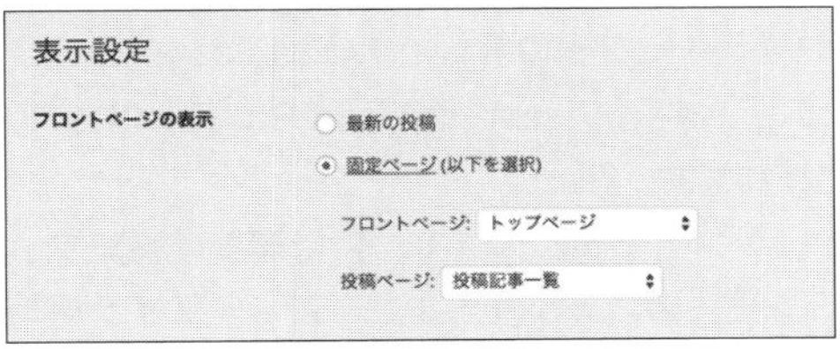

第**5**章 WordPressの基本アーキテクチャ

5.6 リクエストパラメーター

それでは、WordPressの実際の処理の流れを詳しく見ていきましょう。

WordPressはリクエストされたパラメーターに基づいて既定の処理を行い、その結果を返すシステムです。つまり、リクエストパラメーターがすべての処理の起点になります。

WordPressはリクエストを受け付けると、一連の初期化処理のあと、まずこのリクエストパラメーターの解析を行います。解析されたパラメーターは、WPオブジェクトの`$wp->query_vars`に格納され、その結果に基づいて必要なデータの問い合わせ(メインクエリ)やテンプレートの選択が行われます。

WPオブジェクト ——$wp——

WPオブジェクトは、リクエストパラメーターの解析とWordPressの処理全体のフローを担当するオブジェクトです。`wp-settings.php`内で初期化され、`$wp`というグローバル変数に格納されます。

図5.7はWordPressの実行シーケンスです。大きく、実行環境の構築フェーズ、メイン処理フェーズ、表示フェーズに分かれます。ここで、メイン処理の要となっているのが、WPオブジェクトです。

WPオブジェクトの`main()`メソッドは、WordPressの全体処理の概略を表しています。短いのでソースを見てみましょう(**リスト5.7**)。

■ **リスト5.7** **$wp->main()メソッドの処理(バージョン4.4、一部省略)**

```php
public function main($query_args = '') {
    $this->init();
    $this->parse_request($query_args);// ❶
    $this->send_headers();
    $this->query_posts();
    $this->handle_404();
    $this->register_globals();
    do_action_ref_array( 'wp', array( &$this ) );
}
```

図5.7の通り、リクエストの解析、httpヘッダーの送信、データの検索などが順に行われ、処理のアウトラインを形成しているのがわかります。

134

■ 図5.7　WordPressの実行シーケンス

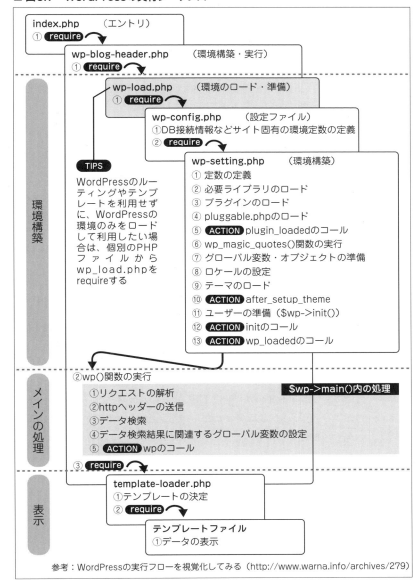

第**5**章　WordPressの基本アーキテクチャ

　ここで、`$wp->parse_request()`メソッドで、リクエストの内容を解析して、その結果を`$wp->query_vars`変数に保存します。

　`$wp->query_posts()`メソッドは`$wp->query_vars`変数を用いてメインクエリを実行し、`$wp->register_globals()`は検索された結果などを元に必要なグローバル変数を初期化します。このあと、`wp-blog-header.php`に戻り、`template-loader.php`を経て、テンプレート階層と呼ばれる、テンプレート読み込みルールに従って特定されたテンプレートがロードされます。

　以上の処理の意味については、このあと順に解説していきます。

リクエストの解析

　`$wp->parse_request()`メソッド(リスト5.7の❶)での処理を見てみましょう。

　このメソッドはリクエストを解析して、リクエストパラメーターを抽出し、`$wp->query_vars`に保存するまでの役割を担っています。

　その処理内容はやや複雑です。処理を**図5.8**にまとめていますが、大まかには以下のような流れとなります。

❶リライトルールが設定されていれば、リクエストパスから`$wp->perma_query_vars`を取得する

❷`$_POST`、`$_GET`、`$wp->perma_query_vars`の外部入力値を、`$wp->public_query_vars`でフィルタリングして、`$wp->query_vars`に保存する

❸`$wp->extra_query_vars`の内部入力値を、`$wp->private_query_vars`でフィルタリングして、`$wp->query_vars`に保存する

　大きく分けて、リライトルールによるURLからのパラメーターの取得、そして外部入力および内部入力(プログラムからの指定値)それぞれからのリクエストパラメーターの抽出となります。

5.6 リクエストパラメーター

■ 図5.8 $wp->parse_request()の処理

前処理
① `FILTER` do_parse_request(true,$wp,$extra_query_vars)
② $extra_query_varsを準備する

リライト
③ リライトルール（正規表現）が存在すれば：
　1 $_SERVER[`REQUEST_URI`]または$_SERVER[`PATH_INFO`]よりアプリケーションルートからのパス（$wp->request）を得る
　2 $wp->requestをリライトルールと照合する
　3 マッチしたら、情報より$perma_query_varsを得る

$wp->query_varsの生成
④ `FILTER` query_vars($wp->public_query_vars)
⑤ $wp->public_query_varsに存在するキーについて、
$_POST、$_GET、$perma_query_varsから値を取得して、
$wp->query_varsに保存する
⑥ 値の整理
　・post_typeに基づくquery_varsがある場合、post_type、nameを追加
　・taxonomyに由来するquery_varsの値を整理
　・post_typeに由来するquery_varsをpublic_queryableに基づいてフィルター
⑦ $wp->private_query_varsに存在するキーについて
$wp->extra_query_varsから取得して、
$wp->query_varsに保存する

後処理
⑧ `FILTER` request($wp->query_vars)
⑨ `ACTION` parse_request($wp)

● URLのリライト

WordPressをインストールした直後の状態ではURLを `http://mydomain.jp/index.php?p=123` のように、リクエストパラメーターをクエリ文字列として受け取る設定になっています。管理画面の[設定] > [パーマリンク設定]でリライト機能をONにすると、例えば `http://mydomain.jp/2016/09/post-slug/` といった形式のURLを利用できます。

このようにリライトがONになっている場合は、マッチしたリライトルールに基づき、URLからリクエストパラメーターが取得されます。リライトルールは、開発者も独自に追加でき、好みのURLルーティングを実現できます。

● 入力値のフィルタリング

WordPressは外部からの入力として、$_POST、$_GET、そしてリライトの結

第5章 WordPressの基本アーキテクチャ

果に得られた $wp->perma_query_vars、また内部的な追加入力として $wp->extra_query_vars の4つのソースから $wp->query_vars を抽出します。

ここでのポイントは、入力値はフィルタリングされ、許可されたキーのみが、$wp->query_vars 変数に保存されるということです。

$wp->public_query_vars と $wp->private_query_vars は、それぞれ外部入力と内部入力(プログラムからの指定値)をフィルタリングするためのホワイトリストです。ここに登録されているキーだけが受け付けられます。

例えば、検索の機能を拡張しようと、独自の新しいパラメーターを検索フォームに追加しても、そのままでは $wp->query_vars に保存されません。パラメーターを追加したいときは、明示的に設定する必要があります。

外部入力値のホワイトリストである、$wp->public_query_vars は、以下の処理によって決定されます。

❶デフォルトの $wp->public_query_vars 変数リスト
❷post_type の登録(register_post_type() 関数)による追加
❸taxonomy の登録(register_taxonomy() 関数)による追加
❹$wp->add_query_var() メソッドによる追加
❺query_vars フィルターによる追加

ここで、開発者が独自の外部入力パラメーターを追加するには、query_vars フィルター、もしくは $wp->add_query_var($key_name) が利用できます。

リスト5.8は、query_vars フィルターを用いて、my_search_option という外部入力パラメーターを $wp->public_query_vars に追加する例です。

■ リスト5.8　query_varsフィルターによるpublic_query_varsの変更例

```
add_filter( 'query_vars', function( $public_query_vars ) {
    $public_query_vars[] = 'my_search_option';
    return $public_query_vars;
} );
```

また**リスト5.9**は、$wp オブジェクトの add_query_vars() メソッドを用いて $wp->public_query_vars に外部パラメーターを追加するです。

■ リスト5.9　$wp->add_query_vars()によるpublic_query_varsの変更例

```
add_action( 'init', function() {
    global $wp;
    $wp->add_query_var('my_search_option');
} );
```

このようにして $wp->public_query_vars に追加することで、独自の外部入力
パラメーターを、リクエストパラメーターとして $wp->query_vars に含めるこ
とができるようになります。

この他に、投稿タイプやタクソノミーの登録でも $wp->public_query_vars は
追加されます。これは、投稿タイプとタクソノミーに関連するデフォルトのルー
ティングを実現するための既定の処理です。

$wp->parse_query() メソッドの処理で登場する主な変数を**表5.7**に整理しま
したので、ここまでの解説と合わせて確認してみてください。

■ 表5.7　**$wp->parse_request()メソッドに登場する主な変数**

変数	説明
$wp->request	アプリケーションルートからのパス
$wp->matched_rule	リライト利用時、リクエストにマッチした正規表現
$wp->matched_query	リライト利用時、リクエストにマッチした正規表現から得られた外部入力値を適用したリライト後のクエリ文字列
$perma_query_vars	リライト利用時、$wp->matched_queryをparse_strした結果変数。$_POST、$_GETとともに、外部入力値として処理される
$wp->public_query_vars	外部入力パラメーターのホワイトリスト。外部入力($_POST、$_GET、$perma_query_vars)をフィルタリングする
$wp->private_query_vars	内部入力パラメーターのホワイトリスト。内部入力($extra_query_vars)をフィルタリングする
$wp->extra_query_vars	内部的に追加指定されるパラメーター
$wp->parse_request()	メソッドの引数として与えられる。通常リクエストでは利用しない

リクエストパラメーターの意味

$wp->public_query_vars にデフォルトで設定されている入力パラメーターの
一覧は、WordPressが入力を期待している基本的なパラメーターで、当然、
WordPressの既定の処理との関連が深いものです。

表5.8は $wp->public_query_vars のデフォルトのパラメーターの種類とその
意味です。これらのパラメーターが、個々のリクエストによって表示されるペ
ージの種類やその内容と関連していることを意識しながら確認してみてくださ
い。

第5章 WordPressの基本アーキテクチャ

■ 表5.8 リクエストパラメーターの意味

パラメーター名	意味	表示ページ	値の例
個別ページ系			
p	投稿ID	投稿ページ	123
name	投稿スラッグ	投稿ページ	mypost
page_id	固定ページID	固定ページ	123
pagename	固定ページスラッグ	固定ページ	mypage
attachment	メディアスラッグ	メディアページ	myattach
attachment_id	メディアID	メディアページ	123
subpost	attachmentの別名（attachmentより優先）	メディアページ	myattach
subpost_id	attachment_idの別名（attachment_idより優先）	メディアページ	123
アーカイブ系			
cat	カテゴリーのterm_id	カテゴリーアーカイブ	12
category_name	カテゴリースラッグ	カテゴリーアーカイブ	mycat
tag	タグスラッグ	タグアーカイブ	mytag
taxonomy	分類名。termと組み合わせて利用	タクソノミーアーカイブ	mytax
term	分類スラッグ。taxonomyと組み合わせて利用	タクソノミーアーカイブ	myterm
author	作者ID	作者別アーカイブ	123
author_name	作者名	作者別アーカイブ	myname
m	年月	年月別アーカイブ	201609
year	年	年別アーカイブ	2016
monthnum	月	月別アーカイブ	5
w	週（通年での週番号）	週別アーカイブ	15
day	日	日別アーカイブ	15
hour	時	時別アーカイブ	15
minute	分	分別アーカイブ	15
second	秒	秒別アーカイブ	15
post_type	投稿タイプスラッグ	投稿タイプ別アーカイブ	mytype
検索系			
s	検索キーワード。post_titleとpost_contentからLIKE検索。通常、空白文字区切りで複数キーワード指定可。それぞれのキーワードをAND検索	検索結果ページ	my search word

続く

140

リクエストパラメーター ● 5.6

exact	検索キーワードそれぞれを完全一致検索するフラグ	—	1
sentence	検索キーワードを空白文字で区切らず1つのセンテンスとして処理するフラグ	—	1
その他			
orderby	投稿一覧を並べ替えするカラムの指定	—	name、author、date、title、modified、menu_order、parent、ID、rand、comment_count
order	投稿一覧の並び替え方向	—	ASC、DESC
comments_popup	コメントポップアップウィンドウ用コンテントのリクエストか否かのフラグ	—	1
cpage	コメントが複数ページになるときの、現在ページ番号	—	3
error	基本的に内部使用目的のエラーコード	—	404、403、500
feed	フィード種別	—	rss2、rdf、atom、comments-rss2
more	アーカイブページなどでも、more記法で区切られた以降の本文を表示するフラグ	—	1
page	投稿が複数ページになるときの、現在ページ番号	—	3
paged	アーカイブが複数ページになるときの、現在ページ番号	—	3
preview	プレビュー表示フラグ	—	1
robots	ロボットのリクエストか否かのフラグ	—	1
tb	トラックバックリクエストフラグ	—	1
withcomments	コメントフィードを出力させるフラグ	—	1
withoutcomments	コメントフィード関連フラグ（詳細不明）	—	1

第5章

第**5**章　WordPressの基本アーキテクチャ

いかがでしょうか。個別ページやアーカイブなどの、ページの種類に対応するパラメーターが想定されています。また、アーカイブでの並び替えやページングされる場合のページ番号などの入力もサポートされています。他に検索機能やコメントについてのものなど、WordPressの基本機能をサポートするためのパラメーターが想定されています。

なお、カスタム投稿タイプを登録すると、対応する $wp->public_query_vars が自動的に追加されます。例えばgoodsというスラッグで投稿タイプを追加した場合、$wp->public_query_vars に goods というパラメーターが追加され、good={記事のスラッグ}というリクエストパラメーターで、その投稿タイプの個別ページが表示できるようになります。

5.7　メインクエリ

リクエストパラメーター($wp->query_vars)が確定すると、次に出力対象のデータが検索されます。このリクエストに対応する検索を、WordPressではメインクエリと呼び、特別なものとして扱われています。

メインクエリは、WordPressのメインの処理フローを作る $wp->main() メソッドの処理(リスト5.7)の中でコールされる $wp->query_posts() メソッドで準備されます(**リスト5.10**)。これも短いのでソースコードを見てみましょう。

■ **リスト5.10　$wp->query_posts()の処理**

```
function query_posts() {
    global $wp_the_query;
    $this->build_query_string();
    $wp_the_query->query($this->query_vars);
}
```

$wp_the_query というグローバル変数が登場しています[注16]。

$wp_the_query は、投稿データを検索する WP_Query クラスのインスタンスで、WordPressのメインクエリの実態です。

ここで $this は $wp オブジェクトですので、$wp_the_query->query() メソッドに直接、リクエストパラメーター($wp->query_vars)を渡し、そのままメイン

注16　ここでメインクエリの実態を参照する変数として $wp_the_query 変数が登場していますが、開発者は通常このグローバル変数にはアクセスしません。メインクエリのインスタンスへのアクセスは、通常、$wp_query という別のグローバル変数が利用されます。これについては後述します。

クエリ（WP_Query）の検索のパラメーターとしています[注17]。

WordPressがリクエストから自動的に主要なデータを取得する様子がここによく表れていますね。

WP_Queryクラス —— WordPress検索の中心 ——

WP_Queryクラスは、主に投稿データの問い合わせに利用されるクラスです。メインクエリ以外にもいろいろな場面で利用されます。

WP_Queryオブジェクトに検索条件を与えて検索を実行すると、与えられた検索条件を解析し、SQLを組み立て、データベースへ問い合わせを行ってからその結果を保持します。

特徴的なのは、検索条件を解析した結果がクエリフラグとして保持されることです。クエリフラグには、その検索が、例えばカテゴリーのアーカイブの検索かどうかや、任意の投稿タイプへの検索かどうかなど、多くの情報が判定され、保存されます。

メインクエリの場合、このクエリフラグを調べることで、現在のリクエストがどういったページの種類への問い合わせなのかといったことを確認できます。

WordPressではWP_Queryクラスを開発者が直接インスタンス化することはあまり行われません[注18]。リクエストされたページに必要なデータはメインクエリにより検索されますし、サイドバーにちょっとした記事一覧を表示したいなど、メインループとは別のデータ問い合わせを行いたい場合は、get_posts()関数[注19]など、投稿データを取得するために用意された別の方法を使うほうが便利です。

また、WP_Queryオブジェクトは結果データを保持するため、そのまま検索結果を巡回するためのイテレータとして扱えますが、これもあまり行われていません。メインクエリの場合はWordPressの標準のループ方法が利用されますし、get_posts()関数から得られるデータは配列になっていますので通常は

注17 $wp->build_query_string()メソッドは、$wp->query_varsをURLクエリストリング形式の文字列に変換して、$wp->query_stringフィールドにセットするメソッドです。この処理の中で、$wp->query_varsを変更する「query_string」フィルタがコールされますが、同フィルタは現在ではDeprecatedとなっていることもあり、$wp->build_query_string()の処理自体が、最近では重要なものではなくなっているようです。

注18 もちろん直接利用しても良いです。検索パラメーターをすべて指定できるといったメリットもありますが、逆にWP_Queryの多くの検索パラメーターを適切に指定しなければならないなど、やや難しい面もあります。

注19 get_posts()関数も、関数内でWP_Queryをインスタンス化してデータを取得しています。get_posts()関数はメインクエリ以外の多くのデータ問い合わせでの利用に便利なように、WP_Queryへ渡す検索パラメータをセットアップしてWP_Queryを生成しています。

第**5**章　WordPressの基本アーキテクチャ

foreachでループすることになります。

　なお、WP_Queryに指定できる検索パラメーターはとてもたくさんあります。それらの種類や指定方法は「**第9章　投稿データの検索・取得**」で詳しく解説します。

メインクエリの意義

　メインクエリは、WordPressを理解するうえでとても重要な概念です。

　WordPressがリクエストから既定のデータを取得し、既定のテンプレートを読み込んで出力するシステムであったことを思い出してください。この既定の処理の中核となるのがメインクエリです。データの検索はもちろん、テンプレートの選択もこのメインクエリが基準となります。

　ただ、それだけではありません。

　より重要な点は、WordPressコアはもちろん、サードパーティのプラグインも、メインクエリが表現するリクエストの意味に基づいて処理を行うということです。

　例えば、リライトAPIを用いて独自のルーティングを追加し、template_redirectアクションでテンプレートを好きなものに差し替え、テンプレート内で好きにデータを取得して表示すれば、個々のページの表示に関しては何でもできるでしょう。

　しかし、例えばそのアプリケーションで、ページのパン屑リストを生成するプラグインを利用していたとしたら、たぶんそのページのパン屑リストはまず期待通りには表示されません。それは、多くのパン屑リストプラグインが、メインクエリが現在のページを表しているものとして、WordPressのルールに沿ってページの階層を判断し、パン屑リストを生成するからです。

　もし、そのプラグインに独自のフックがあり、パン屑リストの内容も変更できるのであれば、それも加工して思い通りにできるかもしれません。しかし、そこまで変更してしまえば、もはやWordPressを使った開発の優位性を享受できているとは言えないでしょう。また、もちろんプラグインは1つではありません。他にも何か思わぬ問題に直面するかもしれません[注20]。

　このような理由から、WordPressを利用した開発においてメインクエリを最大限に活かすということは、システムの開発範囲を最小化するためのとても

注20　これはWordPressを扱い始めた当初、まさに筆者が体験した苦い思い出です。もちろん、筆者だけかもしれませんが。

メインクエリ ● 5.7

大切なアプローチであることを改めて理解いただけたらと思います。

2つのメインクエリ変数 ── $wp_query・$wp_the_query ──

メインクエリオブジェクト（WP_Queryのインスタンス）は、$wp_query と $wp_the_query という2つのグローバル変数に格納されます。この2つの変数はwp-settings.phpで初期化され、初期化された時点では、まったく同じ1つのインスタンスを参照します。

この2つの変数の用途の違いを見てみましょう（**表5.9**）。

■ 表5.9　$wp_queryと$wp_the_queryの違い

変数	説明
$wp_query	開発者がメインクエリを参照するときは、この変数を参照する。このインスタンスは変更されることがある。開発者がこの変数の内容を変更した場合、適切なタイミングで元に戻す必要がある
$wp_the_query	通常、開発者はこの変数を直接参照しない。通常、このインスタンスは変更されない。$wp_queryが変更されたときに戻せるように、オリジナルのメインクエリが格納されている

通常、開発者は $wp_query を通じて[注21]、メインクエリのインスタンスにアクセスします。

しかし、$wp_query はテーマやプラグインの処理の中で、別のWP_Queryインスタンスに置き換えられることがあります。$wp_query が置き換えられ、本来意図されるものと異なるとき、WordPressのコア、テーマ、プラグインはそれぞれ予期せぬ動作をする可能性があります。

そこで開発者は、$wp_query のインスタンスを置き換えた場合に、必要な処理を終えたあと、オリジナルのメインクエリオブジェクトに戻す処理を行わなければなりません。そのために、オリジナルのメインクエリのインスタンスを保持されている変数が $wp_the_query です。

メインクエリが変更されるコードの例を見てみましょう（**リスト5.11**）。

■ リスト5.11　メインクエリが変更されるコードの例

```
// ❶query_posts()関数で$wp_queryが変更される
query_posts( 'cat=5&order=DESC' );

while ( have_posts() ) :    // ❷ループ
    the_post();
```

第5章

注21　実際にはテンプレートタグと呼ばれるPHP関数を利用することが多いのですが、これらは$wp_queryを対象として動作します。詳しくは「**5.10　テンプレートタグとループ**」で解説します。

145

第**5**章　WordPressの基本アーキテクチャ

```
    ?><li><?php the_title() ?></li><?php
endwhile;

wp_reset_query();                     // ❸ クエリをリセット ⇒ $wp_queryを元に戻す
```

❶のquery_posts()関数は、与えられた検索条件で新しいWP_Queryインスタンスを作成し、$wp_queryを置き換えてしまう関数です。そのため、❷で必要な処理を行ったあとに、❸でwp_reset_query()をコールして$wp_queryをオリジナルのメインクエリに戻しています。wp_reset_query()は、置き換えられた$wp_query変数の内容を、オリジナルのメインクエリオブジェクトに戻すための関数です。

なお、ここで$wp_queryという変数は出てきていませんが、このコードの中で$wp_queryに収められたインスタンスはいったん変更され、そして戻されています[注22]。

なお、このコードはいくつかの理由から、現在では推奨されないアプローチとされています。端的には、query_posts()の使用自体があまり好まれていません。その詳しい理由、またより好ましい代替の手法については、次項で解説します。

メインクエリの変更

メインクエリを変更したいという場面はたくさんあります。例えば、以下のような例が考えられるでしょう。

- トップページのアーカイブから、任意のカテゴリーの記事を除外する
- 投稿タイプの商品のアーカイブで、1ページの表示件数を変更する
- カテゴリーストーリーのアーカイブで、古い記事から順番に表示する

このような要求を実現できるアプローチはいくつかあります。先に登場したquery_posts()関数もその1つですが、それらがどのように異なり、またどのように使い分けられるのが適切でしょうか？

表5.10にメインクエリを変更できる方法として3つのフック、またquery_posts()関数を挙げています。

注22　わかりにくいと感じるかもしれませんが、WordPressはもともとノンプログラマでもテンプレートを記述したり、カスタマイズしたりできるように設計されたため、データや変数の存在はなるべく隠ぺいされ、この例にも登場したテンプレートタグと呼ばれる関数を用いた、コンテキストを重視したAPIが整備されています。

メインクエリ ● **5.7**

■ 表5.10 メインクエリを変更する主な方法

方法	特徴
requestフィルター	\$wp->parse_request()メソッドでの処理の最後(リクエストパラメーターの解析後)にコールされる。\$wp->query_varsを引数に取り、変更して返却することで、リクエストの内容自体を変更できる。メインクエリは\$wp->query_varsより生成されるため、ここでの変更がメインクエリの内容の変更につながる。\$wp->query_varsを変更することから、リクエストそのものの意味を変えるような意味合いとなる
parse_queryアクション	WP_Query::parse_query()メソッドでの処理の最後(検索パラメーターの解析直後)にコールされる。WP_Queryオブジェクトを引数に取り、変更することで検索の内容を変更できる。parse_query()実行後ですので、クエリフラグを改変しない。実際の検索以外で、パラメーターの解析目的で利用される可能性もあるアクションであることに注意
pre_get_postsアクション	WP_Query::query_posts()の冒頭(実際の検索の直前)にコールされる。WP_Queryオブジェクトを引数に取り、変更することで検索の内容を変更する。parse_query()実行後であるため、クエリフラグを改変しない
query_posts()関数(非推奨)	通常はテンプレート中でメインループの処理前に実行し、メインクエリの検索結果を置き換える。\$wp_queryの内容を置き換えるため、適切に戻す必要がある。テンプレートの段階では、すでにオリジナルのメインクエリの検索は実行後であるため、query_posts()で再度の検索となるため、実行効率に問題が出る可能性がある

● requestフィルター

requestフィルターは、取り上げた3つのフックの中では、最も早くコールされるフックです。

このフィルターは、リクエストパラメーター\$wp->query_varsを変更するものですが、\$wp->query_varsはメインクエリが生成される際、そのまま直接WP_Queryオブジェクトに検索パラメーターとして引き渡されるため、\$wp->query_varsを変更するこのフックは、メインクエリを変更する方法の一つとして利用できます。なお、このフックで追加するパラメーターは\$wp->public_query_varsによるフィルタリングを受けません。

例えば**リスト5.12**のようにして\$wp->query_varsを変更します。

■ **リスト5.12　requestフィルターによる変更**

```
add_action( 'request', function( $query_vars ) {
    $query_vars['p'] = 1;
    return $query_vars;
} );
```

第5章 WordPressの基本アーキテクチャ

リスト5.12はまったく実用的な例ではありませんが、$query_vars['p'] = 1 として、すべてのリクエストで強制的に「ID = 1」の投稿ページを表示させようと試みています。実際、カテゴリーやタグのアーカイブのページを開いても、最初の投稿[注23]の個別ページが表示されるはずです[注24]。

ポイントは、メインクエリが設定される前にリクエストパラメーターの値自体を変えてしまう点です。このタイミングでパラメーターを変更すると、メインクエリの問い合わせ条件もそれに準じて変更されます。

このように request フィルターを利用して $wp->qeury_vars を変更するアプローチは、リクエストの意味自体を変更してしまう効果があり、そのような要件に適合するアプローチと言えるでしょう。

ただ一方で、URLが指し示す意味自体を操作したいのであれば、Rewrite API[注25]を用いたほうが好ましいケースも多く、よく利用を検討する必要があります。

● **parse_query/pre_get_postsアクション**

この2つのフックは、どちらも実際にデータベースへの検索が行われる前にコールされ、引数に WP_Query オブジェクトを取るので、その属性を変更することで、メインクエリの内容を変更します。

リスト5.13は pre_get_posts フックを利用した例です。

■ **リスト5.13　pre_get_postsによるメインクエリの変更**

```
add_action( 'pre_get_posts', function( $query ) {
    // ❶管理画面か、メインクエリでない場合は何もしない
    if ( is_admin() || ! $query->is_main_query() ) {
        return;
    }
    // ❷カテゴリースラッグがcat-aのアーカイブの場合
    if ( $query->is_category( 'cat-a' ) ) {
        // ❸ユーザーID 4の記事を表示しない
        $query->set( 'author', '-4' );
    }
} );
```

❶では、そのリクエストが管理画面でないことと、このフックの呼び出しが

注23　WordPressをインストール直後のままであれば、タイトルが「Hello world!!」の投稿です。
注24　この例では他のパラメーターを考慮していませんので、期待通りにいかない場合もあるかもしれません。
注25　WordPressの既定のルーティングを変更するためのAPIです。

メインクエリ ● 5.7

メインクエリからのものであることを確認しています。

　メインクエリの実体である WP_Query クラスは、メインクエリのためだけのものではなく、WordPress への問い合わせ全般で使われます。そして WP_Query クラスのフックである pre_get_posts や parse_query フックもまた、メインクエリ以外のデータ検索でもコールされることがあります。それで、pre_get_posts などのフックでメインクエリを変更するときには、それがメインクエリであることを確認する必要があるのです。

　メインクエリを変更することは多々あるため、❶のような条件分岐は、ほぼ定石として書かれます。

　❷では、その検索がカテゴリー cat-a のアーカイブへの問い合わせであるかを確認しています。

　WP_Query オブジェクトには、それがどのような検索か確認するメソッドが多数用意され、特定の条件下で任意の処理を適用できます。この検索の内容を確認するメソッド群については、「**5.8　クエリフラグ**」で解説します。

　❸では、ID = 4 のユーザーの記事を表示しないように問い合わせ条件を変更しています。

　parse_query と pre_get_posts の 2 つのフックの違いは、その呼び出されるタイミングです。parse_query フックは、WP_Query::parse_query() でクエリフラグの整理を終えたあとに、また pre_get_posts フックは、WP_Query::get_posts() での実際のデータ検索の直前にコールされます。どちらもほぼ同じように利用できますが、一般には pre_get_posts フックが利用されているようです。

　なお、parse_query フックの場合、必ずデータ検索を伴うものではないことに若干の留意が必要かもしれません。WP_Query::parse_query() メソッドは、単にクエリの内容を確認する目的でコールされ、実際のデータベース検索は行われない場合もあります[注26]。

● **query_posts()関数**

　query_posts() 関数は主にテンプレート中に記述し、記事の表示が開始される前にメインクエリの内容を置き換えることができます。ただし、先に述べたように、query_posts() 関数の利用は、現在はあまり好まれていません。その主な理由は以下の通りです。

注26　WP_Query::parse_query() メソッドがコールされると問い合わせ内容が解析され、「**5.8　クエリフラグ**」で説明する WP_Query のクエリフラグを確認できるようになります。これを利用し、データベースへの問い合わせ前に検索内容をチェックし、必要に応じてまったく別の処理に差し替えたりすることもできます。

149

第**5**章　WordPressの基本アーキテクチャ

- query_posts()をテンプレート中で主要なデータの取得に使うと、オリジナルのメインクエリによるデータベース検索が実行されたあと、再度データベースに問い合わせを行うため、実行効率上好ましくない
- メインクエリ以外の記事検索（サイドバーの最近の記事一覧など）での作成でも利用されていたが、いったんメインクエリを置き換えてしまう動作仕様などから好ましくない一部の開発者の正しくない利用方法によって、コア、テーマ、プラグインの動作に不具合を起こすケースが増えた

　query_posts()は、メインクエリ以外の記事検索でも、wp_reset_query()関数を適切に記述すれば問題なく使えます。ただ、その意味合いや動作内容的にやはり好ましいとは言えません。代替としてget_posts()関数の利用など、メインクエリを置き換えない手法でほとんど対応が可能です。

　query_posts()関数を使うメリットをあえて挙げるとしたら、メインループと同じテンプレートタグを利用した記法でループを書けることかもしれません。ただこれも多くの場合デメリットのほうが大きいため、現在ではquery_posts()関数の利用は推奨されないものとされています。

5.8　クエリフラグ

クエリフラグの役割

　WP_Queryオブジェクトは、与えられた検索条件がどのページの種類への問い合わせか、またどのような内容であるかなどの情報を保持しています。これをクエリフラグと呼びます。

　このクエリフラグを確認することで、メインクエリの検索内容を調べて条件分岐し、特定の条件下でのみ、WP_Queryオブジェクトの属性を変更できます。

クエリフラグを確認するメソッド

　表5.11は、WP_Queryオブジェクトのクエリフラグを確認するメソッドの一覧です。

クエリフラグ ● 5.8

■ 表5.11 WP_Queryオブジェクトのクエリフラグを確認するメソッド

メソッド	説明
個別ページ系	
is_singular($post_types='')	個別ページか確認する。$post_typesに投稿タイプまたはその配列を与えると、その投稿タイプ名の投稿か確認する
is_single($post='')	個別投稿ページか確認する(固定ページは含まず)。$postにID、title、slug、またはそれらの配列を与えると、それに一致する固定ページか確認する
is_page($page='')	固定ページか確認する。$pageにID、title、slug、またはそれらの配列を与えると、それに一致する固定ページか確認する
is_attachment()	添付ファイルページか確認する
is_embed()	埋め込みページか確認する
アーカイブ系	
is_archive()	アーカイブか確認する
is_author($author='')	作成者のアーカイブか確認する。$authorにID、nickname、nicename、またはそれらの配列を与えると、それに一致するカテゴリーアーカイブか確認する
is_category($cat='')	カテゴリーのアーカイブか確認する。$catにID、title、slug、またはそれらの配列を与えると、それに一致するカテゴリーアーカイブか確認する
is_tag($tag='')	タグのアーカイブか確認する。$tagにID、title、slug、またはそれらの配列を与えると、それに一致するタグアーカイブか確認する
is_tax($tax='', $term='')	タクソノミーのアーカイブか確認する。$taxはタクソノミーの種類、$termは付与された語句。それぞれのslugまたはその配列を与え、それらの条件と一致するか確認する
is_date()、is_year()、is_month()、is_day()、is_time()	is_date()は日時に関するアーカイブか確認する。その他はそれぞれ、年別、月別、日別、時間別のアーカイブか確認する
is_post_type_archive($post_types='')	カスタム投稿タイプのアーカイブか確認する。$post_typesに投稿タイプのslugまたはその配列を与えると、それに一致する投稿タイプのアーカイブか確認する
その他	
is_front_page()	サイトのトップページか確認する
is_home()	ブログのメインページか確認する(必ずしもトップページではない)
is_main_query()	メインクエリか確認する。実質的に$wp_the_queryとの同一性比較
is_search()	検索リクエストか確認する
is_404()	投稿が見つからないなど、404と判定されたか確認する
is_paged()	アーカイブなどで、ページングされた2ページ以降のページへのリクエストを確認する(ページ分割された1つの投稿へのページングは対象外)

続く

第**5**章　WordPressの基本アーキテクチャ

is_preview()	プレビューのリクエストか確認する
is_robots()	robots.txtへのリクエストか確認する
is_feed($feeds='')	フィードリクエストなのか確認する。$feedsにフィードの種類またはその配列を与えると、それに一致するフィードなのか確認する
is_comments_popup()	コメントポップアップウィンドウのリクエストか確認する
is_comment_feed()	コメントフィードか確認する
is_trackback()	トラックバックエンドポイントへのリクエストか確認する

　いかがでしょう？ ここまで見てきたページの種類や、リクエストパラメーターとの相関性を確認していただけると思います。

　これらを用いて、現在のリクエストがどのようなリクエストであるか調べ、個々の状況に合わせて、メインクエリによるデータの検索を変更したり、あるいは読み出されるテンプレートを変更したりできます。

Column

WP_Query::is_home()とWP_Query::is_front_page()の違い

　WP_Query::is_home()は、ブログのメインページを指すものですが、いわゆるサイトのトップページを意図するものではなく、ブログのメインページを判定します。このメソッドは、WordPressの管理画面で［設定］＞［表示設定］＞［フロントページの表示］の設定を最新の投稿にしている場合は、サイトのトップページでtrueを返しますが、その他の値が設定されているときはfalseを返します。サイトのトップページであることを確認するのは、WP_Query::is_front_page()を利用するのが明確です。

テンプレートの選択 ● 5.9

> **Column**
>
> ## WPクラスの役割
>
> 条件分岐メソッドやクエリフラグは WP_Query クラスの機能で、リクエストの内容や意図を確認できます。しかし、WP_Query は投稿データなどの検索で汎用的に利用されるクラスでもあります。実際に、1回のリクエストで複数の WP_Query オブジェクトが生成されるため、WP_Query を使った条件分岐の判定の際は、リスト5.13のようにそれがメインクエリであるかを確認するコードが必要になります。
>
> しかし一方で、httpリクエストの内容を解析して保持し、リクエストの意図をリクエストパラメーターとして保持しているのは WP クラスのオブジェクト（$wp）で、これは唯一のインスタンスですから、こちらにリクエストの意図を確認できる機能があったほうが良いような気もします。
>
> 筆者はこのことに最初は違和感を感じたのですが、みなさんはいかがでしょうか？
>
> WP クラスファイルの冒頭のコメントには「WordPress environment setup class」と書かれています。また、メインクエリという特別な扱いの WP_Query オブジェクトが存在します。これらを踏まえ、WP クラスの役割は WordPress のブートだと割り切ればいくぶんすっきりしますが、コアのコードを追うにつれ、なんだか少しモヤモヤする話でもあります。(´-`)

第5章

5.9 テンプレートの選択

ここまででリクエストパラメーターから既定のデータが取得されるまでの流れと、必要に応じてその既定の動作を変更する方法を見てきました。さて、データが取得されたあとは、テンプレートが読み込まれますが、読み込まれるそのテンプレートも、もちろん、ページの種類に対応したものが選択されます。

ページの種類から選択されるテンプレートのルールは、**図5.9**の通り定義されています。ここでのポイントは、テンプレートは詳細な順に存在確認され、最初に見つかったものが利用されるということです。

例えばカテゴリーのアーカイブページでは、以下のような順序でテンプレートファイルが検索され、最初に見つかったファイルがロードされます。

①category-{$slug}.php
②category-{$term_id}.php

153

第5章 WordPressの基本アーキテクチャ

③catgory.php
④archive.php
⑤index.php

　このように、ロードされるテンプレートの検索を階層的に行う様子を、WordPressではテンプレート階層と呼びます。

テンプレート階層の利用

　テンプレート階層（図5.9）をうまく利用することで、ページの種類ごとのレイアウト（HTML）を簡単に変更できます[注27]。

　例えば、個別ページを別のデザインのHTMLにしたければ、single.phpを作成します。またカスタム投稿タイプで作成した商品（goods）のページを別のHTMLにするには、archive-goods.phpやsingle-goods.phpを作成するだけで、利用されるテンプレートファイルを切り替えることができます。　このようにWordPressでは、ルールに沿ったファイル名でファイルを配置するだけで、異なるリクエストに対して、違うレイアウトやデザインをとても簡単に適用させることができます。

注27　スタイルの変更にはCSSの調整で十分な場合があります。WordPressの特性を活かしてテンプレートが作られていたら、bodyタグなどのコンテンツのラッパータグに、ページの種類を表すクラスが付与されます。CSSで調整したい場合は、そのクラス名を利用できるでしょう。

154

テンプレートの選択 ● 5.9

■ 図5.9 テンプレート階層図

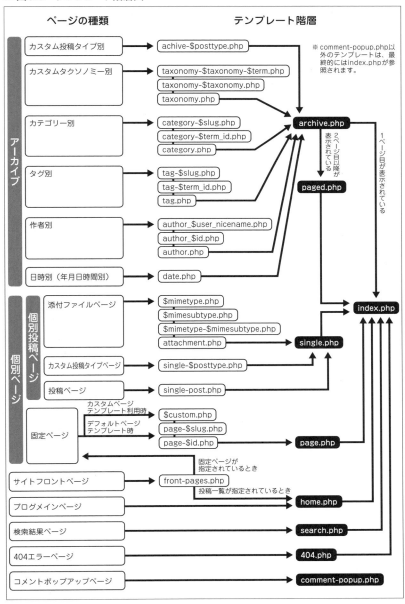

第**5**章　WordPressの基本アーキテクチャ

● **子テーマでのテンプレートファイルの選択**

　WordPressには、すでにあるテーマを継承して別のテーマを作成する子テーマという仕組みがあります（子テーマについて詳しくは「**6.4　テーマ作成のアプローチ**」を参照してください）。

　子テーマに置かれたテンプレートファイルは、親テーマのファイルより優先してロードされます。例えば、親テーマにあるテンプレートをコピーして編集し、同じファイル名で子テーマの中に置くことで、WordPressに子テーマのテンプレートファイルを読み込ませることができます。

既定のテンプレートの変更

　このようにページの種類ごと、またその詳細度ごとに選択されるテンプレートファイルが決まっていますが、まったく別のテンプレートを選びたくなる場合もあります。このとき、**表5.12**のフックが利用できます。

■ **表5.12　テンプレートの変更に利用できるフィルター**

フィルター名	説明
template_redirect	テンプレートの検索を行う直前にコールされるアクション。テンプレートの選択を完全にフックしたい場合に利用しやすい。このアクションを利用して、独自にテンプレートをロードしたあとは、exitしてプログラムを終了する
{$type}_template	テンプレートの種類（$type）のテンプレートの検索のあとにコールされるフィルター。テンプレートが見つかったときはそのテンプレートファイル名を、見つからなかったときは空文字列が入力される。必要に応じてテンプレートファイル名を変更して返す
template_include	テンプレートが決定されたあと、実際にロードされる直前に呼ばれる。決定されたテンプレートファイル名が入力される。必要に応じてテンプレートファイル名を変更して返す

　例えば、ある特別な投稿の表示にのみ、特別なテンプレートを返したい場合に利用できます。また、ある種のリクエストに対してJSONデータを返したいときは、template_redirectにフックし、（望ましくはメインクエリよりデータを得て）出力したいデータ配列を準備してから、echo json_encode($data)が実行されたら、そのままexitしても良いでしょう。

5.10 テンプレートタグとループ

　ここまでWordPressの特徴的な仕組みを解説してきました。最後にWordPressのテンプレートの特徴的なポイントと、WordPressにおけるループの基本について紹介します。

　リスト5.14は、ごくシンプルなテンプレートの例です。

■ **リスト5.14　簡単なテンプレートの例**

```php
<?php
get_header(); // ヘッダーテンプレートのロード

if ( have_posts() ) : // 投稿データがあれば
    while ( have_posts() ) : // ループ開始
        the_post(); // 次の投稿をセットアップ
        ?>
        <article id="post-<?php the_ID(); // 投稿IDの出力
        ?>" <?php post_class();        // CSSクラスの出力 ?>
                <?php if (is_archive()) : // アーカイブなら ?>
                        <h1 class="entry-title"><a href="<?php
                                the_permalink() // リンク出力
                                ?>"><?php the_title() // タイトルの出力
                                        ?></a></h1>
                <?php else : ?>
                        <h1 class="entry-title"><?php the_title() ?></h1>
                <?php endif ?>
                <div class="entry-categories">[<?php // カテゴリ一覧の出力
                        echo get_the_category_list('] [') ?>]</div>
                <div class="entry-content">
                        <?php the_content() // 本文の出力 ?>
                </div>
        </article>
        <?php
    endwhile; // ループ終了
else : // 投稿データが無ければ
    get_template_part( 'content', 'none' ); // 部分テンプレートのロード
endif;

get_sidebar(); // サイドバーテンプレートのロード
get_footer(); // フッターテンプレートのロード
```

　リスト5.14には、基本的なデータの出力方法（メインループ）、部分テンプレートのロード、条件分岐、そしていくつかの特徴的なテンプレートタグが含まれています。順番に見ていきましょう。

第**5**章　WordPressの基本アーキテクチャ

メインループとコンテキスト

WordPressでは、リクエストパラメーターから組み立てられたメインクエリのデータを出力する処理をメインループと呼びます。リスト5.14から、そのメインループ部分を抜き出してみます（**リスト5.15**）。

■ **リスト5.15　メインループ**

```
while ( have_posts() ) :
    the_post();
    // 投稿データの出力処理
endwhile;
```

唐突に「投稿はあるか？」と尋ねています。ここまでに説明したように、WordPressにおいてメインクエリは、リクエストパラメーター由来の特別な存在です。テンプレート内でも、まずメインクエリのコンテキストが存在していて、そのメインクエリのコンテキストに対して、投稿データの有無を問い合わせしています。

have_posts()関数は、次の投稿データの存在を確認します。

the_post()関数は、検索された投稿データの一覧（メインクエリ）の内部ポインタを1つ進めて、新しいカレント投稿データのコンキストをセットアップします。

ここで投稿データのコンテキストが登場しました。リスト5.14では、データの出力にthe_title()やthe_content()といった関数で投稿のタイトルや本文の出力を行っていますが、その対象となる投稿データのコンテキストが必要になります。そのセットアップがthe_post()の中で行われています。

このように、WordPressでは、その時々のコンテキストに対して、出力処理を組み立てていきます。この点についてよく理解していると、イレギュラーな実装の助けになったり、必要に応じてコンテキストを任意に切り替えて、より自由な出力処理を実現できるでしょう。

テンプレートタグ

WordPressではテンプレートでのデータ出力に、テンプレートタグと呼ばれるPHP関数群が用意されています[注28]。

注28　ただのPHP関数であることが、開発者にとってWordPressが親しみやすい理由の一つだと筆者は思っています。グラフィックデザイナーでも扱えるように設計された、CMSのテンプレートDSLを覚えなくて良いなんて！(*´∀`*)。もちろんテンプレートタグ関数をたくさん覚えるに越したことはありませんが、それがPHP関数であることは新しくこの製品に触れる開発者への負担を大きく軽減します。

テンプレートタグとループ ● 5.10

リスト5.14では、the_ID()、post_class()、the_permalink()、the_title()、the_content()関数、などを利用しています。どういった内容が出力されるかは関数名とコードからある程度憶測できるでしょう。他にもthe_date()やthe_post_thumbnail()関数など、投稿データのコンテキストに対してコールできるテンプレートタグはたくさんあります。

また、テンプレートタグには、投稿データに紐づくものの他にも、サイト名の出力や、サイトのナビゲーションバーやサイドバー(ウィジェットエリア)を呼び出すものもあります。

なお、関数名の頭にthe_のプリフィックスが付くテンプレートタグは、データを出力するものが多いです。一方、データを取得したい場合は、get_the_title()など、get_のプリフィックスを追加した関数が利用できます[注29]。ただし、名前にthe_やget_が付くか付かないかが、一概に出力を伴うかどうかではなかったり、ちょっぴり困り者なWordPressさんです。

条件分岐タグ

リスト5.14では、is_archive()関数をコールして、そのページがアーカイブページであるかどうかを確認し、タイトル部分のHTMLを変更しています。このように、テンプレート内での条件分岐に利用できる関数をWordPressでは条件分岐タグと呼びます。

条件分岐タグもテンプレートタグ同様にただのPHP関数です。is_archive()の他に、is_singular()、is_page()、is_date()、is_category()関数など、ページの種類を判定するものがたくさんあります。これらの関数名を見て気付かれたほうが多いかと思いますが、これらはメインクエリのコンテキストで、そのクエリフラグを確認するものです。

is_archive()関数のソースを見てみましょう(**リスト5.16**)。

本当にメインクエリ($wp_query)のクエリフラグを参照しているだけです。このように、メインクエリのクエリフラグを参照する単純なラッパー関数が条件分岐タグとして準備されています。

第5章

注29 the_title()の場合、第3引数にfalseを指定しても値を得られますが、そういったインタフェースはあまり関数間で統一はされていないようです。

159

第**5**章　WordPressの基本アーキテクチャ

■ **リスト5.16　is_archive()関数のソース**

```
function is_archive() {
    global $wp_query;

    if ( ! isset( $wp_query ) ) {
        _doing_it_wrong( __FUNCTION__, __( 'Conditional query 略
        return false;
    }

    return $wp_query->is_archive();
}
```

　条件分岐タグは、アーカイブページなら……、商品ページなら……、月別アーカイブなら……、といった諸条件に対して、テンプレートの一部を変更したりする際に便利です。　なお、has_tag()関数や、in_category()関数などのように、投稿データのコンテキストで利用できる条件分岐タグもあります。

インクルードタグ

　テンプレートから他のテンプレートをロードするために、WordPressではインクルードタグと呼ばれる関数群が定義されています。リスト5.14では、get_header()、get_sidebar()、get_footer()関数、そしてget_template_part()を利用しています。これらは他のテンプレートを柔軟にロードする仕組みを提供しています。

　リスト5.17は、ループの中で投稿データの投稿フォーマットごとに異なるテンプレートをロードする例です。

■ **リスト5.17　部分テンプレートの読み込み**

```
while ( have_posts() ) :the_post();
    get_template_part( 'content', get_post_format() );
endwhile;
```

　ここでget_template_part()関数は1つまたは2つの引数を取り、それぞれの引数について以下の名前のテンプレートファイルを検索し、最初に見つかったファイルをロードする関数です。ここでは、get_post_format()関数で取得した現在の投稿の投稿フォーマットのスラッグを2番目の引数として与えることで、投稿フォーマットスラッグに準じたcontent-page.phpやcontent-image.

php といった名前のテンプレートファイルを動的にロードしています。

　この関数を用いて、単純に他のテンプレートを読み込むことはもちろん、データに応じて異なる部分テンプレート[注30]をロードすることができます。

Column

テンプレート構成の設計

　WordPressではテンプレートを切り替える手段として、テンプレート階層、条件分岐タグ、インクルードタグといった複数の方法が用意されていて、同じような画面構成とする場合にも、それらを組み合わせて複数のアプローチでのぞむことができます。

　テンプレート階層を利用してのテンプレートの切り替えは、サイト構成に準じてスタイルの変化が求められる場面にマッチしていると筆者は思います。共通部分は部分テンプレートをロードできるでしょう。

　条件分岐タグの利用はテンプレートのコードが煩雑になりますが条件ごとの変化が小さい場合は有用だったり、それでしか対応しにくい場合もあるでしょう。

　get_template_part()関数を利用した動的な部分テンプレートの読み込みは、利用できる場面は限られますが、ソースコードを簡潔にし、テンプレートファイルの構成をよりすっきりと体系的なものにできるかもしれません。

　それぞれの手法に特徴があるので、その特徴をよく理解することで、美しく簡潔なテンプレート構成を設計できるようになると思います。

| get_posts()によるサブループ

　WordPressのループについてもう少し見てみましょう。

　テンプレート内に限った話ではありませんが、最新の投稿を10件取得したり、ある投稿に関連付けられた投稿を取得したりなど、メインクエリとメインループの他にも投稿データを検索して表示させたいことは頻繁にあります。このような、メインループ以外のデータを検索して、テンプレートで表示させる処理をWordPressではサブループと呼びます。

　サブループに使える投稿データの手軽な取得方法の一つにget_posts()関数

注30　例えば、カスタムフィールドに指定された値によって異なるテンプレートをロードできます。

第5章 WordPressの基本アーキテクチャ

があります。**リスト5.18**はget_posts()関数を使ってデータを取得する例です。商品(goods)投稿タイプのデータから最新の10件を取得しています。

■ **リスト5.18　get_posts()を使ったループ**

```
<ul>
    <?php
    $new_arrivals = get_posts( array( // ❶データの検索
        'posts_per_page' => 10,
        'post_type' => 'goods',
    ) );
    foreach ( $new_arrivals as $post ) : // ❷データのループ
        setup_postdata( $post ); // ❸投稿データのコンテキストを変更
    ?>
        <li><a href="<?php the_permalink() ?>">
                        <?php the_title() ?></a></li>
        <?php
    endforeach;
    wp_reset_postdata(); // ❹投稿データのコンテキストをリセット
    ?>
</ul>
```

さて、ループの回し方を見てください。ここではforeachを利用してデータを処理しています。リスト5.14のようにhave_posts()やthe_post()関数を利用していません。またリスト5.15は、メインクエリに対応するメインループでした。テンプレート中で暗黙に利用できるメインクエリのコンテキストに対して、テンプレートタグでループ処理を行いました。

一方、❶のget_posts()関数は、検索した投稿データの一覧を配列で返します。このとき、メインクエリのコンキストは変更されないため、have_posts()やthe_post()関数を使ったループが使えません。代わりに、得られた配列を❷のforeachでループしています。

また、the_title()やthe_permalink()関数を利用しています。これは、これらのテンプレートタグが、投稿データのコンテキストに対して作用するものだからです。

ここでその投稿データのコンテキストを準備しているのは、❸のsetup_postdata()関数です。この関数に投稿データを与えてコールすることで、その投稿データのコンテキストに切り替え、投稿データのコンテキストに依存するテンプレートタグを使ったデータ出力が可能になります。

なお、投稿データのコンテキストを切り替えたので、ループが終わったら、これを元のコンテキストに戻すことを忘れないでください。

❹のwp_reset_postdata()関数では、切り替えた投稿コンテキストを、元の
メインクエリに基づく投稿コンテキストに戻しています。

Column

2つのリセット

wp_reset_query()関数は、変更されたメインクエリのコンテキスト（$wp_query内
のインスタンス）を元に戻します。wp_reset_postdata()は、変更された投稿データ
のコンテキストを戻します。

サブループなどでコンテキストを変更した場合は、これらの関数で、元のコンテ
キストを回復することを忘れないようにしてください。

WP_Queryによるサブループ

別の例を見てみましょう。**リスト5.19**は、リスト5.18と似た問い合わせと
ループを、WP_Queryオブジェクトを利用して書き直した例です。WP_Queryオブ
ジェクトは、メインクエリの実体でもありましたが、個々の検索にも利用でき
ました。

■ **リスト5.19　WP_Queryを使ったループ**

```
<ul>
    <?php
    $result = new WP_Query( array( // ❶データの検索
        'posts_per_page' => 10,
        'post_type' => 'goods',
    ) );
    while ( $result->have_posts() ) : // ❷次の投稿があるか確認
        $result->the_post(); // ❸内部ポインタを進め、
                             // 投稿データのコンテキストを変更
        ?>
        <li><a href="<?php the_permalink() ?>">
                        <?php the_title() ?></a></li>
        <?php
    endwhile;
    wp_reset_postdata(); // ❹投稿データのコンテキストをリセット
    ?>
</ul>
```

第5章　WordPressの基本アーキテクチャ

　また、違ったループの処理になっています。今度はforeachではなく、while
です。問い合わせを行ったWP_Queryオブジェクトをそのまま外部イテレータと
して扱っています。

　ただ、リスト5.14のメインループと構造はほぼ同じで、また、ループに利用
したテンプレートタグと同じ名前のWP_Queryのメソッドをコールしています。

　ここまでの解説で多くの方がすでに気付かれていると思いますが、メインク
エリもその実体はWP_Queryオブジェクトのインスタンスでした。また、have_
posts()やthe_post()といったテンプレートタグは、メインクエリ($wp_query)
に対して作用する関数でした。

　ここで、the_post()関数のコードものぞいてみましょう（**リスト5.20**）。

■ リスト5.20　the_post()関数のソース

```
function the_post() {
    global $wp_query;
    $wp_query->the_post();
}
```

　テンプレートタグのthe_post()関数は、メインクエリである$wp_queryのthe_
post()メソッドをコールする単なるラッパー関数です。

　つまり、リスト5.14のループの記法は、メインクエリのコンテキストを対象
とするテンプレートタグを使ってはいるものの、実態はリスト5.19のWP_Query
オブジェクトのループと同じということになります。

　またこれは逆に言うと、WP_Queryを使ったリスト5.19の記法がベースにあ
って、その上に、メインクエリにはテンプレートタグという形で別の記法が用
意されていると言えます。

3つのループの関係の理解

　これまでに紹介したループは、それぞれループの方法が異なるため、読者の
方は混乱するかもしれません。しかし、ポイントはその時々のコンテキストで
す。そのポイントを理解していたら、特に混乱することはありません。改めて
整理してみましょう。

● メインループ

　メインループに対してはテンプレートタグが利用できました。have_posts()
やthe_post()といったテンプレートタグは、メインクエリのコンテキストを対

象とした単なるラッパー関数で、その実体は$wp_query に収められたWP_Query
オブジェクトへのメソッドコールです。

　メインクエリとメインループはWordPressとそのアーキテクチャにとって
特別な存在です。データの検索結果であると同時に、そのリクエストの意味合
いも表現する存在です。このメインクエリをテンプレート中で$wp_queryとい
った変数の存在を意識することなく暗黙に利用できるように[注31]、have_posts()
やthe_post()といった、メインクエリのコンテキストを対象とするラッパー関
数が準備されています。

● **サブループ**

　一方、サブループは、本来メインクエリを置き換えるものではありません。
そこで、メインクエリを置き換えない方法として、get_posts()関数やWP_Query
オブジェクトを生成してデータを取得します。いずれもメインクエリを置き換
えるわけではないので、取得した配列、あるいはイテレータ、それぞれに合っ
た方法でループ処理を書くことになります。

● **個々のデータの表示とコンテキスト**

　また、個々の投稿データの表示には、そのためのテンプレートタグが使える
ように、投稿データのコンテキストを準備する必要があります。このために、
WP_Queryオブジェクトにはthe_post()メソッド、get_posts()関数などで得た
投稿データにはsetup_postdata()関数が利用できます。

　なお、ここにも2つの方法があるように見えますが、実はthe_post()メソッ
ドも、その中ではsetup_postdata()関数をコールしています。setup_postdata()
関数は投稿データのコンテキストを準備する唯一の方法です。

テンプレートタグを利用する理由

　リスト5.21はget_posts()関数を使った別の例です。

■ **リスト5.21　投稿データのフィールドの直接参照**

```php
<?php
$new_arrivals = get_posts( array(
    'posts_per_page' => 10,
    'post_type' => 'goods',
```

注31　この解釈は筆者独自のものですが、理由の1つとしては間違いないと思います。

第5章　WordPressの基本アーキテクチャ

```
) );
foreach ( $new_arrivals as $post ) {
    echo esc_html($post->post_title) . '<br>'; // 直接フィールドを参照する
}
```

　get_posts()関数で得たデータは、投稿データのオブジェクト(WP_Post)の配列です。個々のWP_Postオブジェクトはデータベースから取得されたデータを持っているため、フィールドの値をそのままechoして出力することもできます。またこの場合、テンプレートタグを利用していないため、投稿データのコンテキストを準備する必要もなく、setup_postdata()関数も含んでいません。とても簡潔ですね。

　このコードはたぶんあなたの期待した通りに動作するはずですが、あえて意図した場面以外では使わないほうが望ましい手法です。

　通常は、先の例で紹介したように、setup_postdata()を使って投稿データのコンテキストを準備し、the_title()タグを使って必要な値を出力してください。その理由は、テンプレートタグの役割が単にデータを出力するだけではないからです。

　ほとんどのテンプレートタグは、投稿データをそのまま出力するのではなく、何らかの加工を行ったり、あるいはフックをコールすることで、データを加工する機会をテーマやプラグインに与えています。

　つまり、データベースから取得した値をそのまま出力すると、そういった加工処理が行われず、意図した出力にならない場合もある、ということです。

　例えば、ショートコードが含まれた投稿データの本文(post_content)を直接出力すると、ショートコードタグはレンダリングされず、そのまま表示されてしまいます。

　このような問題を避けるためにも、特に意図がない限り、投稿データの出力にあたってはテンプレートタグを利用するようにしてください。また、出力でなく値を取得したい場合にも、それに応じた適切な関数を利用するようにしてください。

5.11 WordPressのソースコード

　最後にもう1つ、これからWordPressと付き合う開発者のために、WordPressコアのソースコードについても触れておきたいと思います。

ソースコードを読むにあたって

WordPressで本格的な開発を行うようになると、どうしてもコアのコードを読む必要に迫られることになると思います。それは、WordPressの枠組みが提供するものが、一般的なWebアプリケーションフレームワークのそれと比べて幅広いことや、後述するフックで挙動を変更するというアーキテクチャの所以です。

ところが、率直なところ、WordPressのソースコードは美しいとはとても言えません。重要なメソッドや関数が恐ろしいほどの行数だったり、驚くほどたくさんのグローバル変数が定義されていたりします。

特に筆者が戸惑ったのは、APIの命名がとてもわかりにくかったことです。例えば、ウィジェット関連のAPIの命名がsidebar云々であったりなど、歴史的な経緯が感じられる部分もありますが、リクエストの受け付け〜メインクエリの準備あたりでの各種オブジェクトの関係などは、よく似たメソッド名も多く、読み取るのが難しかった記憶があります。

これらは、ブログエンジンとしてスタートしたWordPressで、後方互換性を非常に高いレベルで維持するために積み重なってきた遺産かとは思いますが、ソースコードを読むときには、あらかじめ少しの覚悟があったほうが良いかもしれません。

グローバル変数とコンテキスト

WordPressには多くのグローバル変数があります。

WordPressのカスタマイズを始めたころ、筆者はなかなかこの事実を受け入れられなかった覚えがあります(笑)。WordPressに取り組む開発者は、この事実を早めに素直に受け入れると、少し早く幸せになれるはずです。

表5.13に、WordPressの代表的、あるいは特徴的なグローバル変数をまとめてみました。

重要そうなものから、そうでもなさそうなものもあります。$is_iphoneのようにリクエストされたブラウザのエージェントを判定するものもあります。さらに、これらのグローバル変数が初期化されるタイミングもマチマチです。

グローバル変数が多いということから、WordPressの開発では処理のコンテキストが重要になります。例えば、ある関数をコールしてからでないと、この関数の呼び出しは正しくない結果を返すといったことです。この点については本章でもしっかり解説したつもりです。

第5章 WordPressの基本アーキテクチャ

■ 表5.13 WordPressのグローバル変数の一例

グローバル変数	説明
$current_user	現在アクセスしているユーザー（WP_User）
$id	現在の投稿のID。ループなどで投稿がセットアップされたあとに利用可能
$is_iphone	ブラウザ判定などのための変数。他にも多数定義されている。$is_gecko、$is_IE、$is_safari、$is_chrome、$is_iphone、$is_apache、$is_IISなど
$locale	現在の言語と地域
$page	マルチページポストのページ番号
$paged	アーカイブページのページ番号
$post	現在の投稿データ（WP_Post）
$posts	現在取得されている投稿データの配列（array）
$wp	WordPressの初期化と処理の実行を行う（WP）
$wp_filter	登録されたすべてのフックが格納されている配列
$wpdb	データベースアクセスのためのインタフェース（wpdb）
$wp_query	通常、メインクエリが格納される（WP_Query）
$wp_rewrite	URLルーティングなどに利用（WP_Rewrite）

　なお、これらのグローバル変数を、PHPのglobalキーワードでインポートして利用したくなる場面も多々ありますが、基本的には、利用したいデータやオブジェクトが引数として得られるフックを利用してカスタマイズを進めるようにしてください。例えば、メインクエリで検索される内容を変更したいようであれば、pre_get_postsフックを利用します。pre_get_postsフックには、WP_Queryオブジェクトが渡されるので、is_main_query()関数を利用してそれがメインクエリであるかどうか確認してから変更できます。

　また、そう都合の良いフックがない場合は、例えばwp_get_current_user()関数のように、global $current_user変数を単に返す関数もありますので、将来のWordPress実装の変更に備える意味でも、なるべくglobalキーワードを使わない方法を選択してください。

5.12 まとめ

　以上、WordPressの基本的なアーキテクチャについて解説を行ってきました。MVCフレームワークでの開発に慣れた開発者にとっては特殊で理解しにくく感じるかもしれませんが、決して不合理ではありません。むしろ素直に受け入れることで、長い歴史の中でさまざまな開発者が改善を繰り返してきたアーキテクチャの1つの到達点として、新たな興味をもたらしてくれるでしょう。

第6章

テーマの作成・カスタマイズ

第6章 テーマの作成・カスタマイズ

6.1 テーマの作成

　本章では、実際にテーマを作成する方法について解説していきます。本章を読む前に、「**第5章　WordPressの基本アーキテクチャ**」を読むことを強くお勧めします。

テーマ作成前に検討すべきこと

　PHPエンジニアがWordPressで開発を行う際にコードを実装する個所として、テーマとプラグインの2種類があります。一般的にテーマはサイト全体の見た目に関する機能を実装し、プラグインはデータの扱いや動作に関しての機能を実装します。ただし、すべての機能をテーマに実装することもできます。要件やメンテナンスの方法を考慮して、自分の環境に合う適切な実装方法を選んでください。

　もし判断に迷う場合は、「この機能はプラグインとして切り出せないか」という観点で検討してみると良いでしょう。切り出せる場合は、残った部分をテーマに実装することになります。

　テーマの開発は非常に簡単に行えます。いくつかのルールを覚え、テンプレートタグを適切に使うことで作成できます。ちなみに、WordPressにおけるテンプレートタグの実体は、テーマファイル内で使えるPHP関数やクラスです。Twig[注1]やSmarty[注2]のようなDSL（*Domain Specific Language*、ドメイン固有言語）ではありませんので注意してください。CakePHPのビューやヘルパー、Yii Framework[注3]のビューやウィジェットに近い存在ですが、その数はかなり多く、初めてWordPressに触れる開発者をうんざりさせるかもしれません。

　本章ではテーマの重要な概念と主要なテンプレートタグを解説し、開発者のみなさんの疑問を1つずつ解消していきます。

注1　http://twig.sensiolabs.org/
注2　http://www.smarty.net/
注3　http://www.yiiframework.com/

テーマの最小構成による作成例

「**5.1　ファイル構成**」で解説しましたが、WordPressにテーマを認識させるには、index.phpとstyle.cssという2つのファイルを最低限作成する必要があります。ここではmy-themeというテーマを作成し、WordPressで有効化できるようにする方法を解説します。

① wp-content/themes/内にmy-themeディレクトリを作成する
② my-theme直下にstyle.cssとindex.phpを作成する
③ style.cssにコメントの形式でテーマ詳細を記述する

必要な作業は以上です。それでは、実際に作成してみましょう。style.cssに**リスト6.1**のように記述してください。

■ **リスト6.1　テーマ詳細の記述**

```
/*
Theme Name: 私のテーマ
Author: 私の名前
Author URI: http://example.com/
Description: これは一番シンプルなテーマです
Version: 1.0
License: GNU General Public License v2 or later
License URI: http://www.gnu.org/licenses/gpl-2.0.html
*/
```

WordPressのテーマを作成する際は、ライセンスに必ずGPLバージョン2以上を適用してください。

続いて画面に文字を表示させましょう。index.phpで以下のように記述してください。

```
Hello World
```

さて、ここまで準備できたらWordPressの管理画面を開き、テーマの選択画面を開いてみてください。今、作成したテーマを有効化できるようになっています(**図6.1**)。試しに有効化してサイトにアクセスしてみましょう。

第6章 テーマの作成・カスタマイズ

■ 図6.1 「私のテーマ」というテーマが選択可能になる

　これで「私のテーマ」というテーマを選択できるようになりました。画面には Hello World の文字が表示されました。本来であれば、`index.php` に WordPress テーマとして機能するために `header.php` をロードしたり、いくつかのお約束を記述をする必要があります。「**6.5　テンプレートに利用する関数**」で詳しく解説しますが、まずは WordPress テーマにおける特別ファイルである `style.css` について、もう少し詳しく見ていきましょう。

style.cssの記述パターン

　WordPress のテーマにおける `style.css` は、テーマスタイルシートと呼ばれる特別な存在です。前述の例のように `style.css` の冒頭に書かれたコメントを WordPress が解析し、テーマファイルとして認識するようになりますので、必ず作成する必要があります。逆に言うと、`style.css` の役目はそれだけです。よってデザインについては別の CSS ファイルに記述してもかまいません。

　テーマを認識するための機能は `WP_Theme` クラスが担っており、`style.css` に書かれた以下に挙げるコメントを解釈します。

- Theme Name
- Theme URI
- Description
- Author
- Author URI
- Version
- Template
- Status
- Tags
- Text Domain
- Domain Path

　コメントに何も書かなくても style.css が存在するだけでテーマとして認識されますが、Theme Name はテーマ名として管理画面に表示されますので、記述するようにしましょう。

Column

WP_Themeを直接コールしてみよう

　WP_Themeクラスの挙動を知るために、自作したテーマであるmy-theme/index.phpに以下のように記述し、サイトを表示してみましょう。style.cssに記述されたコメントを解析していることがわかります。

```
$theme = new WP_Theme('my-theme', __DIR__.'/..');
var_dump($theme);
```

　特に開発の役に立つわけではありませんが、WordPressの挙動を知るために試してみるのもおもしろいです。

---

functions.phpの記述パターン

　開発者がWordPressの挙動を変更したり、アプリケーションのための機能を実装する際、必要なコードを記述できる唯一の場所が functions.php です（**リスト6.2**）。

第**6**章 テーマの作成・カスタマイズ

■ **リスト6.2 functions.phpを読み込んでいる個所**

```
// wp-settings.phpの382行目付近（WordPress 4.6.2の場合）

// Load the functions for the active theme, for both parent and child theme if
applicable.
if ( ! defined( 'WP_INSTALLING' ) || 'wp-activate.php' === $pagenow ) {
    if ( TEMPLATEPATH !== STYLESHEETPATH && file_exists( STYLESHEETPATH . '/
functions.php' ) )
        include( STYLESHEETPATH . '/functions.php' );
    if ( file_exists( TEMPLATEPATH . '/functions.php' ) )
        include( TEMPLATEPATH . '/functions.php' );
}
```

functions.phpに記述したプログラムは、WordPressの処理の中でかなり早い段階（wp-settings.phpで環境構築をする途中）に読み込まれます。「**5.4　プラグインAPI**」で紹介したアクションフック・フィルターフックは、このファイル内に記述して利用します。

ただし、本当にすべてのプログラムをfunctions.php内に記述すると非常に長いファイルになりますので、実際には必要なコードを個別のPHPファイルに分けて記述し、インクルードして使うという書き方が一般的です（**リスト6.3**）。現在のテーマディレクトリの絶対パスは、get_template_directory()関数で取得しています。

■ **リスト6.3　ファイルを分けて記述**

```
require_once get_template_directory() . '/inc/api-utils.php';
require_once get_template_directory() . '/inc/customizer.php';
add_action( 'admin_init', function () {
    require_once get_template_directory() . '/admin/theme-options.php';
});
```

6.2 ビューの構成

WordPressにはコントローラーがありません。どのビューを利用するのかはURL（正確にはクエリパラメーター）が決定します。アーカイブページ、固定ページ、投稿ページなど、WordPressで利用可能な種類のテンプレートファイルを命名規則に沿って作成することでテンプレートとして利用できます。

またレイアウトの構成も独特で、CalcePHPをはじめとする多くのPHPフレ

ームワークではlayoutというテンプレートファイルに共通のヘッダーやフッターを記載しますが、WordPressにはそれがありません。例えば、カテゴリー一覧、固定ページ一覧という2種類のビューを作成した場合、それぞれのファイルでヘッダーとフッターをインクルードする処理を記述します（**図6.2**）。

■ **図6.2　WordPressとCakePHPのテンプレートの違い**

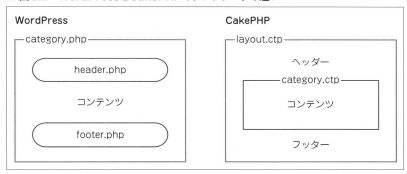

　この記述方法に初めは驚く開発者もいるかもしれませんが、WordPressのビューファイルの構成として認識しましょう。
　では、実際にテンプレートの開発方法とヘッダーなどの部分テンプレートのインクルード方法を見ていきましょう。

テンプレート階層

　WordPressでは、アクセスしたURLに基づいてデータを検索し、カテゴリーページ`category.php`、投稿ページ`single-post.php`、固定ページ`page.php`というテーマ内のそれぞれのテンプレートを利用します。どのテンプレートが使われるかはテンプレート階層に基づいて決定されています。詳しくは「**5.9　テンプレートの選択**」で解説していますので、ここでは具体例をもとに、テンプレートが自動選択する仕組みを見てみましょう。
　例えば、カテゴリーID＝2の一覧ページが`http://yourdomain/?cat=2`だと仮定しましょう。この場合、テンプレートは以下の順番で読み込もうとします（**図6.3**）。

①`category-2.php`
②上記ファイルがなければ、`category.php`

③上記ファイルがなければ、archive.php
④上記ファイルがなければ、index.php

■ 図6.3　テンプレート階層

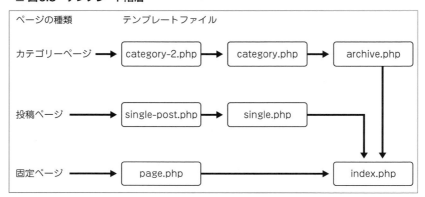

　本章で作成したテーマmy-themeにはindex.php以外のテンプレートファイルが存在しませんので、http://yourdomain/?cat=2にアクセスすると、index.phpのテンプレートが使われます。該当するテンプレートファイルがないからといって、404エラーや500エラーにはならないようにできていますので非常に便利です。一方で開発者は各ページのテンプレートを用意しておかないと、意図しない見た目で表示されることがありますので気を付けてください。

　作成可能なテンプレートの種類は「**5.9　テンプレートの選択**」に一覧がありますので、合わせて確認してください。

部分テンプレート

　ヘッダー、フッター、サイドバーなど複数のビューで共通して利用するパーツは、再利用できるように部分テンプレートファイルとして作成します。これら部分テンプレートを別のテンプレートから呼び出すにはget_header()関数、get_footer()関数、get_sidebar()関数、get_template_part()関数を利用します。代表的な例としてget_header()関数を使ってheader.phpテンプレートをインクルードする方法を見ていきます。

　get_header()関数を使うことで、テンプレート階層に対応したインクルード処理が行えるようになります。get_header('hoge')をコールした場合、以下の優先順位でテンプレートのインクルードを試みます。

①header-hoge.php

②上記ファイルがなければ、header.php

③上記ファイルがなければ、wp-includes/theme-compat/header.php

get_header('foo')関数で存在しないヘッダーをインクルードしようとした場合、header-foo.phpの代わりにheader.phpがインクルードされます。これらはget_footer()関数、get_sidebar()関数、get_template_part()関数でも同様の挙動となります。

テンプレートの書き方

テンプレートファイルを実際にコーディングする際に、押さえておくべきことは何でしょうか。テンプレートファイルの構成は前述しましたので、ここではデータベースのデータを表示するためのメインループとテンプレートタグについて解説します[注4]。

● メインループ

WordPressはURLに基づいてデータを検索して取得します。このURLに基づいて検索したデータはthe_post()関数を利用して取得します。WordPressのデフォルトのルーティングを例に、URLと取得できるデータ、データ件数を**表6.1**にまとめました。

■ 表6.1　the_post()関数で取得可能なデータ

URL	取得できるデータ	データ件数
/?p=123	ID=123の投稿	0 or 1
/?cat=2	カテゴリーID=2の投稿一覧	0〜複数
/?m=201610	2016年10月に投稿された投稿一覧	0〜複数
/?page_id=101	ID=101の固定ページ	0 or 1

このように、URLから取得できたデータは複数存在する場合があり、ループを回してデータを取得するため、メインループと呼ばれています。リスト5.14からメインループに関する記述を抜粋しました（**リスト6.4**）。

注4　「**5.10　テンプレートタグとループ**」と合わせて読むことを強くお勧めします。

第**6**章　テーマの作成・カスタマイズ

■ **リスト6.4　メインループの記述例**

```php
<?php
if ( have_posts() ):          // 投稿データがある場合
    while ( have_posts() ): // 取得できただけ繰り返す
        the_post();           // 次の投稿を取得する

        // 投稿データを出力する処理はここに書く
    endwhile;
else :                        // 投稿データが得られなかった場合
    get_template_part( 'content', 'none' );
endif;
?>
```

　have_posts()関数でデータが存在するか確認し、あればthe_post()関数で取得する、これを取得できなくなるまで繰り返して、投稿データ一覧を取得します。

　メインループの詳しい解説やカスタマイズ方法は「**5.10　テンプレートタグとループ**」に記述しましたが、1つのURLに対して取得できる一意のデータを処理するループをメインループであると覚えましょう。

● **テンプレートタグ**

　メインループで取得したデータを表示する関数や、テンプレートを作成する際によく使う関数群をまとめてテンプレートタグと呼びます。テンプレートタグの種類と主な関数を**表6.2**にまとめました。詳しくは「**6.5　テンプレートに利用する関数**」でも紹介していますので、ここではメインループに関連するコンテンツ系タグをいくつか紹介します。

■ **表6.2　テンプレートタグの種類と主な関数**

テンプレートタグの種類	説明
インクルード系	get_header()、get_sidebar()など他のテンプレートパーツを呼び出すための関数
コンテンツ系	the_title()、the_content()などデータベースのコンテンツを表示するための関数
タグ出力系	wp_head()、wp_footer()、wp_nav_menu()など、JSやウィジェットを表示するための関数
条件分岐タグ系	is_home()、is_tax()、is_admin()など、ページの種類を判別するための関数

　表6.3は、メインループ内でthe_post()をコールしたあと、またはサブルー

プ内で使える関数です。

■ 表6.3　the_post()のコール後にサブループで使用可能な関数

関数	取得できるデータ
the_title()	投稿のタイトル
the_content()	投稿のコンテンツ
the_time($d)	投稿日をdatetimeフォーマットで表示する
the_ID()	投稿のID
the_permalink()	パーマリンク
the_category($separator)	カテゴリー一覧を$separator区切りで表示する

いずれも結果を出力する関数ですので、echoを付ける必要はありません。

テーマに関連したAPI

　WordPressのテーマは、フロントサイトの外観（ヘッダー画像や背景色、サイドバーのパーツなど）を管理画面から簡単に設定するための機能を有しています。これら特徴的な機能はウィジェット、メニュー、テーマカスタマイズという専用のAPIを利用して実装できます。特にWebサイトやWebインタフェースが必要な開発の場合は、役に立つ場合が多いので参考までに紹介します。

ウィジェットAPI

　カテゴリー一覧、最近の投稿などサイトのサイドバーやフッターに表示するパーツをウィジェットと呼びます。[外観>ウィジェット]を開くと、どのようなものがあるのかを確認できます（**図6.4**）。

　また、ウィジェットはfunctions.phpで設定すれば自分で作成できます。「**12.7 ウィジェット──追加機能の実装──**」の中で具体的な実装方法を解説していますので、参照してください。

第6章 テーマの作成・カスタマイズ

■ 図6.4 My Widgetを作成した例

メニューAPI

グローバルナビやサイドバーナビなどのナビゲーションを作成するにはメニューを利用します。

メニューは[外観>メニュー]から作成でき、作成したメニューの位置の管理をすることで利用できます（**図6.5**、**図6.6**）。利用できる位置の種類はテーマの functions.php で設定でき、何も設定しないとメニューの選択肢そのものが表示されません。「**11.1 メニューのカスタマイズ**」の中で具体的な実装方法を解説していますので、参照してください。

■ 図6.5 メニューを利用できるテーマの場合

■ 図6.6　メニューを利用できないテーマの場合（何も表示されない）

テーマカスタマイズAPI

　CSSを変更することなく、管理画面からサイトの色やフォントを変更できる機能としてテーマカスタマイザーがあります（**図6.7**）。[外観＞カスタマイズ]から利用可能です。

■ 図6.7　テーマカスタマイザーを使えばGUIでデザインの変更が可能

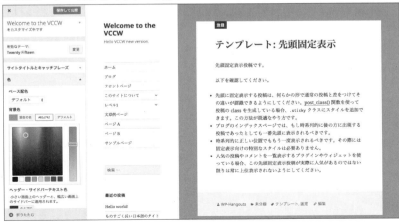

　クライアントワークでは、あまり出番がないかもしれませんが、自作のテー

第**6**章　テーマの作成・カスタマイズ

マでテーマカスタマイズを使いたい場合は、functions.phpで設定可能です。実際に利用する場合は、Codexのテーマカスタマイズ API[5] を参考にしてください。

6.4　テーマ作成のアプローチ

テーマを作成するには、いくつかの方法があります。要件に合わせて適切な方法を選択してください。スクラッチは最後の手段に取っておきましょう。理由は本章を読み終わったあとに理解できるはずです。

テーマ作成の選択肢は以下の通りです。

①既存テーマのカスタマイズ
- 子テーマを作成する

②スクラッチによる作成
- _s（アンダースコアズ）を使う
- すべて自作する

それぞれの作成方法について解説していきます。

既存テーマのカスタマイズ ──子テーマの作成──

いわゆるWebサイトや、あるいはWebサイトライクなユーザーインタフェースを持ったサービスを開発する場合は、まず子テーマの利用を検討するのが一番の近道かもしれません。子テーマとは、すでにあるテーマの基本機能を引き継いで、必要な機能やデザインだけ自分でオーバーライドまたは追加する作成方法です。

● なぜ子テーマを使うのか

まず筆者から伝えたいのは、WordPressでWebサイトの作成を初めて行う場合、白紙の状態からスクラッチでテーマを作成したり、公式ディレクトリにあるテーマを直接カスタマイズして使うのはやめたほうが良いということです。

スクラッチで作成しないほうが良い理由は、WordPressの多くの機能を把握するのが大変だということからです。例えば、個別記事のタイトルを表示す

注5　http://wpdocs.osdn.jp/テーマカスタマイズ_API

る関数の種類は、以下のものがあります。

- wp_title()
- the_title()
- single_post_title()

それぞれの関数の違いを理解して使い分けるだけの知識が必要です。WordPressを利用するメリットは、少ない工数ですばやくサイトを作れることです。覚えることも最少にしておくべきです。それが子テーマなのです。

これらをすべて覚えながらテーマを作成する工数を割くのであれば、使い慣れたPHPフレームワークを利用して、オリジナルのCMSを開発したほうが効率的かもしれません[注6]。

次に、すでにある公式ディレクトリのテーマを直接カスタマイズしないほうが良い理由です。公式ディレクトリのテーマは、管理画面からボタン1つでアップデートが可能ですが、テーマの一部をカスタマイズして利用していた場合、変更個所がアップデートの際に削除され、アップデートのたびに同じカスタマイズを何回も適用する必要が出てきます[注7]。

子テーマを使っていれば、自分でオーバーライドした部分は影響を受けずに、テーマのセキュリティアップデートやWordPressコアがアップデートに対応するテーマ改修を親テーマにまかせることができます。

● 子テーマを使うメリット・デメリット

子テーマを使うメリットとして、PHPによるコーディングをほとんどしなくて良いので、入れ物だけ作成してデザイナーさんに渡すことができます。さらに、公式ディレクトリのテーマを親テーマに指定した場合は、WordPress本体のバージョンアップに対応した修正をテーマの作者が行いますので、あなた自身が何もしなくてもセキュリティアップデートやバグ修正に対応できます。

子テーマのfunctions.phpをカスタマイズすることで、比較的容易に独自の機能追加や拡張を行うことができます。Webサービスの開発でも、それがWebサイトライクなUIを伴ったものであれば、子テーマの利用は開発工数を大幅に下げてくれるかもしれません。

一方、デメリットとして、親テーマのほうで関数名が変更されたり、HTMLのクラス名が変更されると、とたんにデザインが崩れたり、画面が真っ白にな

注6　もちろん、WordPressのようなリッチな管理画面を開発しようとすると、かなり大変ですが。
注7　実際に筆者は子テーマを知らなかったころ、このような愚行を繰り返しました。

第6章 テーマの作成・カスタマイズ

るなどの事態が考えられます。また、親テーマの作者が更新を止めた場合は、セキュリティアップデートやバグ修正をあなた自身で行う必要があります。

親テーマを選ぶ際は、なるべく長く使われていて、頻繁にアップデートされるテーマを選択しておけば、そのリスクをある程度低くすることができるはずです。

● 子テーマの作成例

子テーマの作り方は非常に簡単です。WordPress 4.2のデフォルトテーマである Twenty Fifteen の子テーマを作成する方法を解説します。テーマの名前は my-twentyfifteen とします。

①wp-content/themes ディレクトリ内に my-twentyfifteen ディレクトリを作成する
②my-twentyfifteen 直下に style.css を作成する
③style.css にコメントの形式でテーマ詳細を記述する

子テーマを作成する場合に必要なコメント例は**リスト6.5**の通りです。

■ **リスト6.5 子テーマ作成におけるコメント例**

```
/*
Theme Name: My Twenty Fifteen
Template: twentyfifteen
*/
```

コメントの Template に親テーマのディレクトリ名を指定することで、my-twentyfifteen が子テーマとして機能します。この状態で管理画面のテーマ選択画面にアクセスすると、今作成したテーマを有効化できるようになっています。試しに有効化してサイトにアクセスしてみましょう。CSSが一切適用されていないテーマが完成しました。

● スタイルのオーバーライド

親テーマのCSSを適用したい場合は、style.css の最初に @import url(../twentyfifteen/style.css) と記述しましょう（**リスト6.6**）。続きから変更したいCSSのみ記述することで、最小工数でテーマを作成できます。

■ リスト6.6　親テーマのCSSの適用

```
/*
Theme Name: My Twenty Fifteen
Template: twentyfifteen
*/
@import url(../twentyfifteen/style.css);

/* ここから上書きしたいスタイルを記述します */
#secondary { background-color: rgba(100, 100, 180, .8); }
```

テーマのサイドバーの色が変わりましたね。

● 親テーマの関数のオーバーライド

　子テーマに機能を追加したい場合は、子テーマのfunctions.phpに記述しましょう。WordPressは子テーマに記述された関数を先に実行し、親テーマの関数はあとで実行します（**図6.8**）。

■ 図6.8　親テーマと子テーマのfunctions.phpの実行順序

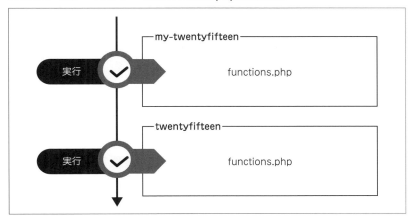

　そのため、親テーマのfunctions.php内にある関数のうち、if (! function_exists('function_name')) でくくられている関数はオーバーライドが可能です。

　親テーマで記述している関数名と同じ関数を子テーマの中で定義しておけば、機能の上書きが可能です。PHPフレームワークで、クラスを継承してメソッドやプロパティをオーバーライドする感じをイメージすればわかりやすいでしょう。

第**6**章　テーマの作成・カスタマイズ

Column

関数のオーバーライドについてのコメント文を読んでみよう

　Twenty Fifteenのテーマには、先ほどの本文で触れた内容が英語で書かれています。twentyfifteen/functions.phpのコメントを覗いてみましょう。9行目あたりで以下の記述を見つけることができると思います。

```
When using a child theme you can override certain functions (those
wrappedin a function_exists() call) by defining them first in your child
theme'sfunctions.php file. The child theme's functions.php file is
included beforethe parent theme's file, so the child theme functions would
be used
```

　直訳すると以下の内容になります。

　「子テーマを使用する場合、特定の関数（function_exists()で囲われているもの）は、作成した子テーマのfunctions.phpにそれらの関数を定義することでオーバーライドすることができます。子テーマのfuncsion.phpファイルは親テーマのそれよりも先にインクルードされます。そのために子テーマの関数が使用されます。」

● フックの実行順序

　子テーマの functions.php は親テーマよりも先に実行されます。フックの実行を親テーマのそれよりも後に実行したい場合は、$priorityに10より大きな数字を指定します。**リスト6.7**は、アクションフックを使って、親テーマで指定したポストフォーマットを子テーマの指定に優先する例です。

■ リスト6.7　アクションフックによる実行順序の指定

```
add_action( 'after_setup_theme', function () {

    add_theme_support( 'post-formats', array(
        'aside'
    ) );

}, 99 );
```

　add_action()の第3引数 $priority は初期値=10ですので、大きな数字を入れることで、親テーマのフックより優先されるようになります。

関数のオーバーライドはただ定義するだけで優先されましたが、フックの場合は、明示的に実行順序を記述する必要があるので、この概念を理解していないと子テーマ開発のときに多少つまずくかもしれません。

スクラッチによるテーマの作成

● テーマフレームワークの利用 ── _s ──

_s（アンダースコアズ）はWordPress.comを運営するAutomatticが提供しているテーマ開発のためのフレームワークです。非常に少ない工数でオリジナルのテーマを作成するベースを作成できます。テーマの名前をmy-theme_sとした場合の手順は、以下の通りです。

①http://underscores.me/にアクセスする
②Theme Nameにmy-theme_sと入力してGenerateボタンをクリックする
③Zip圧縮されたテーマをダウンロードする

これで_sを利用したテーマが完成します。テーマディレクトリを展開すると、図6.9にあるファイルが生成されていることが確認できます。

■ 図6.9　テーマ完成後のディレクトリ・ファイル構成例

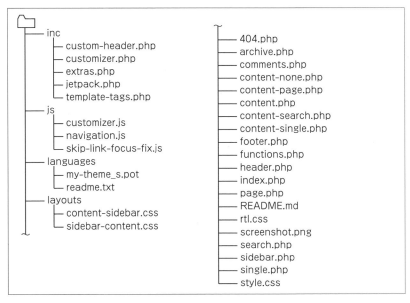

第**6**章　テーマの作成・カスタマイズ

ブログサイトとして最低限必要なテンプレートファイルがあらかじめすべて用意されていて便利です。あとはデザインされた画像とCSSを適用すれば、オリジナルのテーマが完成します。

ソースコードはGitHub[注8]にGPLバージョン2以降で公開されていますので、フォークして使うこともできます。

● **スクラッチ作成における注意点**

スクラッチで作成する際には、あらかじめそのメリットとデメリットを正しく理解しておく必要があります。

PHPエンジニアがテーマを作成する場合は、先述の子テーマか_sの利用をお勧めしますが、コードありきの場合は、スクラッチで作成するほうが早い場合が多いでしょう。また、通常のブログやWebサイトではなく、WordPressを利用したWebアプリケーション開発の場合もスクラッチによる開発のほうが向いています。いわゆる「オレオレ実装」で進める場合は、既存のテーマに縛られることなく作成できます。

ただし、正しく作らないと、新しいプラグインのインストールや、WordPress本体のバージョンアップに対応できなくなる場合があります。_sを利用してテーマを作成した際にわかったと思いますが、単純なブログサイトを作成するだけで合計16個のテンプレートファイルを作成する必要がありますので、多くの工数が必要になります。

6.5 テンプレートに利用する関数

テーマ作成時に使う関数には、いくつかの分類があることを意識しておくと良いでしょう。ぱっと見の関数名だけではどんな挙動をするのかわからないものが多いので、初めてWordPressでテーマを作成するエンジニアには戸惑うこともありますが、どの分類だろうかと想像しながら調べることで、いくぶん効率的に作業することができます。

Codexのテンプレートタグ[注9]を確認すると、関数の分類は以下のように記述されています。

注8　https://github.com/Automattic/_s
注9　http://wpdocs.osdn.jp/テンプレートタグ

- 一般タグ
- 投稿者タグ
- ブックマークタグ
- カテゴリータグ
- コメントタグ
- リンクタグ
- 投稿タグ
- アイキャッチ画像タグ
- ナビゲーションメニュータグ
- リソース

この分類方法は、関数を定義するファイルごとに分けられています。しかしながら、これから初めて WordPress のテーマを作るエンジニアには、すべてのリファレンスをチェックするための時間を十分取ることは難しいでしょう[注10]。

本書では、PHP エンジニアが理解しやすい実践的な分類方法、Codex におけるインクルードタグ[注11]のような分類方法で、テーマ作成に関する関数を解説していきます。

関数の分類

本書では、テーマに関する関数を**表6.4**のようにタイプ別に分類、定義しています。

注10　逆に時間があればすべてのソースコードを読んでも良いでしょう。
注11　http://wpdocs.osdn.jp/インクルードタグ

第6章　テーマの作成・カスタマイズ

■ 表6.4　テーマに関する関数の分類

分類	代表的な関数	説明
インクルード系	get_header()、get_sidebar()、get_footer()、get_search_form() など	他のテンプレートパーツをincludeするための関数
コンテンツ系	the_content()、get_post_meta()、get_comments()、get_the_author() など	データベースに登録されているコンテンツを表示するための関数
タグ出力系	wp_head()、wp_meta()、wp_footer()、comment_form()、wp_nav_menu()、wp_widget()、body_class()、post_class() など	メタタグやscriptタグを表示する関数、コメントフォームやウィジェットなど複雑なHTMLを出力する関数、CSSデザインのためのclassを出力するための関数
条件分岐タグ系	is_home()、is_tax()、is_admin() など	現在表示されているページが、ホームページか、タクソノミーページか、管理画面なのかを判定するための関数

インクルード系

　インクルード系とは、テーマのテンプレート内で他のテンプレートパーツを読み込むための関数群です。例えば一覧ページでヘッダーやサイドバーのパーツを呼び出す際などに利用します。主なインクルード系関数として、以下に挙げたものがあります。

- get_header()
- get_footer()
- get_sidebar()
- get_template_part()
- get_search_form()
- comments_template()

　一つ一つの解説はCodexを引くことで詳しく理解できますので、ここではget_header()を例に概念を解説します。

　get_header()はheader.phpテンプレートをインクルードするための関数です。PHPでinclude PATH_TO."/header.php"としても良いのですが、関数を使うことでテンプレート階層に対応したインクルード処理が行えるようになります。

　例えば子テーマでget_header("hoge")をコールした場合、以下の優先順位でテンプレートのインクルードを試みます。説明を簡単にするため、親テーマの名前をparent、子テーマの名前をchildとしています。

190

① get_header("hoge") をコール

② wp-theme/child/header-hoge.php をインクルード

③ 上記がない場合、wp-theme/child/header.php をインクルード

④ 上記がない場合、wp-theme/parent/header-hoge.php をインクルード

⑤ 上記がない場合、wp-theme/parent/header.php をインクルード

⑥ 上記がない場合、wp-includes/theme-compat/header.php をインクルード

インクルード系の関数も同様の挙動をしますが、詳細はCodexのページで確認してください。

コンテンツ系

コンテンツ系には、echoが不要のもの（HTMLとして整形して出力される）と、配列やオブジェクトの形でコンテンツを取得するものがあります。後者の場合は、適切なエスケープ処理を行う必要があります。

- the_content()
- get_post_meta()
- get_comments()

なお、ウィジェットもデータベースに登録されているコンテンツではありますが、「**第12章　その他の機能やAPI**」にウィジェットAPIについて詳しく解説していますので、詳細はそちらを参照してください。

タグ出力系

タグ出力系には、メタタグやscriptタグを表示する関数、コメントフォームやウィジェットなど複雑なHTMLを出力する関数、CSSデザインのためのclassを出力する関数があります。js/cssの追加や、ウィジェット自体の作成については、「**12.7　ウィジェット ──追加機能の実装──**」を参照してください。

- wp_head()
- wp_footer()
- comment_form()
- wp_meta()
- body_class()

第**6**章 テーマの作成・カスタマイズ

- post_class()
- wp_nav_menu()

条件分岐タグ系

条件分岐タグ系とは、現在表示されているページがホームページ、タクソノ
ミーページ、管理画面など、何のページなのかを判定するための関数群のこと
です。

- is_home()
- is_tax()
- is_admin()

6.6 作成したテーマのチェック

テーマの作成後は、テーマにバグが残っていないかどうかを確認する必要が
あります。WordPressのテーマ作成時によく使うチェック方法として、以下
のものがあります。

- デバッグモードによるチェック
- Theme Checkプラグインによるチェック
- テーマユニットテストによるチェック

デバッグモードによるチェック

基本的なことですが、テーマを作成する際は、wp-config.phpのWP_DEBUGを
trueに設定して、デバッグモードを有効にしてください。PHP構文のエラーは
もちろん、WordPressの非推奨関数の警告も表示されます。

192

Theme Checkプラグインによるチェック

Theme Check プラグイン[注12]をインストールすることで、テーマファイルのソースコードの品質を手軽にチェックできます。なお、VCCWを利用している場合は、最初からインストールされています。

管理画面の外観メニューに「Theme Check」の項目が追加されますので、チェックしたいテーマを選択してチェックしてください。エラーが見つかった場合は、該当個所と内容を出力してくれます。

テーマユニットテストによるチェック

ユニットテスト（単体テスト）という語感から、テーマの動作をチェックするためのテストコードを書くのではないか、というイメージを持つかもしれません。WordPressにおけるテーマユニットテストとは、作成したテーマの見た目を確認するためのダミー記事データによるテストを指します。

また、テストコードも記述しません。投稿や固定ページ、コメントなど想定できるさまざまなパターンに対して、作成したテーマで表示崩れが起きていないかなどを確認するためのものです。トップページ、カテゴリーページ、記事ページ、固定ページなどそれぞれのページでテーマが崩れていないかをチェックするため、テーマユニットテストと呼ばれています。

テーマユニットテストデータのGitHubページ[注13]からデータをダウンロードし、記事のインポートを行ってください。

なお、VCCWを使っている場合は、テーマユニットテストデータを自動でインポートできます。site.yml ファイルの theme_unit_test: true に設定してプロビジョニングすれば利用できます。

VCCWのVagrantファイルを**リスト6.8**のように編集します。

注12　https://wordpress.org/plugins/theme-check/
注13　https://github.com/jawordpressorg/theme-test-data-ja

第6章 テーマの作成・カスタマイズ

■ リスト6.8　Vagrantファイルの編集例

```
#
# Theme unit testing
#
theme_unit_test: true
theme_unit_test_uri: https://wpcom-themes.svn.automattic.com/demo/theme-unit-
test-data.xml
# theme_unit_test_uri: https://raw.githubusercontent.com/jawordpressorg/theme-
test-data-ja/master/wordpress-theme-test-date-ja.xml
```

極端に長いタイトルの記事を投稿した場合など、テーマ作成段階では予想もしていない記事が投稿された場合に、どのように表示されるのか確認するのに有効です。詳細はテーマユニットテストのCodexページ[注14]を参照してください。

以上のチェックを行うことで、WordPressのテーマとしてかなり完成度の高い成果物として仕上げることができるはずです。

6.7 まとめ

本章では、実際にWordPressのテーマを作成する際に必要な知識とアプローチについて解説してきました。筆者としては単純なWebサイトのようなテーマ開発の場合は、なるべく工数を割きたくないので、子テーマの利用やテーマフレームワーク(_s)の利用を積極的に検討していただくのが良いと考えています。

もし本章を読んでよくわからない場合は、「**第5章　WordPressの基本アーキテクチャ**」をもう一度読み直すことをお勧めします。

注14　http://codex.wordpress.org/Theme_Unit_Test

第7章

プラグインの作成と公開

第**7**章　プラグインの作成と公開

7.1　プラグインの作成

プラグインの役割

　WordPressにおけるプラグインとは、テーマとは別に機能を実装するためのプログラムのコンテナです。「**第4章　プラグインによる機能拡張**」ではよく使われる便利なプラグインを紹介しましたが、本章では、自分でプラグインを作成しそれを活用するという視点で解説を進めます。

　基本的に、プラグインでできることはテーマでも実現でき、利用できるAPIや主にフックを利用するという開発手法にも違いはありません。つまり、テーマのfunctions.phpでも同じことができます。

　それでは、プラグインという形態にどんな役割やメリットがあるのでしょうか？　筆者は以下のように考えています。

①汎用的な機能であれば、公式プラグインディレクトリに登録できる
②コンポーネント単位で開発・管理することから
- 機能ごとに担当者を分けた開発を行いやすい
- 再利用性が高まる可能性がある
- 保守性が高まる可能性がある

③テーマ（外観）の切り替えがサイトの要件にあるなど、アプリケーションの機能をテーマと別に提供しなければならない場合に利用できる
④プラグインは管理画面でオン・オフができるため、開発者以外がリリースをコントロールできる

　①はわかりやすいですね。受託開発のアウトプットでも、ブラッシュアップして公式プラグインディレクトリへ登録することも考えられます。

　②もメリットとしてはわかりやすいと思います。機能の再利用性という観点では、単にPHPのモジュールで良いかもしれませんが、まとまった機能でプラグイン化しておくと便利なことがあります。なお、機能が一定のUIを含む場合は、プラグイン化して管理することで取り回しがさらに楽になるメリットもあります。

　③は特殊な要件に見えますが、Webサービスとして考えた際に、UIを継続的に改善していく際にテーマを切り替えていくのはありうる選択肢でしょう。

　また④も、運用管理をユーザーが行うことが多いWordPressでは思わぬメリットになることもあります。

プラグインの成立要件

WordPressでプラグインとして成立する要件は以下の2点です。

- /wp-content/plugins/内にPHPファイルを置く
- PHPファイルにプラグイン情報ヘッダーを記述する

これだけでプラグインはWordPressに認識され、管理画面からそのオン・オフを切り替えできるようになります。

注意点として、プラグイン名やそのファイル名、またプラグインが宣言する関数やクラスは必ず独自のユニークな名前としてください[注1]。他のプラグインやテーマなどと名前が衝突すると、関数名の衝突によってPHPエラーとなったり、WordPress.orgの公式プラグインディレクトリで配布されている別のプラグインと認識されて勝手にアップデートされてしまう可能性もあります。ですので、プラグインには必ずユニークな名前を与えて、関数名やクラス名には、そのプラグイン名をプリフィクスとして付与するなど、名前の衝突を回避するように注意してください。

プラグインPHPファイルの作成

プラグイン名を決めたら、/wp-content/pluginsディレクトリにプラグイン名のディレクトリを作成します。プラグインに厳密なファイル構造の決まりはありませんが、上述の名前の衝突を避ける意味も含めて、一般的にはプラグイン名のディレクトリを作成し、そのディレクトリにプラグインPHPファイルと関連のリソースを保存します。

ここでは例として、プラグイン名を「ぷんぷん嫁」とします。またプラグインのディレクトリ名を punpun-yome、同じくファイル名を punpun-yome.php として、/wp-content/plugins/punpun-yome/punpun-yome.php というファイルを作成しました。

なお、プラグインのディレクトリ名とファイル名は、同じ名前にしておくのが良いでしょう[注2]。

注1　WordPressでは、PHP5.2への後方互換性を保つため、名前空間は使用しません。

注2　名前が異なると、国際化の処理などで少し面倒なことになります。

第**7**章　プラグインの作成と公開

プラグイン情報ヘッダー

　作成したpunpun-yome.phpを開いて、WordPressがプラグインを認識するためのプラグイン情報ヘッダーというメタ情報を記述します。

　プラグイン情報ヘッダーは、**リスト7.1**のような内容です。

■ リスト7.1　プラグイン情報ヘッダー

```php
<?php
/*
Plugin Name: ぷんぷん嫁
Plugin URI: http://example.com/punpun-yome
Description: 嫁が怒ります。
Version: 1.0
Author: yuka2py
Author URI: http://example.com
License: GPLv2
*/
```

　プラグイン情報ヘッダーに記述する項目は、最低限Plugin Nameだけでも認識されますが、一般的にはリスト7.1の中にある項目を記述します。それぞれの項目の意味を**表7.1**にまとめています。

■ 表7.1　プラグイン情報ヘッダーの項目

項目	説明
Plugin Name	プラグインの名前
Plugin URI	プラグインのWebサイトのURI
Description	プラグインの簡単な説明文。管理画面のプラグインの一覧画面などに表示される
Version	プラグインの現在のバージョン
Author	プラグインの作者
Author URI	プラグイン作者のWebサイトのURI
License	プラグインのライセンス表示

　リスト7.1を記述して保存すると、WordPressはこのプラグインを認識するようになります（**図7.1**）。ただし、もちろん、何も実装を含まないこのプラグインは、有効化しても何も起こりません。ただ有効化されるだけです。

　それでは、プラグインの実装を進めてみましょう。

■ 図7.1　管理画面に表示されたプラグイン

プラグインの実装

　本章の最初で説明したように、WordPressのプラグインは、単なるプログラムの実装コンテナにすぎません。ですから、実装手段にプラグインならではのものがあるわけではありません。プラグイン情報ヘッダーを記述したPHPファイルが、そのプラグインのエントリポイントになりますので、このファイルに実装コードを書いていきます。

　ここでは、punpun-yome.phpのプラグイン情報ヘッダーの下に続けて、**リスト7.2**のようなコードを書いています。the_contentフィルターにフックして投稿の本文を変更しています。

■ リスト7.2　簡単なプラグインの実装

```
add_filter( 'the_content', function( $content ) {
    return str_replace( '嫁', '<span class="py-anger"> (#ﾟДﾟ)ﾖﾒ </span>',
        $content );
} );
```

　管理画面でこのプラグインを有効化すると、出力結果は**図7.2**のようになります。

第7章 プラグインの作成と公開

■ 図7.2 ぷんぷん嫁プラグインの有効化適用後

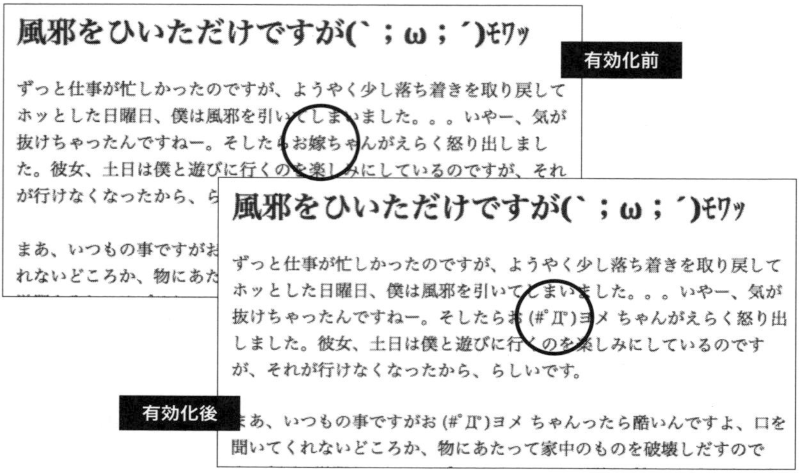

風邪をひいただけですが(`；ω；´)モワッ

有効化前

ずっと仕事が忙しかったのですが、ようやく少し落ち着きを取り戻して
ホッとした日曜日、僕は風邪を引いてしまいました。。。いやー、気が
抜けちゃったんですねー。そしたらお嫁ちゃんがえらく怒り出しまし
た。彼女、土日は僕と遊びに行くのを楽しみにしているのですが、それ
が行けなくなったから、ら

まあ、いつもの事ですがお
れないどころか、物にあた

風邪をひいただけですが(`；ω；´)モワッ

ずっと仕事が忙しかったのですが、ようやく少し落ち着きを取り戻して
ホッとした日曜日、僕は風邪を引いてしまいました。。。いやー、気が
抜けちゃったんですねー。そしたら (#゚Д゚)ヨメ ちゃんがえらく怒り出
しました。彼女、土日は僕と遊びに行くのを楽しみにしているのです
が、それが行けなくなったから、らしいです。

有効化後

まあ、いつもの事ですがお (#゚Д゚)ヨメ ちゃんったら酷いんですよ、口を
聞いてくれないどころか、物にあたって家中のものを破壊しだすので

　要求仕様通り、お嫁さんが怒りました。でも、まだちょっと迫力に欠ける感
じですね……。顔文字の部分は、spanタグで囲んでpy-angerというclass属性
を付与しています。これにスタイルを設定するプラグイン独自のCSSファイル
を作成して読み込んでみましょう。

プラグイン独自のCSSファイルの読み込み

　まずは、プラグインディレクトリにstyle.cssというファイル名で、以下の
ようにプラグイン専用のCSSファイルを作成します。

```
.py-anger {
    font-size: 2em;
}
```

　これならお嫁さんの迫力が出そうです。このファイルをロードするように、
punpun-yome.phpに指示を追加します(**リスト7.3**)。

■ リスト7.3　プラグイン独自のCSSファイルをロード

```
add_action( 'wp_enqueue_scripts', function() {
    if ( is_admin() ) {
        return;
    }
```

```
    $cssurl = plugins_url('style.css', __FILE__);
    wp_enqueue_style( 'punpun-yome', $cssurl );
} );
```

　wp_enqueue_scriptsアクションにフックし、管理画面以外の場合に、wp_enqueue_style()関数でCSSファイルを読み込む処理を追加します。ここでのポイントはplugins_url()関数です。この関数はプラグインディレクトリの中に含まれるリソースのURLを生成して返します。

　第1引数には、読み込みたいファイルのプラグインディレクトリ以下のパスを与えます。ここではプラグインディレクトリの直下なのでそのままファイル名を与えました。

　第2引数には、プラグインPHPファイルのパスを与えます。plugins_url()関数は、この第2引数に与えられたファイルを含むディレクトリをプラグインのディレクトリとしてURLを生成します。

　修正後作成したCSSファイルが読み込まれ、お嫁さんの怒りの度合いが意図通りアップしました。これで要件を満たしました（**図7.3**）。

■ 図7.3　ぷんぷん嫁プラグインのCSS適用後

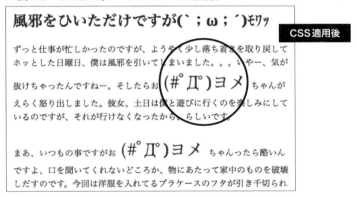

第**7**章　プラグインの作成と公開

Column

プラグインによるスタイルの定義

　プラグインで機能を実装すると解説しましたが、スタイルを定義することもあります。本章の例では、お嫁さんに適度な迫力で怒ってもらうことがプラグインとしての要件でしたので、そのためのスタイルを設定しました。

　WordPressのプラグインは、ユーザーインタフェースを提供するものが多く、その目的のために必要とする最低限のスタイルは備えておく必要があります。ただ、プラグインが提供するスタイルは、テーマのスタイルに内包されることを意識して設計することが必要です。テーマのCSSと組み合わさったときにも、おかしくならないようなHTMLとスタイルを提供してください。

プラグインの状態変化にフックする関数

　プラグインも少し高度になると、扱うデータをデータベースに保存したり、ファイルシステムにファイルを保存することもあります。しかし、プラグインが無効化されたり、アンインストールされたあとに何も行わなければ、プラグインが作成したデータやファイルは残ったままです。お行儀の良いプラグインであれば、これはきちんと片づけておきたいですし、その逆にプラグインが有効化された時点で、何らかの準備を行いたいときもあるでしょう。

　こういったプラグインの状態変化に関連した要件に対応するために、特別なフックを登録する3つの関数があります（**表7.2**）。通常のアクション・フィルターフックと異なり、この特別な関数でフック関数を登録することに注意してください。

■ 表7.2　プラグインの状態変化にフックする関数

関数	説明
register_activation_hook($file, $callback)	プラグインが有効化されたときにコールされる。$fileには、フルパスを含むファイル名を指定、$callbackには必要な処理を含むCallableを指定（以下の関数も同じ）
register_deactivation_hook($file, $callback)	プラグインが無効化されたときにコールされる
register_uninstall_hook($file, $callback)	プラグインがアンインストールされたときにコールされる

プラグイン有効化時に処理を実行させるコードは以下の通りです。

```
register_activation_hook (__FILE__, function() {
    // ...必要な処理...
});
```

第1引数には、プラグインファイル（プラグイン情報ヘッダーを含むファイル）のフルパス付きのファイル名を与え、第2引数に実行したいCallableを登録します。これで、プラグインが有効化されたときに、ここで登録した処理が実行されるようになります。

無効化時、アンインストール時に処理を行いたい場合も、それぞれの関数を用いて同様に登録します。

プラグインの作成に関しての解説は以上です。WordPressにおいてプラグインは単なる実装のためのコンテナです。ですので、あとは、プラグインAPIを始めとするWordPressの多彩なAPIを駆使してカスタマイズしてください。

7.2 公式ディレクトリへの登録

プラグインが完成したら、公式プラグインディレクトリへの登録も検討してみましょう。そのままでは公開できなくても、修正や汎用化を進めて登録することをお勧めします。公式ディレクトリへ登録すると、例えば以下のようなメリットがあると思います。

① 利用者からフィードバックが得られる
② 公式ディレクトリに提供することで、自分のポートフォリオが充実する
③ 公式ディレクトリからの自動アップデート機能で、そのプラグインを組み込んだ既存の利用者にも、アップデートやバグフィックを手間なくリリースできる

①、②だけでも大きなメリットになると思いますが、③のようなメリットもあります。クライアントに継続的な付加価値を提供できることは、業務の直接的なメリットにも繋がります[注3]。

さて、プラグイン登録には、WordPress.orgへのアカウントの登録が必要になります。まずアカウントを取得してから進んでください。プラグインは国際

注3　もちろんクライアントの理解も必要です。

第7章 プラグインの作成と公開

化の準備が整っていると良いでしょう。

プラグインの登録の全体的な流れは以下の通りです。

① readme.txtと関連ファイルの準備
② WordPress.orgへのプラグイン登録申請
③ svnリポジトリにコミット

作業自体は特に難しいことはありません。これから順に解説していきます。

readme.txtと関連ファイルの準備

公式ディレクトリにプラグインを公開するために、いくつかのファイルや画像を準備します。

● readme.txtの内容

必ず必要になるファイルが readme.txt です。readme.txt を作成し、自分のプラグインのディレクトリに含めてください。readme.txt は定められた既定の書式で作成する必要があります。WordPress.org はこのファイルを解析して、プラグインを公式ディレクトリに登録します。

readme.txtは公開されているサンプルデータ[注4]をベースにしたり、あるいはジェネレーターページ[注5]などを使って作成できます。

readme.txtに記入する項目を表7.3にまとめました。項目はそれほど多くはなく、内容も特に難しいものはありません。なお、記述にあたって、Descriptionなどの記載には、Markdown記法が利用可能です。

注4　http://wordpress.org/plugins/about/readme.txt
注5　http://sudarmuthu.com/wordpress/wp-readme

■ 表7.3 readme.txtに記入する項目

項目	説明
=== Plugin Name ===	Plugin Nameを自分のプラグイン名に変更する
Contributors	開発者などをカンマ区切りで列挙する。WordPress.orgのユーザーIDで記載すると、プラグインページからユーザーのプロフィールページに自動でリンクが設定される
Donate link	寄付用のURL
Tags	プラグインに付与するタグ[注a]
Requires at least	プラグインが対応するWordPressのバージョン
Tested up to	テスト済みのWordPressのバージョン
Stable tag	リリースバージョン。Subversionのtagと合わせる
License、License URL	適用ライセンス
Here is a short description of the plugin....	短い紹介文を150文字以内で記入する
== Description ==	プラグイン説明詳細
== Installation ==	インストール方法
== Frequently Asked Questions ==	FAQを記入する
== Screenshots ==	公式ディレクトリに掲載されるスクリーンショットのキャプション。スクリーンショットの画像ファイルには、対応する番号を付与する
== Changelog ==	変更履歴
== Upgrade Notice ==	更新にあたっての特記事項

注a：http://wordpress.org/plugins/tags/

● readme.txtの検証

　作成したreadme.txtの記述が正しいか、不足がないかなどを、検証ユーティリティページ[注6]で検証できます。

　使い方はとても簡単です。readme.txtを設置したURLで指定するか、テキストエリアにreadme.txtの内容をコピー＆ペーストして、[Validate!]ボタンをクリックします（**図7.4**）。

　検証結果は即座に画面に表示されますので、問題があれば修正して再び検証を行い、警告などはすべて解消されるようにしてください（**図7.5**）。

注6　http://wordpress.org/plugins/about/validator/

第7章 プラグインの作成と公開

■ 図7.4 readme.txtの検証用ページ

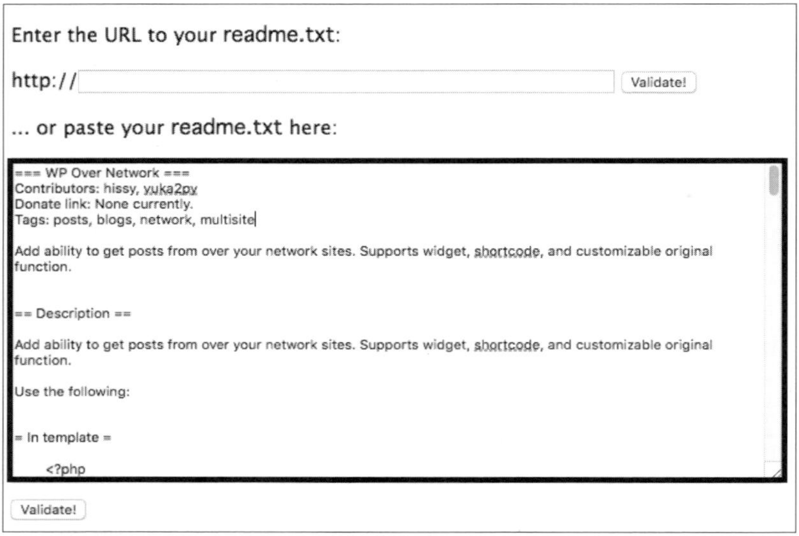

Enter the URL to your readme.txt:

http:// [_____] Validate!

... or paste your readme.txt here:

```
=== WP Over Network ===
Contributors: hissy, yuka2py
Donate link: None currently.
Tags: posts, blogs, network, multisite

Add ability to get posts from over your network sites. Supports widget, shortcode, and customizable original
function.

== Description ==

Add ability to get posts from over your network sites. Supports widget, shortcode, and customizable original
function.

Use the following:

= In template =

    <?php
```

Validate!

■ 図7.5 readme.txtの検証結果

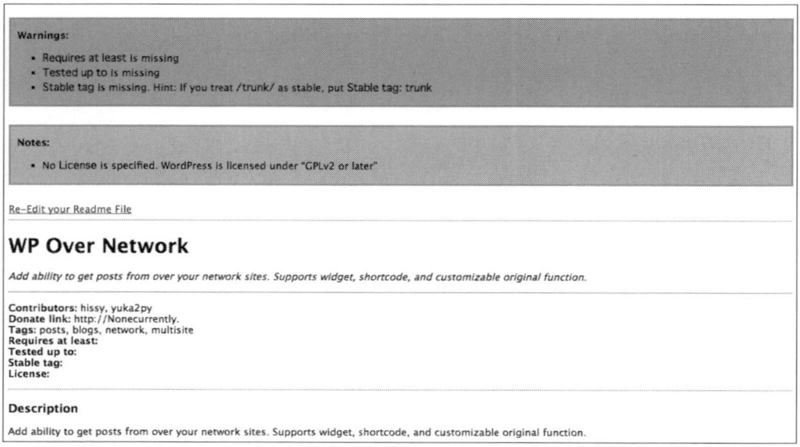

Warnings:

- Requires at least is missing
- Tested up to is missing
- Stable tag is missing. Hint: If you treat /trunk/ as stable, put Stable tag: trunk

Notes:

- No License is specified. WordPress is licensed under "GPLv2 or later"

Re-Edit your Readme File

WP Over Network

Add ability to get posts from over your network sites. Supports widget, shortcode, and customizable original function.

Contributors: hissy, yuka2py
Donate link: http://Nonecurrently.
Tags: posts, blogs, network, multisite
Requires at least:
Tested up to:
Stable tag:
License:

Description

Add ability to get posts from over your network sites. Supports widget, shortcode, and customizable original function.

● プラグインのバナー画像の作成

必須ではありませんが、公式プラグインディレクトリに表示されるバナー画像を準備しましょう。プラグインページに大きく表示されるので、なるべくカッコイイ画像を準備しましょう。

公式ディレクトリへの登録 ● 7.2

バナー画像ファイルの仕様は**表7.4**の通りです。なお、通常サイズの他に、倍の解像度のファイルを準備して、高解像度ディスプレイの端末に対応させることもできます。

■ 表7.4　プラグインのバナー画像ファイルの仕様

項目	通常サイズ	高解像度用
画像サイズ	772px×250px	1544px×500px
ファイル形式	png/jpg	png/jpg
ファイル名の例	banner-772x250.png	banner-1544x500.png
保存場所	svnのtrunkおよびragディレクトリ	svnのtrunkおよびragディレクトリ

● スクリーンショットの準備

公式プラグインディレクトリには、スクリーンショットを掲載できます。必要なスクリーンショット画像を**表7.5**にある仕様で準備してください。

■ 表7.5　スクリーンショット画像の仕様

項目	説明
ファイル形式	png、jpg、gif
ファイル名	screenshot-1.pngといったファイル名とする。数字部分は連番で、readme.txtの「== Screenshots ==」の内容と一致させる
保存場所	svnのassetsディレクトリ

画像のファイル名の番号をreadme.txtの== Screenshots ==に記入した内容と一致させることに注意してください。

WordPress.orgへのプラグイン登録申請

準備ができたら、以下の手順でWordPress.orgへプラグインの登録申請をします。

①プラグインにreadme.txtを同梱した、ZIPファイルを作成する

②作成したZIPファイルをインターネットからアクセスできる場所に配置する

③WordPress.orgにログインして、https://wordpress.org/plugins/add/を開いて**表7.6**にある項目を入力して送信する

207

第**7**章　プラグインの作成と公開

■ 表7.6　プラグイン登録申請時の入力項目

項目	説明
Plugin Name	プラグインの名前
Plugin Description	プラグインの説明（readme.txtからの引用でOK）
Plugin URL	ZIPファイルのダウンロードURL

　これで申請は完了です。数日でWordPress.orgから登録しているメールアドレス宛てに審査結果の連絡があるはずです。ここで問題が指摘された場合は、適宜修正して再度申請しましょう。なお、このメールには、svnリポジトリや、公式プラグインディレクトリのURL、またsvnを使った公開の手順をまとめたページのURLなどが含まれています。

svnリポジトリへのコミット

　svnのリポジトリにプラグインのデータをコミットします。プラグインの申請直後は、まずはリポジトリをチェックアウトします。以下のようにディレクトリを作成し、svnのcheck outコマンドを実行します。

```
$ mkdir my-local-dir
$ cd my-local-dir
$ svn co http://plugins.svn.wordpress.org/your-plugin-name .
A    my-local-dir/tags
A    my-local-dir/assets
A    my-local-dir/trunk
A    my-local-dir/branches
Checked out revision 737203.
```

　処理が完了するとローカルのディレクトリにtags、assets、trunk、branchesの4つのディレクトリが作成されます。

　tagsはリポジトリのリリースのスナップショットを収めるディレクトリです。assetsは関連リソースを収めるディレクトリ、trunkは最新のソースファイルを収めるディレクトリです。branchesはsvnでブランチを利用する場合のリソースが保存されるディレクトリです。

　さて、trunkディレクトリに最新のプラグインのソースコードを格納してください。スクリーンショットがある場合は、それもtrunk内に置いてください。また、プラグインのバナー画像ファイルがある場合は、assetsディレクトリに収めてください。

　ファイルの準備ができたら、以下のようにチェックアウトした作業コピーに

追加したファイルを登録します。

```
$ svn add ./*
A assets/banner-772x250.png
A trunk/readme.txt
A trunk/sample-plugin.php
 略
```

次に、最新のコードをreadme.txtのStable tagと同じ番号でタグ付けします。間違わないように注意してください。

```
$ svn cp trunk tags/1.0.0
A tags/1.0.0
```

ここまでの準備ができたら**図7.6**のようなファイル構成になるはずです。

■ **図7.6　ファイル構成**

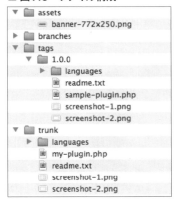

ファイルの準備が整ったら以下のようにリポジトリにコミットします。

```
$ svn ci -m "release ver.1.0.0"
Adding          tags/1.0.0
Adding          tags/1.0.0/my-plugin.php
Adding          tags/1.0.0/readme.txt
 略
Committed revision 737205.
```

公式プラグインの登録とリリースの手順は以上です（**図7.7**）。

第7章 プラグインの作成と公開

■ 図7.7 公式プラグインディレクトリに登録された例

　なお、プラグインのソースコードを修正して、新しいバージョンをリリースする場合は、最新のバージョン番号をStable tagに指定して、タグ付けをしてコミットするという繰り返しになります。Subversionの利用方法など、リリースのもう少し詳しい手順は、How to Use Subversion[注7]で紹介されています。

7.3 まとめ

　さて、どうでしたでしょうか？あなたのプラグインはうまく公開されたでしょうか。プラグインを公開したらぜひブログやコミュニティに紹介してください。日本語フォーラムの中には、そのためのトピックも用意されています。

　プラグインが公開されたら、使ってくれた方からのフィードバックはもちろん、他の開発者があなたのプラグインのおいしくないところを指摘してくれるかもしれません。それは結果として、あなたのWordPressでの開発の知識や経験を高めることになるでしょう。

　また、何よりも、あなたの書いたプラグインが、世界で困っている誰かを救うかもしれません。それは実は思ったよりもゾクゾクする感触です。そしてそれはWordPressとそのユーザー、そしてそのコミュニティ、そしてオープンソース全体への貢献へと繋がっていくはずです。

注7　http://wordpress.org/plugins/about/svn/

210

第 **8** 章

投稿データと
関連エンティティ

第8章　投稿データと関連エンティティ

8.1　データ構成の概要

　WordPressにおいて、wp_postsテーブルに保存される投稿データとその関連データはとても重要な存在です。WordPressをプラットフォームとしてWebサービスやWebアプリケーションの開発を行う際、ブログの記事やWebページライクなデータ以外にも、性質の異なるデータを保存する必要が出てくるでしょう。そのようなデータを扱いたい場合、WordPressでは投稿およびその関連のテーブルを使って表現できます。

　例えば、あなたのサービスで商品というデータを扱いたい場合、あなたは新しいテーブルを用意するのではなく、WordPressのAPIを通じて、投稿データの一種として管理・保存できます。

　本章では、投稿データとその関連データの概念、およびその利用方法を解説します。これらは、WordPressで開発を行うにあたって必要となる基礎知識の1つです。これらを正しく理解することで、WordPressにおけるデータ表現の幅を想像できるようになるはずです。

wp_postsテーブルに保存される組込みデータ型

　表8.1では、wp_postsテーブルに保存される、組込みデータ型の一覧を挙げています。

■ 表8.1　組込みデータ型

データ型	説明
post	投稿のデータ
page	固定ページのデータ
attachment	画像や動画、PDFなど、WordPressにアップロードされたメディアファイルのメタ情報
nav_menu_item	カスタムメニュー機能の設定情報
revision	投稿データの編集履歴

　wp_postsテーブルには、メディアファイルのメタ情報ならまだしも、メニューの設定情報や編集履歴までもが保存されています。これがwp_postsテーブルの大きな特徴です。

212

投稿タイプ ● 8.2

エンティティ永続化のための3つの概念
──投稿タイプ、カスタムフィールド、タクソノミー──

WordPressは、投稿を保存するデータを抽象的な概念として利用し、それを拡張することで、多様なエンティティを統一した手法で管理・保存できる仕組みを提供しています。

それでは、これらの異なる性質のエンティティをどのように表現し、またどのように永続化するのでしょうか？ それは**表8.2**に挙げる3つの概念を利用して実現されます。

■ 表8.2　エンティティを永続化する3つの概念

概念	説明
投稿タイプ	データの型を表現する。post、page、attachmentといったデータ型を区分する属性である。この属性でエンティティの種別を区別する
カスタムフィールド	データの属性を表現する。それぞれのデータ型について異なる属性を保存できるようにするためのメタ指向のAPI。例えば、productsというデータ型にpriceといった属性を付与できる
タクソノミー	データの分類を表現する。個々のレコードの分類をサポートする。いわゆる投稿記事のカテゴリーやタグもこれらの組込み実装の1つ

これら3つの概念を組み合わせることで、いろいろな性質のエンティティを管理・保存できます。

それでは、それぞれについて詳しく見ていきましょう。

8.2 投稿タイプ

さまざまなデータ型をwp_postsテーブルに保存して区別するための仕組みが投稿タイプです。WordPressには、組込みのpost、page、attachmentといった投稿タイプがあります。一方、開発者が独自に追加する投稿タイプをカスタム投稿タイプと呼びます。

スキームはとてもシンプルです。wp_postsテーブルのpost_type列に、それぞれの投稿タイプを識別するための識別子が保存され、これによって区別されます。投稿タイプを登録すると、デフォルトでは管理画面上にその管理を行うUIが表示されます（**図8.1**）。

第8章 投稿データと関連エンティティ

■ 図8.1　商品データ登録画面

このUIはそのまま利用することも、その内容をカスタマイズすることも、さらにまったく表示させないこともできます。オペレータによるCRUDがあるデータであれば、この管理画面を利用することで、メンテナンス画面が手に入ります。

投稿タイプの主なAPI

投稿タイプで利用される主なAPIは**表8.3**の通りです。

投稿タイプ ● 8.2

■ 表8.3　投稿タイプで利用される主なAPI

関数名	説明
register_post_type($post_type, $args)	投稿タイプを登録または変更する
add_post_type_support($post_type, $supports)	指定された投稿タイプに指定された機能をサポートするように登録する
remove_post_type_support($post_type, $supports)	指定された投稿タイプから指定された機能のサポートを削除する
post_type_supports($post_type, $supports)	指定された投稿タイプが指定された機能をサポートしているか調べる
set_post_type($post_id, $post_type)	指定された投稿データの投稿タイプを更新する
post_type_exists($post_type)	指定された投稿タイプが存在するか調べる
get_post_type($post)	指定された投稿データ、または現在の投稿データの投稿タイプを調べる
get_post_types($args, $output, $operator)	グローバル変数 $wp_post_types から得られる登録済み投稿タイプの一覧を返す
get_post_type_archive_link($post_type)	指定された投稿タイプのアーカイブページのパーマリンクを返す
get_post_type_object($post_type)	指定された投稿タイプのリストをもとに、投稿タイプの情報をオブジェクトで返す
is_post_type_hierarchical($post_type)	指定された投稿タイプが階層を持つかどうかを調べる

投稿タイプの登録

　新しい投稿タイプを追加するには、プラグイン APIのアクションフックと register_post_type()関数を使用して投稿タイプを登録します。**リスト8.1**に商品情報を管理するための投稿タイプを登録する例を示します。

■ リスト8.1　カスタム投稿タイプの登録

```
add_action( 'init', function (){
    register_post_type( 'products',
        array(
            'labels'             => array(
                'name'               => '商品',
                'name_admin_bar'     => '商品',
                'singular_name'      => '商品',
                'add_new_item'       => '新規商品を追加',
                'view_item'          => '商品情報を表示',
                'search_items'       => '商品データを検索',
                'not_found'          => '商品データが見つかりませんでした',
```

第**8**章　投稿データと関連エンティティ

```
            'not_found_in_trash'    => 'ゴミ箱内に商品データが見つかりま
せんでした',
            'featured_image'        => 'Featured Image',
            'set_featured_image'    => 'Set featured image',
            'remove_featured_image' => 'Remove featured image',
            'use_featured_image'    => 'Use as featured image',
        ),
        'public'            => true,
        'has_archive'       => true,
        'hierarchical'      => false,
        'capability_type'   => 'post',
        'map_meta_cap'      => true,
        'delete_with_user'  => true,
        'rewrite'           => array( 'slug' => 'products', 'with_front'
=> false ),
        'menu_position'     => 5,
        'menu_icon'         => 'dashicons-cart',
        'supports'          => array( 'title', 'editor', 'thumbnail' )
    )
  );
} );
```

　register_post_type()関数は、initアクションで呼び出す必要があり、投稿タイプを追加したあとに必ずパーマリンクを更新する必要がある点に注意してください。

　また、register_post_type()関数は、その豊富なオプションによって、さまざまな振る舞いをさせることができます。例えば、管理画面のUIの文言、管理画面にUIを表示させる・表示させない、フロントエンドで使用できる・使用できないなどです。

　それでは、どのようなオプションを指定できるのかを見ていきましょう（**表8.4、表8.5**）。

投稿タイプ ● 8.2

■ 表8.4　register_post_type()関数の引数

パラメーター	型	初期値	必要性	説明
$post_type	文字列	なし	必須	投稿タイプ名を、半角英数字、アンダースコアで指定する。WordPressの組込み投稿タイプ（post、page、attachment、revision、nav_menu_item）に加え、action、order、themeは指定してはいけません。また、大文字英字、空白は使用できない
$args	配列	なし	オプション	投稿タイプの各種オプションを配列で指定する

■ 表8.5　register_post_type()関数の$argsに指定可能なオプション

$argsのキー	型	初期値	必要性	説明
label	文字列	$post_type	オプション	この投稿タイプの複数形の名前。翻訳するために使用される
labels	配列	空の場合、labelの値がnameに、nameの値がsingular_nameにセットされる	オプション	この投稿タイプの各ラベルを連想配列で指定。管理画面のUIで使用される
description	文字列	空	オプション	この投稿タイプの簡単な説明文
public	真偽値	false	オプション	この投稿タイプをパブリックにするかどうかを選択する。trueを指定した場合、この投稿タイプはパブリックとなり、フロントエンド、管理画面の両方から使用できるようになる。逆にfalseの場合、別途明示的に用意しない限り、フロントエンド、管理画面上では投稿タイプを使用することはできない
exclude_from_search	真偽値	publicに指定した値とは反対の値	必須	この投稿タイプをフロントエンドの検索結果から除外するかどうかを指定する
publicly_queryable	真偽値	publicに指定した値	オプション	フロントエンドでpost_typeクエリを実行可能にするかどうかを指定する。falseを指定した場合、管理画面からのプレビュー表示もできなくなる
show_ui	真偽値	publicに指定した値	オプション	この投稿タイプを管理するためのUIを、管理画面に生成するかどうかを指定する
show_in_nav_menus	真偽値	publicに指定した値	オプション	この投稿タイプをカスタムメニューで選択可能にするかどうかを指定する

続く

第8章

第8章　投稿データと関連エンティティ

show_in_menu	真偽値	show_ui に指定した値	オプション	この投稿タイプを管理画面に表示するかどうかを指定する。true を指定する場合、show_ui も true でなければならない。true の場合、トップレベルのメニューとしてこの投稿タイプを表示する。edit.php?post_type=page のようにトップレベルのページを指定した場合、そのサブメニューとしてこの投稿タイプを表示する
show_in_admin_bar	真偽値	show_in_menu に指定した値	オプション	この投稿タイプの投稿データの新規作成などを管理画面上部の管理バーから行えるようにするかどうかを指定する
menu_position	整数	null	オプション	この投稿タイプが、表示される管理画面左部のメニュー位置を指定する。null の場合は、コメントの下に表示される
menu_icon	文字列	null	オプション	この投稿タイプが管理画面左部のメニューに表示されるときに表示されるアイコンの URL、または Dashicons のアイコン名を指定する
capability_type	文字列または配列	post	オプション	CRUD の RUD を行える権限を構築するための文字列を指定する。単数形と複数形を指定したい場合は、配列で array('product','products') のように指定する。capabilities で権限が明示的にセットされなければ、この capability_type が使用される。これを有効にするには、map_meta_cap が true でなければならない
capabilities	配列	capability_type の値	オプション	この投稿タイプの権限を配列で指定する
map_meta_cap	真偽値	null	オプション	WordPress コアが持つメタ権限処理を使用するかどうかを指定する
hierarchical	真偽値	false	オプション	この投稿タイプが、ページ階層を持つかどうかを指定する。true を指定した場合、投稿データごとに親子関係を持つことができるようになる。ただし、true を指定する場合、supports に page-attributes が含まれていなければならない
supports	配列または真偽値	array('title','editor')	オプション	add_post_type_support() 関数を直接呼び出すエイリアス

続く

register_ meta_box_ cb	コール バック	なし		オプション	この投稿タイプのカスタムフィールドを編集するためのUIを生成するために呼び出すコールバック関数名を指定する
taxonomies	配列	なし		オプション	この投稿タイプで使用する登録済みタクソノミーを配列で指定する
has_archive	真偽値 または 文字列	false		オプション	この投稿タイプのアーカイブを有効にするかどうか指定する
permalink_ epmask	文字列	EP_PERMALINK		オプション	パーマリンクのリライト用endpointビットマスクのデフォルト値を指定する
rewrite	真偽値 または 配列	true		オプション	この投稿タイプのパーマリンクのリライト方法を指定する。リライトを避けるにはfalseを指定する
query_var	真偽値 または 文字列	$post_type		オプション	この投稿タイプで使用するquery_varのキーを指定する
can_export	真偽値	true		オプション	この投稿タイプの投稿データをエクスポート可能にするか否かを指定する。エクスポートは管理画面のUI上で行うことができる
delete_with_ user	真偽値	null		オプション	ユーザーを削除するとき、削除対象のユーザーが作成したこの投稿タイプの投稿データを削除するか否かを指定する。この投稿タイプがauthorをサポートしている場合、初期値はtrueとなる

投稿タイプの表示とその利用

　投稿タイプを登録すると、デフォルトでは、管理画面上にその管理を行うUIが表示され、追加・編集・削除などの管理を行うことができます。また、投稿タイプ用のアーカイブや個別ページのURLルーティングが登録され、それぞれの一覧や個別ページを表示できます。

　さらに、既定のファイル名で投稿タイプ用のテンプレートを準備すれば、投稿タイプのアーカイブや個別ページの外観を大きく変えることができます。また、他と共通のテンプレートを利用しても、テンプレートの一部分のみ投稿タイプ別に条件分岐して差し替えることもできます。

　テンプレートはただのPHPファイルです。JSONを返すだけのテンプレートも簡単に作れますし、投稿タイプを登録してからJSONを返すようなテンプレ

第**8**章　投稿データと関連エンティティ

ートを書けば、HTMLのBodyを返すJSON Web APIにもできます。

　すでに紹介したように、投稿タイプの登録は、豊富なオプションによって、さまざまな性質の投稿タイプを作成できます。例えば、例示した商品のようなデータ、あるいは、設定条件を複数保存し、その設定条件を随時切り替えるアプリケーションであれば、その設定条件を1つの投稿タイプとして保存できます。この場合、投稿タイプを外部に公開しないように設定しておくと良いでしょう。あるいは、何らかのログの保存のために利用できます。これも外部へは公開しないようにし、必要ない場合は管理画面のUIも表示させないこともできます。

　投稿タイプ自体はとても単純な概念ですが、登録時のオプションの指定によって、さまざまな性質を与えられます。これにより、少ない工数で幅広い用途を実現する基礎となっています。

8.3　カスタムフィールド

　前節の投稿タイプでは、例として、独自の投稿データとして商品を追加しました。この投稿タイプでは、タイトル、本文あるいは説明、サムネイルの登録ができるように、register_post_type()関数のsupportsパラメーターに指定されています。

　それでは、価格や商品コード、在庫数などのデータはどうやって保持管理するのでしょうか。

　カスタムフィールドは、wp_postsテーブルに存在するカラムではまかなえない、投稿データに紐付くさまざまな属性データを保存するメタデータ指向のAPIです。

　データはwp_postmetaテーブルに保存され、wp_postmeta.post_idを通じてwp_postsの個々のレコードに関連付けられます。そして個々の投稿において、シンプルなkey-valueストアとして機能します。なお、keyは、制約のない自由な文字列なため、他のテーマやプラグインとの名前の衝突に注意する必要があります。このため、カスタムフィールドのkeyには、固有のプレフィックスを付与するなどが必要です。

カスタムフィールドの主なAPI

　主に利用されるAPIは**表8.6**の通りです。

カスタムフィールド ● 8.3

■ 表8.6　カスタムフィールドの主なAPI

関数名	説明
register_meta($object_type, $meta_key, $args(or callback), $deprecated)	カスタムフィールドのキーを登録する。管理画面上の入力フォームは作成されないため、入力フォームが必要な場合は、add_meta_box()関数を使用して別途作成する必要がある
add_meta_box($id,$title,$callback,$screen,$context,$priority,$callback_args)	管理画面の投稿データ入力画面に、カスタムフィールドを入力するためのフォームパーツを追加する
remove_meta_box($id,$page,$context)	管理画面の投稿データ入力画面の特定のカスタムフィールドのフォームパーツを非表示にする
add_post_meta($post_id,$meta_key,$meta_value,$unique)	指定した投稿データにカスタムフィールドを追加する
update_post_meta($post_id,$meta_key,$meta_value,$prev_value)	指定した投稿データに存在するカスタムフィールドの値を更新する。 $post_idで指定した投稿データに、$meta_keyに指定されたカスタムフィールドが存在するかを確認する。カスタムフィールドが存在する場合はアップデートし、存在しない場合はカスタムフィールドを追加する
delete_post_meta($post_id,$meta_key,$meta_value)	指定した投稿データの指定したキーを持つカスタムフィールドをすべて削除する。$meta_valueも指定することで、特定の値を持つカスタムフィールドを削除することもできる
get_post_meta($post_id,$key,$single)	指定した投稿データの指定したキーを持つカスタムフィールドを取得する
get_post_custom($post_id)	現在の投稿データ、または指定した投稿データが持つすべてのカスタムフィールドのキーと値を配列で返す
get_post_custom_keys($post_id)	現在の投稿データ、または指定した投稿データが持つすべてのカスタムフィールドのキーのみ配列で返す
get_post_custom_values($meta_key, $post_id)	現在の投稿データ、または指定した名前のカスタムフィールドの値のみ配列で返す

カスタムフィールドのCRUD

　カスタムフィールドは、スキーマレスで利用するにあたって、事前の登録などは基本的に不要です。カスタムフィールドはシンプルなAPIですが、使用するにあたっては注意点があります。

● 値の取得

　WordPressのカスタムフィールドは、1つのキーに複数の値を保存できます。以下の例では、投稿データIDが996の商品価格を単一の文字列として取得

第8章 投稿データと関連エンティティ

します。カスタムフィールドを取得するには、get_post_meta()関数を使用します。

```
$price = get_post_meta( 996, 'product_price', true );
```

$priceをvar_dump()関数で実行した結果は、以下のようになります。

```
string(4) "1980"
```

値が複数ある場合、一番最初に登録した値が結果として返されます。以下の例では、投稿データID 996の商品コードを配列として取得します。

```
$code = get_post_meta( 996, 'product_code' );
```

$codeをvar_dump()関数で実行した結果は、以下のようになります。

```
array(3) {
  [0]=>
  string(3) "123"
  [1]=>
  string(3) "456"
}
```

実行結果は配列となるため、値が複数ある場合でもすべて取得できます。前述の値を単一の文字列として取得する例の実行結果が、単一かつ一番最初に登録した値が返される理由は、get_post_meta()関数の$singleがtrueの場合、$key[0]を強制的に返す仕様になっているためです。

● 値の追加

それでは、カスタムフィールドに値を追加してみましょう。前述の例と同じく、商品価格、商品コードを追加する例を以下に示します。カスタムフィールドに値を追加するときは、add_post_meta()関数を使用します。商品価格は通常1つの値であることのほうが多いでしょう。そのため、商品価格のproduct_priceはユニークなキーにしておきます。

```
$add_price = add_post_meta( 996, 'price', 'product_price', true );
```

add_post_meta()関数の$uniqueにtrueを指定し、対象の投稿データに、product_priceというキーを持つカスタムフィールドがすでに存在していた場合、add_post_meta()関数はfalseを返し、値を追加しません。

逆に、商品コードのように、1つのキーに対して複数の値を持つ場合（初回限

定版商品と通常版商品など）は、$unique を false にします。$unique の初期値は
false ですので、$unique は指定しないようにします。

```
$add_code = add_post_meta( 996, 'product_code', 789 );
```

このようにすると add_post_meta() 関数は、product_code に新しい値の「789」
を追加します。

● 値の更新

それでは、カスタムフィールドに値を更新してみましょう。これまでの例と
同じく、商品価格、商品コードを更新する例を以下に示します。

```
$update_price = update_post_meta( 996, 'product_price', 980 );
```

商品価格は、キャンペーンや季節イベントなど、セール価格として価格を変
更することが多々あると思います。このような場合、update_post_meta() 関数
を使って、特定のカスタムフィールドの値を更新します。これで、商品価格が
1,980円だった投稿データ ID が996の商品価格は、980円に更新されました。
続いて、商品コードの値を更新してみましょう。商品価格のキーである product_
price の値は単一であることが前提となるため、$prev_value は指定していませ
んでした。しかし、商品コードのキーである product_code はユニークではなく、
複数の値を保持しています。このような場合、$prev_value を指定し、どの値
をどのように更新するかを明示的に指定します。

```
update_post_meta( 996, 'product_code', 012, 789 );
```

これで、product_code の「789」という値だけが「012」に更新されました。誤
って $prev_value を指定し忘れた場合、product_code が保持しているすべての
値が「012」に更新されてしまうため、値が単一ではない場合は、$prev_value
を必ず指定するようにしましょう。

● 値の削除

前述までで、カスタムフィールドの値の取得・追加・更新を行いました。最
後にカスタムフィールドの値の削除を行ってみましょう。以下の例では、商品
コードが966のカスタムフィールドを削除します。

```
$delete_code = delete_post_meta( 996, 'product_code', 789 );
```

$value を指定することで、特定の値だけを削除できます。また、$value を指

第**8**章　投稿データと関連エンティティ

定しない場合は、指定したキーすべてが削除されます。

値の取得方法

　カスタムフィールドの値を取得する方法は2つあります。1つは前述の get_
post_meta() 関数を使用する方法です。もう1つは、グローバル変数の $post を
使用する方法です。メインループやサブループのWordPress特有のループ内
では、$post を使って取得するほうが簡単かつシンプルです。

　リスト8.2に商品データの商品価格を取得する例を示します。

■ **リスト8.2　カスタムフィールドの値の取得**

```
// have_posts()関数は、処理する投稿データの有無を判断する
if ( have_posts() ) {
    while ( have_posts() ) {
        // ループ内でテンプレート関数を使用して対象の投稿データの取得・表示を
        // 行えるようにし、かつループカウンターを1つ進める
        the_post();

        // 対象の投稿データの表示
        // wp_postsテーブルのpost_titleカラムの値を表示するテンプレート関数
        the_title();

        // wp_postsテーブルのpost_contentカラムの値を表示するテンプレート関数
        the_content();

        // 商品価格を取得
        echo (int)$post->product_price . '円';
    }
} else {
    // 投稿データが1件もない場合の処理
}
```

register_meta()関数によるキーの事前登録

　カスタムフィールドはスキーマレスで特に登録などなく自由に使えますが、
register_meta() 関数を使用し、キーをあらかじめ登録することで、保存時の
値のサニタイズや、権限のチェックをわかりやすくできます。

　インターネット上のサンプルコードでは、アクションフックの save_post で、
値のサニタイズと保存を行う例が多いです。register_meta() 関数でカスタム
フィールドを登録した場合、サニタイズと保存の処理を分けることができるた

224

タクソノミー ● 8.4

め、ソースコードのメンテナンス性が向上します。

リスト8.3に商品価格product_priceを登録し、product_priceの値をサニタイズする例を示します。

■ リスト8.3　カスタムフィールドの値のサニタイズ処理

```
add_action( 'init', function () {
    register_meta( 'post', 'product_price', function ( $meta_value, $meta_key
) {
        return 0 <= (int)$meta_value ? (int)$meta_value : 0;
    }, '__return_false' );
} );
```

入力フォームの準備

これまでプログラムからのアプローチを見てきました。実際の運用では、オペレーターが管理画面のUI上で商品情報を登録することになるでしょう。

商品情報には、価格・色・サイズ・商品コードなど、多数のメタ情報を登録することが予想されます。これらのメタ情報をオペレーターに入力してもらうためには、管理画面上に専用のUIを生成する必要があります。詳しくは「**第11章　管理画面のカスタマイズ**」を参照してください。

8.4 タクソノミー

商品情報を管理する投稿タイプ商品を登録し、カスタムフィールドを使って商品コードや商品価格を登録できるようになりましたが、商品のサイズも登録したくなりました。

商品サイズもカスタムフィールドに保存することができますが、商品サイズといった、いわゆる分類を扱うのにより適したAPIがあります。それがタクソノミーです。

WordPressをインストールすると、いわゆる投稿データに対して、カテゴリーとタグが利用できますが、これらもこのタクソノミーの組込み設定の1つに過ぎません[注1]。

注1　組込み設定ではありますが、カテゴリーとタグにはたくさんの拡張が施されているので、カスタムタクソノミーを登録しただけでは、カテゴリーやタグほど高機能にはなりません。

225

第8章　投稿データと関連エンティティ

一方で、開発者が独自に追加するタクソノミーは、一般にカスタムタクソノミーと呼びます。カスタムタクソノミーを登録すると、管理画面上にその管理を行うUIが表示されます（**図8.2**）。

■ **図8.2　カスタムタクソノミーであるサイズの登録画面**

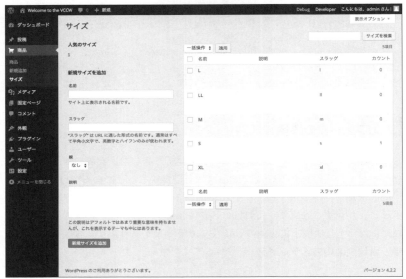

WordPressでは、新しいタクソノミーを登録する数行のコードを書くだけで、これだけのUIを持った分類の機能を利用できます。また、何もしなくても、これらのタクソノミーには個別のURL（ルーティング）が自動で与えられ、その分類の一覧を表示させることができます。

さらに、既定のファイル名で個別のタクソノミー用のテンプレートを準備すれば、タクソノミーのアーカイブの外観を大きく変えることができます。もちろん、テンプレート内でのタクソノミーによる条件分岐も可能です。

タクソノミーの構造

タクソノミーは通常、投稿タイプに関連付けて登録します。1つの投稿タイプに、複数のタクソノミーを関連付けることもできます。タクソノミーはカスタムフィールドに比べて検索性に優れており、投稿データの分類を扱うには適性があります。

タクソノミー ● 8.4

またタクソノミーは階層的な構造も表現できます。その基本的な違いは、WordPressの管理画面に入って、組込みのタクソノミーであるカテゴリーとタグを操作してみるとよく理解できるでしょう。カテゴリーは階層型として、タグはフラットな構造として登録されています。

タクソノミーのスキーマはやや複雑で、wp_terms、wp_term_taxonomy、wp_term_relationshipsの3つのテーブルを用いて構成されています。それぞれのテーブルは**表8.7**にあるような役割になっています。

■ 表8.7　タクソノミーの各データベーステーブルの役割

テーブル名	役割
wp_terms	用語を正規化する
wp_term_taxonomy	分類項目を表す
wp_term_relationships	投稿データと分類項目を関連付ける

wp_termsは用語を正規化します[注2]。

wp_term_taxonomyは、分類項目を表しています。このテーブルにtaxonomyという列があり、この列により、どのタクソノミーのものなのかがわかります。

wp_term_relationshipsは、投稿データと個別の分類の多対多の関連付けを行っています。いわば関連付けの本体です[注3]。

もし、これらの構成が理解しにくい場合は、wp_termsを外して考えてみると、シンプルな多対多の構造であることがわかると思います。

また、wp_term_taxonomy.taxonomyに割り当てられる値がプログラム(register_taxonomy()関数)によってWordPressに与えられる文字列であることに注意してみると理解できると思います。

タクソノミーの主なAPI

タクソノミーで利用される主なAPIは、**表8.8**の通りです。

注2　筆者としては、昨今のデータベース設計では、このレベルの正規化はあまり行われないように感じています。歴史的な経緯なのか、システム設計上の目的があるのか、よく理解できていません。ただ、正規化の話だと思いますので、必要という文化もあるのだと思います。

注3　投稿データ向けの外部キーがobject_idとなっているのは、wp_linksテーブルへの関連付けもサポートしているためです。

227

第**8**章　投稿データと関連エンティティ

■ 表8.8　タクソノミーの主なAPI

関数名	説明
get_edit_term_link($term, $taxonomy, $object_type)	タームを編集するためのリンクを返す
get_taxonomy($taxonomy)	タクソノミーのメタデータをオブジェクトで返す
get_taxonomies($args, $output,$operator)	登録されているタクソノミーのオブジェクトのリストを返す
get_term($term,$taxonomy,$output,$filter)	タームIDまたはオブジェクトを基に、タームの全情報をデータベースから取得する
get_the_term_list($id,$taxonomy,$before,$sep,$after)	指定された投稿データのIDとタクソノミーを基に、投稿データに紐付いているタームのHTML文字列を返す
get_term_by($field,$value,$taxonomy,$output,$filter)	指定されたフィールド、検索条件、タクソノミーを基に、タームの全情報をデータベースから取得する。例えば、タームのスラッグやIDからターム情報を取得した場合に使用する
the_terms($id,$taxonomy,$before,$sep,$after)	指定された投稿データのIDとタクソノミーを基に、投稿データに紐付いているターム名の文字列を表示する
get_the_terms($id,$taxonomy)	指定された投稿データに紐付いたタクソノミーのタームを返す
get_term_children($term,$taxonomy)	指定されたタームの子タームを配列で返す
get_term_link($term,$taxonomy)	指定されたタームのアーカイブページのパーマリンクを返す
get_terms($taxonomies,$args)	指定されたタクソノミーまたはタクソノミーのリストを基に、それに紐付くタームを返す
is_taxonomy_hierarchical($taxonomy)	指定されたタクソノミーが階層化されているか調べる
taxonomy_exists($taxonomy)	指定されたタクソノミーが存在するか調べる
term_exists($term,$taxonomy,$parent)	指定されたタームが存在するか調べ、タームのIDかタームの配列を返す
register_taxonomy($taxonomy,$object_type,$args)	カスタムタクソノミーを登録または変更する
register_taxonomy_for_object_type ($taxonomy,$object_type)	登録済みのカスタムタクソノミーを、登録済みのカスタム投稿タイプへ紐付ける
wp_get_object_terms($object_ids, $taxonomies,$args)	指定されたオブジェクト（複数可）に紐付いている、指定されたタクソノミーのタームを返す
wp_remove_object_terms($id,$terms, $taxonomy)	指定されたオブジェクトからタームを削除する
wp_set_object_terms($object_id,$terms, $taxonomy,$append)	指定されたオブジェクトをタームとカスタムタクソノミーに紐付ける。また、タームとタクソノミーの関連付けが存在しない場合は、それも作成する
wp_insert_term($term,$taxonomy,$args)	タームを登録する

wp_update_term($term_id,$taxonomy, $args)	指定されたタームIDのタームを更新する
wp_delete_term($term_id,$taxonomy, $args)	指定されたタームを削除する
wp_terms_checklist($post_id,$args)	wp_category_checklist() 関数のタクソノミー版

タクソノミーの登録

それでは、タクソノミーを登録してみましょう。新しいカスタムタクソノミーを追加するには、プラグインAPIのアクションフックと、register_taxonomy()関数を使用してカスタムタクソノミーを追加します。

リスト8.4に商品データをサイズごとに分類するためのカスタムタクソノミーを追加する例を示します。

■ リスト8.4 商品情報にタクソノミーproduct_sizeを作成

```
add_action( 'init', function () {
    register_taxonomy( 'product_size', array( 'products' ),
        array(
            'labels'        => array(
                'name'           => 'サイズ',
                'singular_name' => 'サイズ',
                'add_new_item'   => '新規サイズを追加',
                'edit_item'      => 'サイズを編集',
                'view_item'      => 'サイズを表示',
                'update_item'    => 'サイズを更新',
                'search_items'   => 'サイズを検索',
                'popular_items' => '人気のサイズ',
                'not_found'      => 'サイズが登録されていません。',
                'no_terms'       => 'サイズが登録されていません。'  // @since
4.3.0
            ),
            'hierarchical' => true,
            'query_var'    => true,
            'rewrite'        => array( 'slug' => 'product/size', 'hierarchical'
=> true ),
        )
    );
} );
```

第8章 投稿データと関連エンティティ

register_taxonomy()関数はregister_post_type()関数と同様、initアクションで呼び出す必要があります。initアクションより前のアクションでは正常に動作しません。

また、register_taxonomy()関数は、register_post_type()関数同様に、その豊富なオプションにより、さまざまな振る舞いをさせることができます。例えば、管理画面のUIの文言、管理画面にUIを表示させる・表示させない、フロントエンドで使用できる・使用できないなどです。

それでは、どのようなオプションを指定できるのかを見ていきましょう（**表8.9**、**表8.10**）。

■ 表8.9 register_taxonomy関数の引数

パラメーター	型	初期値	必要性	説明
$taxonomy	文字列	なし	必須	タクソノミー名を、半角英小文字、アンダースコアの組み合わせで32文字以下で指定する
$object_type	配列または文字列	なし	必須	このタクソノミーを紐付ける、投稿データタイプ名を指定する
$args	配列	なし	オプション	タクソノミーの各種オプションを配列で指定する

■ 表8.10 register_taxonomy関数の$argsに指定可能なオプション

$argsのキー	型	初期値	必要性	説明
label	文字列	labelsパラメーターのnameの値	オプション	このタクソノミーの複数形の名前。翻訳するために使用される
labels	配列	空の場合、labelの値がnameに、nameの値がsingular_nameにセットされる	オプション	このタクソノミーの各ラベルを連想配列で指定。管理画面のUIで使用される
description	文字列	空	オプション	このタクソノミーの簡単な説明文
public	真偽値	true	オプション	このタクソノミーをパブリックにするかどうかを選択する。trueを指定した場合、この投稿タイプはパブリックとなり、フロントエンドで検索できるようになる

230

タクソノミー ● 8.4

show_ui	真偽値	public に指定した値	オプション	このタクソノミーを管理するためのUIを、管理画面に生成するかどうかを指定する
show_in_menu	真偽値	show_ui に指定した値	任意	このタクソノミーを管理画面に表示するかどうかを指定する。true を指定する場合、show_ui も true でなければならない。true の場合、このタクソノミーを関連付けた投稿タイプのサブメニューとして表示される
show_in_nav_menus	真偽値	public に指定した値	オプション	このタクソノミーをカスタムメニューで選択できるようにするかどうかを指定する
show_tagcloud	真偽値	show_ui に指定した値	オプション	このタクソノミーをタグクラウドウィジェットで使用できるようにするかどうかを指定する
show_in_quick_edit	真偽値	show_ui に指定した値	オプション	管理画面のこのタクソノミーが関連付けられた投稿タイプの投稿データ一覧画面のクイック編集に、このタクソノミーを表示するかどうかを指定する
meta_box_cb	コールバック	なし	オプション	このタクソノミーのメタボックスを編集するためのUIを生成するのに呼び出すコールバック関数名を指定する
show_admin_column	真偽値	false	オプション	管理画面のこのタクソノミーが関連付けられた投稿タイプの投稿データ一覧画面のテーブルに、このタクソノミーのカラムを生成するかどうかを指定する
hierarchical	真偽値	false	オプション	このタクソノミーがカテゴリーのような階層を持つかどうかを指定する。true を指定した場合、タームごとに親子関係を持つことができるようになる
update_count_callback	文字列	なし	オプション	このタクソノミーが関連付けられた $object_type の個数が更新されたときに呼び出すコールバック関数名を指定する
query_var	真偽値または文字列	$taxonomy	オプション	このタクソノミーで使用するquery_var のキーを指定する
rewrite	真偽値または配列	true	オプション	このタクソノミーのパーマリンクのリライト方法を指定する。リライトを避けるには false を指定する
capabilities	配列	なし	オプション	このタクソノミーの権限を配列で指定する

第8章

第8章 投稿データと関連エンティティ

8.5 コメント

　WordPressには、コメント機能が標準で搭載されています。コメント機能は、個々の投稿データに関連した、別の小さなデータの集合を扱うのに便利です。コメントデータは、`wp_comments`テーブルに保存され、`wp_comments.comment_post_ID`を通じて`wp_posts`テーブルの個々のレコードに関連付けられます。

　WordPressのコメント機能は、シンプルな作りになっていますが高機能です。例えば、サイト全体または投稿データ単体でのコメント機能のオンオフ、コメントの承認、登録ユーザーのみコメント可能にする、ブラックリスト、モデレーション、メール通知、アバター、SPAM対策（要プラグイン）などです。また、これらの設定は、管理画面のUI上で設定を行えるため、その作業をオペレーターに一任できます（**図8.3**）。

■ 図8.3　ディスカッション設定画面

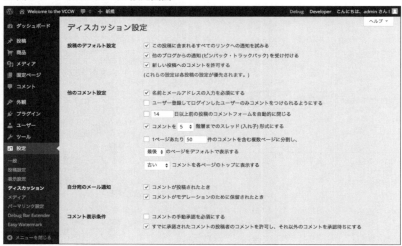

コメントの主なAPI

　コメントで利用される主なAPIは**表8.11**の通りです。

コメント ● 8.5

■ 表8.11　コメントの主なAPI

関数名	説明
check_comment($author,$email,$url,$comment,$user_ip, $user_agent, $comment_type)	コメントデータが、WordPressに設定された内部チェックを通過するかどうかをチェックする
get_approved_comments($post_id, $args = array())	指定された投稿データIDの公開許可されたコメントリストを取得する
get_comment($comment, $output = OBJECT)	コメントID、またはコメントデータのオブジェクトに基づいて、コメント情報を取得する。$commentが空白の場合、$GLOBALS['comment']が使用される
get_comments($args = '')	$argsに基づいて、コメントリストを取得する
get_default_comment_status($post_type = 'post', $comment_type = 'comment')	投稿データタイプのデフォルトのコメントのステータスを取得する
get_lastcommentmodified($timezone = 'server')	最後のコメントが変更された日付
get_comment_count($post_id = 0)	投稿データのコメントデータの総数を取得する。wp_count_comments()関数とは返り値が異なり、かつこの関数はキャッシュを使用しない
wp_set_comment_cookies($comment, $user)	WordPressにログインしていないユーザーのコメント書き込み時の、名前、メールアドレス、URLをCookieに保存する
sanitize_comment_cookies()	すでにCookieに書き込まれているコメント書き込み時のユーザー情報をサニタイズする
wp_allow_comment($commentdata)	コメントデータを基に、コメントを行うことを許可するかどうかを検証する
get_comment_pages_count($comments = null, $per_page = null, $threaded = null)	コメントページの合計数を計算する
wp_blacklist_check($author, $email, $url, $comment, $user_ip, $user_agent)	コメントデータが、ブラックリストに登録されている文字列や単語を含んでいないかチェックする
wp_count_comments($post_id = 0)	投稿データのコメントデータの総数を取得するget_comment_count()関数とは返り値が異なり、かつこの関数はキャッシュを使用する
wp_delete_comment($comment_id, $force_delete = false)	コメントデータを削除($force_deleteがtrue)、またはゴミ箱へ移動($force_deleteがfalse)する
wp_trash_comment($comment_id)	コメントをゴミ箱に移動する。ゴミが無効になっている場合、コメントは完全に削除される
wp_untrash_comment($comment_id)	ゴミ箱からコメントを削除する
wp_spam_comment($comment_id)	コメントをスパムとしてマークする
wp_unspam_comment($comment_id)	スパムからコメントを削除する
wp_get_comment_status($comment_id)	コメントIDから、コメントステータスを返す

第8章

第8章 投稿データと関連エンティティ

wp_transition_comment_status($new_status, $old_status, $comment)	コメントのステータスが変更されるときに呼び出されるフック関数
wp_get_current_commenter()	現在のコメントの、コメント作成者名、メールアドレス、URLを取得する
wp_insert_comment($commentdata)	データベースにコメントを挿入する
wp_filter_comment($commentdata)	コメントデータをフィルターにかけ、サニタイズする
wp_throttle_comment_flood($block, $time_lastcomment,$time_newcomment)	指定日時と指定日時の間が15秒以上空いているか確認する。コメントの連続投稿規制に使用されている
wp_new_comment($commentdata)	データベースに新しいコメントを追加する。この関数は、データベースに追加される前にフィルターにかけられ、$commentdataの値が、サニタイズされる。実際にデータベースへの追加は、wp_insert_comment() 関数が内部で使用されている
wp_set_comment_status($comment_id, $comment_status, $wp_error = false)	指定されたコメントIDのコメントに、コメントステータスをセットする
wp_update_comment($commentarr)	$commentarr に基づいて、コメントデータを更新する
wp_update_comment_count($post_id, $do_deferred = false)	投稿データのコメント数を更新する
discover_pingback_server_uri($url, $deprecated = '')	指定されたURLに基づいて、ピンバックサーバーのURIを検索する
do_all_pings()	すべてのピンバック、エンクロージャ、トラックバックを実行し、ピンバックサービスに発信する
do_trackbacks($post_id)	トラックバックを実行する
generic_ping($post_id = 0)	ピングサイトサービスのすべてにピングを送る。
pingback($content,$post_ID)	関連する投稿データにピンバックを送る
privacy_ping_filter($sites)	ブログサイトが公開されているかチェックする。0! = get_option('blog_public') の値が true の場合、$sites の値が返る。それ以外は空白が返る
trackback($trackback_url, $title, $excerpt, $ID)	トラックバックを送信する
weblog_ping($server = '', $path = '')	ピンバックを送信する
clean_comment_cache($ids)	コメントIDから、コメントキャッシュを削除する
update_comment_cache($comments)	特定のコメントキャッシュを更新する。$comment->comment_ID がすでにコメントキャッシュに存在する場合は更新されない

234

コメント ● 8.5

● WP_Comment_Queryクラス

WP_Comment_Query クラスは、wp_comments、wp_commentmeta テーブルからコメントリストを取得するためのクラスです。WP_Comment_Query クラスのメソッドとクエリパラメーターを**表8.12**、**表8.13**に示します。

■ **表8.12　WP_Comment_Queryクラスのメソッド**

メソッド	説明
__construct($query = '')	指定された $query に基づいて、コメントデータをリクエストする
parse_query($query = '')	デフォルトのクエリパラメーターとコメントクエリに渡される引数を解析する
query($query)	コメントデータを取得するためのWordPressのクエリを設定する
get_comments()	$query に一致するコメントのリストを取得する

■ **表8.13　WP_Comment_Queryクラスのクエリパラメーター**

クエリパラメーター	型	初期値	説明
author_email	文字列	—	コメント投稿者のメールアドレスを指定する
author__in	配列	—	コメント投稿者のIDを配列で指定する。指定したコメント投稿者のコメントのみ取得する
author__not_in	配列	—	コメント投稿者のIDを配列で指定する。指定したコメント投稿者のコメントを除外する
include_unapproved	配列	—	$statusの状態にかかわらずコメントを取得する、ユーザーのIDまたはメールアドレスの配列を指定する
fields	文字列	—	取得するコメントデータのフィールドを指定する。指定できる値はidsまたは空白。idsを指定した場合、wp_comments.comment_IDの値のみ返す
comment__in	配列	—	取得するコメントデータのコメントIDを指定する。ここで指定したコメントIDを持つコメントデータのみが返される
comment__not_in	配列	—	除外するコメントIDを配列で指定する
karma	整数	—	wp_comments.comment_karmaの値を指定する。WordPress コアでは未使用。プラグインがcomment_karmaを使用している場合がある
number	整数	null	一度に取得するコメントの件数を指定する。すべてのコメントを取得する場合は空白にする
offset	整数	0	オフセットの値を指定する。指定した値の件数分、コメントデータの先頭から除外して取得する。この値は、SQLのLIMIT句を構築するために使用される

第8章

235

第8章 投稿データと関連エンティティ

orderby	文字列または配列	comment_date_gmt	コメントをどのフィールド順にソートするかを指定する
order	文字列	DESC	コメントのソート方法を、昇順 (ASC) または降順 (DESC) で指定する
parent	整数	—	コメントデータIDを指定する。指定されたコメントIDを親に持つコメントデータのみが返される
post_author__in	配列	—	投稿データの著者IDを指定する。指定された著者IDを持つ投稿データのコメントデータのみが返される
post_author__not_in	配列	—	除外する投稿データの著者IDを指定する
post_id	整数	0	取得するコメントデータの投稿データIDを整数で指定する。指定された投稿データIDを持つコメントデータのみが返される
post__in	配列	—	取得するコメントデータの投稿データIDを配列で指定する。指定された投稿データIDを持つコメントデータのみが返される
post__not_in	配列	—	除外する投稿データIDを配列で指定する
post_author	整数	—	投稿データの著者IDを指定する
post_name	文字列	—	投稿データのスラッグを指定する
post_parent	整数	—	投稿データIDを指定する。指定された投稿データIDを親に持つ投稿データのコメントを取得する
post_status	文字列	—	投稿データのポストステータスを指定する
post_type	文字列	—	投稿データの投稿タイプを指定する
status	文字列	all	取得したいコメントのステータスを指定する
type	文字列または配列	—	取得するコメントタイプの文字列、または、コメントタイプの配列を指定する。コメントタイプはcomment、pings、カスタムタイプが指定可能
type__in	配列	—	取得するコメントデータのコメントタイプを指定する。指定されたコメントタイプを持つコメントデータのみが返される
type__not_in	配列	—	除外するコメントタイプを配列で指定する
user_id	整数	—	ユーザーIDを指定する
search	文字列	—	コメントを検索する語句を指定する
count	真偽値	false	コメント数(true)または、コメントデータの配列(false)を指定する
meta_key	文字列	—	コメントデータのカスタムフィールドのキーを指定する
meta_value	文字列	—	コメントデータのカスタムフィールドの値を指定する
meta_query	配列	—	WP_Meta_Queryにより、コメントデータを制限する
date_query	配列	null	WP_Date_Queryにより、コメントデータを制限する

236

コメント ● 8.5

コメント版カスタムフィールド

また、投稿データと同じく、コメントデータにもカスタムフィールドが扱えます。

● コメント版カスタムフィールドとは

コメントデータのカスタムフィールドは、wp_commentmetaテーブルに保存され、wp_commentmeta.comment_idを通じてwp_commentsの個々のレコードに関連付けられます。これは、投稿データのカスタムフィールドと同様に、key-valueストアとして機能し、基本的な概念は投稿データのカスタムフィールドと同じです。

コメントデータは、投稿データに関連付けられるのは前述の通りですが、前章で追加した投稿タイプ商品にコメントデータを関連付けることで、ユーザーからの商品レビュー機能を実装できます。

一般的なテーマでは、ユーザーがコメントを投稿するためのフォームは組み込まれています。そのため、名前、メールアドレス、WebサイトURL、コメント本文をユーザーが投稿できるようになっており、これらはwp_commentsテーブルにすべて保存されます。これらの項目以外に、最低限用意しなくてはならない項目はレーティングくらいでしょう。

レーティングはwp_commentテーブルには保存できないため、独自に別途保存する必要があります。保存方法は、コメントデータが保存されるタイミングで実行されるアクションフックを利用し、wp_commentmetaテーブルにproduct_ratingとして保存すれば、商品へのクチコミ機能が実装できます。

● コメント版カスタムフィールドの主なAPI

主に利用されるAPIは**表8.14**の通りです。

237

第8章 投稿データと関連エンティティ

■ 表8.14 コメント版カスタムフィールドの主なAPI

関数名	説明
add_comment_meta($comment_id, $meta_key, $meta_value, $unique = false)	指定したコメントデータにカスタムフィールドを追加する
get_comment_meta($comment_id, $key = '', $single = false)	指定したコメントデータの指定したキーを持つカスタムフィールドを取得する
update_comment_meta($comment_id, $meta_key, $meta_value, $prev_value = '')	指定したコメントデータに存在するカスタムフィールドの値を更新する。$comment_idで指定したコメントデータに、$meta_keyに指定されたカスタムフィールドが存在するかを確認する。カスタムフィールドが存在する場合はアップデートし、存在しない場合はカスタムフィールドを追加する
delete_comment_meta($comment_id, $meta_key, $meta_value = '')	指定したコメントデータの指定したキーを持つカスタムフィールドをすべて削除する。$meta_valueも指定することで、特定の値を持つカスタムフィールド削除することもできる

レーティング機能の実装

それでは、レーティングを実装してみましょう。まずはコメントフォームで、レーティングを入力できるようにします。

コメントフォームの名前、メールアドレス、Webサイトの入力フィールドのHTMLは、comment_form()関数内で配列で書かれており、その配列はcomment_form_default_fieldsという名前でフィルターフックが作成されています。このフィルターフックを利用し、レーティングを入力できるようにHTMLを追加します。

リスト8.5に、コメントフォームにレーティング入力フィールドを追加する例を示します。

■ リスト8.5 コメントフォームにレーティング入力フィールドの追加

```
add_filter( 'comment_form_default_fields', function ( $fields ) {
    $selector  = '';
    $_post_type = get_post_type();
    $ratings    = array(
        array(
            'rate' => 1,
            'text' => 'すごく残念'
        ),
        array(
```

```
            'rate' => 2,
            'text' => '残念'
        ),
        array(
            'rate' => 3,
            'text' => '普通'
        ),
        array(
            'rate' => 4,
            'text' => '良い'
        ),
        array(
            'rate' => 5,
            'text' => 'すごく良い'
        )
    );

    if ( 'products' === $_post_type ) {
        for ( $i = 0; $i < 5; $i++ ) {
            $selector .= '<option value="' . $ratings[$i]['rate'] . '"' . sel
ected( $ratings[$i]['rate'], 3, false ) . '>' . $ratings[$i]['rate'] . ' : '
. $ratings[$i]['text'] . '</option>';
        }

        $fields['rating'] = '<p class="comment-form-rating"><label for="rating
">評価 <span class="required">*</span></label> ' .
                            '<select id="rating" name="product_rating" size="
1">' . $selector . '</select></p>';
    }

    return $fields;
} );
```

図8.4はレーティング入力フィールドを追加した例です。

第8章　投稿データと関連エンティティ

■ **図8.4　レーティング入力フィールドが追加されたコメント入力フォーム**

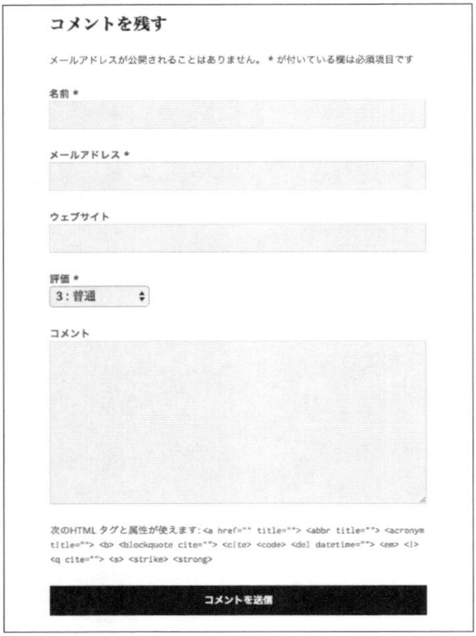

　次に、このままでは入力されたレーティングの値は保存されないので、wp_
commentmetaテーブルに値を保存する処理を追加します。新しくコメントが作
成されたときに独自の処理を追加したい場合は、アクションフックのcomment_
postフックが最適です。comment_postフックは、wp_new_comment()関数内で作
成されています。

　wp_new_comment()関数は、コメントデータが新しくデータベースに作成される
ときに通過する関数です。wp_new_comment()関数内でwp_insert_comment()関数
が実行され、コメントデータがデータベースに保存されます。コメントデータの
保存が成功した場合、wp_insert_comment()関数はコメントIDを返してきます。

　comment_postフックは、wp_insert_comment()関数の実行結果で返されたコ
メントIDを保有しています。これを利用し、コメントデータが関連付けられて
いる投稿データが商品だった場合は、wp_commentmetaテーブルを保存する
ようにします。

　リスト8.6に、wp_commentmetaテーブルにレーティングを保存する例を示し
ます。これでwp_commentmetaテーブルにレーティングが保存されます（**図8.5**）。
なお、保存されたレーティングを取得したい場合は、前述のget_comment_meta()
関数で取得できます。

240

コメント ● 8.5

■ リスト8.6　レーティングをwp_commentmetaテーブルに保存

```
add_action( 'comment_post', function ( $comment_id ) {
    $_comment = get_comment( $comment_id );
    $_post    = get_post( $_comment->comment_post_ID );

    if ( 'products' === $_post->post_type && !is_user_logged_in() ) {
        $rating = isset( $_POST['product_rating'] ) && is_numeric( $_POST['pr
oduct_rating'] ) ? $_POST['product_rating'] : 3;
        add_comment_meta( $comment_id, 'product_rating', $rating );
    }

    return $comment_id;
} );
```

■ 図8.5　wp_commentmetaテーブル

TABLES	meta_id	comment_id	meta_key	meta_value
wp_commentmeta				
wp_comments	3	52	product_rating	4
wp_links	4	53	product_rating	3
wp_options				
wp_postmeta				
wp_posts				
wp_term_relatio...				
wp_term_taxon...				
wp_terms				
wp_usermeta				
wp_users				

Search: meta_id =

コメント機能の強制オフ

　コメント機能は便利で拡張性もありますが、すべての投稿データでコメント機能が必要ということはないでしょう。例えば、いわゆる固定ページでは、ほぼコメント機能は使用しないことのほうが多いと思います。このような場合、管理画面のUIからコメント機能をオフにしてしまえば解決しますが、オペレーターがWordPressの操作に不慣れな場合、設定のミスや失念という自体が発生し、あとあと問題になる場合もあります。

　どの投稿データでコメント機能を使用しないか、あらかじめわかっている場合は、プログラム側で強制的にコメント機能をオフにしてしまうのが良いでしょう。

　リスト8.7に、コメント機能を強制的にオフにする例を示します。

241

第**8**章　投稿データと関連エンティティ

■ **リスト8.7　コメント機能を強制的にオフ**

```
add_action( 'init', function () {
    $_post_type = 'page';

    add_filter( 'comments_open', function ( $open, $post_id ) use ( $_post_
type ) {
        if ( $post = get_post( $post_id ) ) {
            if ( $_post_type === $post->post_type ) {
                return false;
            }
        }

        return $open;
    }, 20, 2 );

    add_filter( 'pings_open', function ( $open, $post_id ) use ( $_post_type )
{
        if ( $post = get_post( $post_id ) ) {
            if ( $_post_type === $post->post_type ) {
                return false;
            }
        }

        return $open;
    }, 20, 2 );

    if ( post_type_supports( $_post_type, 'comments' ) ) {
        remove_post_type_support( $_post_type, 'comments' );
        remove_post_type_support( $_post_type, 'trackbacks' );
    }
} );
```

8.6　まとめ

　本章では、投稿データを管理するための API と、それらの利用方法を主に解説してきました。カスタム投稿タイプ、カスタムフィールド、カスタムタクソノミーは、WordPress で Web アプリケーション開発を行ううえで、外すことができない最も重要な API です。これらの API を自在に扱うことで、WordPress の性能を活かした、柔軟性のある Web アプリケーションの開発が可能となります。

第 9 章

投稿データの検索・取得

第**9**章　投稿データの検索・取得

9.1 WP_Query ——WordPressの心臓部——

WP_Queryとは

　WP_Queryクラスは、WordPressがデータベースから投稿データを取得するためのクラスです。まさにWordPressの心臓部であり、また最も使われる頻度の高いものです。しかし、多くのWordPressユーザーはWP_Queryクラスを直接扱うことはありません。それは、メインクエリにおいてはWordPress自身がリクエストを適切に解釈したうえで、WP_Queryクラスを通して投稿データを取得し、テンプレートタグに取得したデータを渡しているからです。そのため、テーマ作者はテンプレートタグだけで投稿データを画面に表示させることができます。WordPressによるリクエストの解釈とメインクエリの詳細については「**第5章　WordPressの基本アーキテクチャ**」を参照してください。

　また、サブループを生成する用途のために、より簡易にWP_Queryにアクセスするためのget_posts()関数が用意されています。そのため、一般的なテーマ作者にとっては、このクラスを直接目にすることはないかもしれません。しかし、開発者にとってはこのWP_Queryクラスを使いこなすことが、WordPressを理解するうえで最も重要なステップになるでしょう。

　本章では、WP_Queryクラスの実際の使用方法について紹介していきます。

WP_Queryの役割

　最初期のWP_Queryクラスは600行程度のコード量でしたが、いまや4,000行近い巨大なクラスです。また、関連するWP_Tax_Query、WP_Meta_Query、WP_Date_Queryを合わせると、6,000行に迫るコード量となっています。WP_Queryの役割は多岐に渡り、単なる検索のためのAPIにとどまりません。

● クエリフラグの保持

　WP_Queryクラスの重要な役割の1つがクエリフラグの保持です。このクエリフラグは、現在のクエリが個別ページなのか、それともアーカイブページなのかといった、クエリの種類を判別するためのものです（**リスト9.1**）。

■ **リスト9.1　WP_Queryクラスのソースコードにおけるクエリフラグの実装例**

```
class WP_Query {
```

```
/**
 * Set if query is an archive list.
 *
 * @since 1.5.0
 * @access public
 * @var bool
 */
public $is_archive = false;
```

クエリフラグの値を取得するための専用のメソッドも用意されています（**リスト9.2**）。

■ **リスト9.2　クエリフラグの値を取得するWP_Queryのクラスメソッドの使用例**

```
$the_query = new WP_Query( $args );
if ( $the_query->is_archive() ) {
    // このクエリはアーカイブ
}
```

　クエリフラグは、WP_Queryクラスに渡されたパラメーターから自動的に付けられます。つまり、メインクエリ以外でもWP_Queryのインスタンスごとに、このクエリフラグが付けられることに注意してください。あくまで、現在のURLからの判別ではなく、WP_Queryに渡されたパラメーターが基準であるということです。is_archive()などの多くの条件分岐タグは、グローバル変数に保持されたメインクエリのクエリフラグを参照しています（**リスト9.3**）。

■ **リスト9.3　WordPressのソースコードにおける条件分岐タグの実装例**

```
function is_archive() {
    global $wp_query;
    return $wp_query->is_archive();
}
```

　このように、クエリフラグは条件分岐タグで主に使用されるものですので、本章のテーマである投稿データの検索の際は、あまり意識する必要はないでしょう。ただし、WP_QueryクラスがSQLを組み立てる際に、クエリフラグによって一部の処理の分岐を行っていますので、どうしても思い通りの結果が得られない際は、クエリフラグを疑ってみる必要もあるでしょう。

　クエリフラグの詳細については、「**第5章　WordPressの基本アーキテクチャ**」を参照してください。

第9章　投稿データの検索・取得

● クエリビルダ

クエリビルダは、本章で解説するWP_Queryクラスの中心的な機能です。WP_Queryクラスは、渡されたパラメーターを解釈し、適切なSQL文を組み立て、データベースへの問い合わせを行います。**リスト9.4**に、標準的なパラメーターからどのようなSQL文が生成されるかの例を示します。

■ リスト9.4　WP_Queryに渡されるパラメーターによって作成されるSQL文

```
$args = array(
    'post_type' => array( 'post' ),
    'post_status' => array( 'publish' )
);
$the_query = new WP_Query( $args );

echo $the_query->request;

/* returns
SELECT SQL_CALC_FOUND_ROWS wp_posts.ID FROM wp_posts WHERE 1=1 AND wp_posts.po
st_type = 'post' AND ((wp_posts.post_status = 'publish')) ORDER BY wp_posts.po
st_date DESC LIMIT 0, 10
*/
```

リスト9.4では、投稿タイプと投稿ステータスのパラメーターしか指定していないにもかかわらず、ORDER BY句やLIMIT句にもデフォルト設定が適用されていることがわかります。

WP_Queryクラスは、一般的なフレームワークにおけるクエリビルダとは異なり、クエリビルディングのためのメソッドを特に持ち合わせていません。SQL文の組み立ては、WP_Query::get_posts()メソッドの中で、条件分岐でがんばって行われています。そのため、開発者は基本的にSQL文の組み立てに触らないほうが、余計な問題が起こりません。どうしてもSQL文を直接改変したい場合は、WP_Query::get_posts()メソッドの途中でフックを使って介入することが可能です。詳細は後述します。

● オブジェクトマッピング

WordPressの以前のバージョンでは、WP_Queryクラスは単にデータベースからの検索結果を配列で返していましたが、現在はSQLでは投稿IDのみ取得し、投稿IDをWP_Postオブジェクトにマッピングするようになりました。

投稿IDからのオブジェクトの取得の際、WordPressの内部的なオブジェクトキャッシュが使用され、リソースを節約できます。とはいえ、オブジェクトマッピングが不要な場合は、さらなるコスト削減のために投稿IDのみ取得し、

オブジェクトマッピングは使用しないというオプションも用意されています。

注意すべき点は、WordPressではこのオブジェクトマッピングがWP_Queryクラスからの取得の際のみで使われている例外的なスタイルだということです。WordPressでは、アクティブレコードやDAOのような仕組みを持ち合わせていないため、投稿データの保存や更新の際は依然として、配列を関数に渡すというスタイルを採用しています。

また、WP_Postオブジェクトへのマッピングは、バージョン3.5以降に行われるようになりました。インターネット上の古い解説では、返り値を配列としているものもありますので注意してください[注1]。

● イテレータ

WP_Queryクラスは、イテレータとしての性質を持っています。これは、取得した複数の投稿データのループを効率的に記述するためです。ただし、WordPress自身はPHP 4時代から存在するアプリケーションですので、PHPのネイティブのイテレータを使用しているわけではないことに注意してください。WP_Queryクラスを直接配列として取り扱うことはできません。WP_Queryクラスを用いてループを操作する例を**リスト9.5**に示します。

■ リスト9.5　WP_Queryクラスによるループの操作

```
/**
 * WP_Queryのインスタンスを作成する
 * $argsは配列で定義したオプション
 */
$the_query = new WP_Query( $args );

/**
 * 取得した投稿データをループする
 */

// 投稿データが1件以上存在するかのチェック
if ( $the_query->have_posts() ) {
    // 次の投稿データが存在する限り繰り返す
    while ( $the_query->have_posts() ) {
        // 現在の投稿データをグローバル変数にセットする
        $the_query->the_post();
```

注1　WP_Postクラスは長らく、WordPressにおけるエンティティを表す専用クラスとしては唯一のもので、多くのWordPressのエンティティはstdClassで表されていました。近年、WordPress 4.4からはタームを表すWP_Termクラス、WordPress 4.6からは投稿タイプを表すWP_Post_Typeクラスが導入され、WordPress 4.7からはWP_Taxonomyクラスの導入も予告されています。今後はWordPressのAPIの様々な部分でオブジェクトマッピングへの置き換えが進むと思われます。

```
        ?>
        <h3><?php the_title(); ?></h3>
        <?php
    }
} else {
    echo '<p>投稿データが見つかりません。</p>';
}

// この関数については後ほど解説
wp_reset_postdata();
```

　WP_Query::have_posts()やWP_Query::the_post()の他にも、次の投稿を取得するのみでグローバル変数を変更しないWP_Query::next_post()と、カレントをリセットするWP_Query::rewind_posts()メソッドが用意されています。

● **先頭固定（スティッキー）投稿の取得**

　WordPressでは、ブログのアーカイブページに、投稿の日付とは関係なく先頭に固定する投稿を設定でき、WP_Queryクラスでの投稿の取得が終わったあとに付け足されます。

　データベースから投稿データを取得する際は、ほとんどの場合でこの先頭固定投稿の取得は必要ないものでしょうから、この処理が行われることを忘れているとバグの原因になります。先頭固定投稿を取得したくない場合は、面倒ですが、開発者がパラメーターで以下のようにWP_Queryクラスに明示的に伝える必要があります。

```
$query = new WP_Query( array( 'ignore_sticky_posts' => 1 ) );
```

 ## 基本的な使い方

WP_Queryによる投稿データの取得

　それでは、WP_Queryを利用して実際に投稿データを取得してみましょう。これまでも何度かサンプルコードをお見せしてきましたが、まず、WP_Queryに渡すパラメーターを配列で定義します（**リスト9.6**）。

■ リスト9.6　WP_Queryに渡すパラメーターの記述例

```
$args = array(
    // 投稿タイプの指定
    'post_type' => array( 'post' ),
    // 投稿ステータスの指定
    'post_status' => array( 'publish' )
);
```

　そして、以下のようにパラメーターの配列を渡してWP_Queryのインスタンスを作成します。

```
$the_query = new WP_Query( $args );
```

　もしくは、以下のようにWP_Query::queryも使用できます。

```
$the_query = new WP_Query();
$the_query->query( $args );
```

　また、パラメーターは以下のようにクエリストリング形式で渡すことも可能です。こちらはレガシーな方法です。

```
$the_query = new WP_Query( 'post_type=post&post_status=publish' );
```

　以上の手順で、すでにSQLが組み立てられ、データベースからの取得も行われ、パラメーターに該当する投稿データが、WP_Queryのインスタンス内に配列で格納されている状態となります。

投稿データの表示

　それでは、投稿データを順番に取り出し、WordPressのテンプレートタグで表示してみましょう（**リスト9.7**）。

■ リスト9.7　投稿データを取り出し、テンプレートタグで表示

```
// 投稿があるかどうか
if ( $the_query->have_posts() ) {
    // 次の投稿がある限りループする
    while ( $the_query->have_posts() ) {
        /**
         * 現在の投稿をグローバル変数 $postにセットし
         * WP_Query内の現在位置を次の投稿に移し
         * 投稿に関連するデータを各グローバル変数に展開する
```

第**9**章 投稿データの検索・取得

```
         */
        $the_query->the_post();

        // テンプレートタグで投稿タイトルを表示
        ?>
        <h1><?php the_title(); ?></h1>
        <?php
    }
} else {
    // 該当する投稿がない場合
}

// グローバル変数の上書きをリセット
wp_reset_postdata();
```

　WordPressのテンプレートタグはグローバル変数を参照し、どの投稿のデータを取得すべきかを決定しています。グローバル変数への展開は、WP_Query::the_post()内で行われています。

サブループ作成を目的としたインスタンス生成

　このように、WP_Queryを使った投稿データの取得と表示のプロセス中では、グローバル変数の書き換えが行われます。そのため、インスタンス化は、メインクエリとは別に投稿データを取得したい場合に限って行いましょう。

　また、サブループが終了したら、wp_reset_postdata()関数でグローバル変数の上書きを元に戻す必要があります。リセットを行わないと、サブループ以降のテンプレートタグで、サブループの最後尾の投稿データが表示されてしまいます。

　ちなみに、グローバル変数を用いなくても、投稿データを取得すること自体は可能です（**リスト9.8**）。

■ リスト9.8　グローバル変数を使用しないで投稿データを取得

```
if ( $the_query->have_posts() ) {
    while ( $the_query->have_posts() ) {
        // 次の投稿オブジェクトを取得
        $post = $the_query->next_post();
        // プロパティを直接出力
        echo $post->post_title;
    }
}
```

パラメーター ● 9.3

　しかし、この方法では、テンプレートタグ内で行われている処理や、フィルターがスキップされてしまうため、意図しないバグの原因になります。標準の方法でテンプレートタグを利用して出力したほうが確実です。フィルターフックについては、「**第5章　WordPressの基本アーキテクチャ**」を参照してください。

9.3 パラメーター

　ここでは、WP_Queryで使用できるパラメーターを紹介します。パラメーターは非常にたくさんあり、また後方互換性の観点から、同じ条件を指定する方法が複数存在している場合もあります。本書では、それらの用法を開発者向けに絞って紹介します。すべてのパラメーターの解説を知りたい方は、Codexのドキュメントを参照してください。

投稿者

　表9.1 は、特定の投稿者に関連する投稿を取得するためのパラメーターです。特定のIDの投稿者による投稿を取得する場合は、以下のように記述します。

```
$args = array( 'author' => 1 );
$query = new WP_Query( $args );
```

　また、複数の投稿者IDを指定して投稿を取得する場合は、以下のように記述します。

```
$args = array( 'author__in' => array( 1, 2 ) );
$query = new WP_Query( $args );
```

■ 表9.1　投稿者に関するパラメーター

パラメーター	型	説明
author	整数	投稿者ID
author_name	文字列	ニックネーム
author__in	配列	投稿者IDの配列で指定する。いずれかの投稿者による投稿を取得する
author__not_in	配列	投稿者IDの配列で指定する。いずれの投稿者にもよらない投稿を取得する

第9章

251

第**9**章　投稿データの検索・取得

カテゴリー

表**9.2**は、特定のカテゴリーに関連する投稿を取得するためのパラメーターです。コード例は、**リスト9.9**〜**リスト9.11**となります。

■ **表9.2　カテゴリーに関するパラメーター**

パラメーター	型	説明
cat	整数	カテゴリーID
category_name	文字列	カテゴリースラッグ
category__and	配列	すべてのカテゴリーIDを持つ投稿を取得する
category__in	配列	いずれかのカテゴリーIDを持つ投稿を取得する
category__not_in	配列	いずれのカテゴリーIDも持たない投稿を取得する

■ **リスト9.9　特定のIDのカテゴリーを持つ投稿を取得**

```
$args = array( 'cat' => 1 );
$query = new WP_Query( $args );
```

■ **リスト9.10　特定のスラッグのカテゴリーを持つ投稿を取得**

```
$args = array( 'category_name' => 'movies' );
$query = new WP_Query( $args );
```

■ **リスト9.11　いずれかのカテゴリーIDを持つ投稿を取得**

```
$args = array( 'category__in' => array( 1, 2 ) );
$query = new WP_Query( $args );
```

タグ

表**9.3**は、特定のタグに関連する投稿を取得するためのパラメーターです。コード例は、**リスト9.12**〜**リスト9.14**となります。

252

パラメーター ● 9.3

■ 表9.3 タグに関するパラメーター

パラメーター	型	説明
tag	文字列	タグスラッグ。カテゴリーと違い、スラッグであることに注意
tag_id	整数	タグID
tag__and	配列	すべてのタグIDを持つ投稿を取得する
tag__in	配列	いずれかのタグIDを持つ投稿を取得する
tag__not_in	配列	いずれのタグIDも持たない投稿を取得する
tag_slug__and	配列	すべてのタグスラッグを持つ投稿を取得する
tag_slug__in	配列	いずれかのタグスラッグを持つ投稿を取得する

■ リスト9.12　特定のIDのタグを持つ投稿を取得

```
$args = array( 'tag_id' => 1 );
$query = new WP_Query( $args );
```

■ リスト9.13　特定のスラッグのタグを持つ投稿を取得

```
$args = array( 'tag' => 'apple' );
$query = new WP_Query( $args );
```

■ リスト9.14　いずれかのタグIDを持つ投稿を取得

```
$args = array( 'tag__in' => array( 1, 2 ) );
$query = new WP_Query( $args );
```

タクソノミー

　カテゴリーやタグは、タクソノミーの一種です。開発者が追加したカスタムタクソノミーを含む、タクソノミーに関連した投稿を取得するためのより柔軟な仕組みが、WP_Tax_Queryクラスを用いたTax Queryです（**表9.4**）。

　Tax Queryを使う方法は、tax_queryというキーに連想配列で指定したパラメーターをWP_Queryに渡すだけで、他のパラメーターと大きな違いはありませんが、複数の条件をANDでつなぐのか、ORでつなぐのか、といったより詳細な指定が可能になっています。そして、それらの詳細なパラメーターをWP_Tax_Queryクラスが解釈し、適切なSQL句を組み立てる仕組みになっています。

第**9**章　投稿データの検索・取得

■ 表9.4　Tax Queryに関するパラメーター

パラメーター	型	説明
relation	文字列	同じ階層で複数の配列を使用している場合に、論理演算子を指定する。ANDまたはORが使用でき、配列が1つの場合は使用できない
taxonomy	文字列	タクソノミースラッグ
field	文字列	タームを選択する条件を指定する。デフォルトはterm_id（タームID）。name（名前）またはslug（スラッグ）が使用できる
terms	整数・文字列・配列	タームを指定する。指定する方式は、fieldパラメーターの値に依存している
include_children	真偽値	階層構造を持ったタクソノミーの場合に、子を含めるかどうかを指定する。デフォルトはtrue
operator	文字列	termsパラメーターで配列を用いて複数指定している場合に比較演算子を指定する。IN（デフォルト）、NOT IN、ANDが使用できる

　それでは、シンプルなTax Queryのコード例を**リスト9.15**に示します。

■ リスト9.15　Tax Queryのコード例

```
$args = array(
    'tax_query' => array(
        array(
            'taxonomy' => 'actors',
            'field'    => 'slug',
            'terms'    => 'jason-statham'
        )
    )
);
$query = new WP_Query( $args );
```

　リスト9.15では、actorsタクソノミーのjason-stathamというスラッグのタームが付けられている投稿を取得しています。

　Tax Queryでは、複数の条件も指定できます。**リスト9.16**は、Jason Statham（ジェイソン・ステイサム）が出演している2016年または2015年の映画の情報を取得している例です。

■ リスト9.16　Tax Queryにおける複数条件の指定

```
$args = array(
    'tax_query' => array(
        'relation' => 'AND',
        array(
            'taxonomy' => 'actors',
```

パラメーター ● 9.3

```
            'field'    => 'slug',
            'terms'    => 'jason-statham'
        ),
        array(
            'taxonomy' => 'year',
            'field'    => 'slug',
            'terms'    => array( '2016', '2015' ),
            'operator' => 'IN'
        )
    )
);
$query = new WP_Query( $args );
```

　さらにWordPress 4.1からは、入れ子で配列を書くことが可能になりました。**リスト9.17**は、カテゴリーがスリラーの映画、もしくはJason Statham が出演している2016年または2015年の映画の情報を取得しようとしている例です。

■ **リスト9.17　Tax Queryにおける入れ子での配列の記述**

```
$args = array(
    'tax_query' => array(
        'relation' => 'OR',
        array(
            'taxonomy' => 'category',
            'field'    => 'slug',
            'terms'    => 'thriller'
        ),
        array(
            'relation' => 'AND',
            array(
                'taxonomy' => 'actors',
                'field'    => 'slug',
                'terms'    => 'jason-statham'
            ),
            array(
                'taxonomy' => 'year',
                'field'    => 'slug',
                'terms'    => array( '2016', '2015' ),
                'operator' => 'IN'
            )
        )
    )
);
$query = new WP_Query( $args );
```

第9章

255

第**9**章　投稿データの検索・取得

キーワード検索

　表9.5は、キーワードに関連する投稿を取得するためのパラメーターです。
コード例は、**リスト9.18**となります。

■ 表9.5　キーワード検索に関するパラメーター

パラメーター	型	説明
s	文字列	検索キーワード

■ リスト9.18　特定のキーワードを含む投稿を取得

```
$args = array( 's' => 'Cool' );
$query = new WP_Query( $args );
```

投稿・ページ

　表9.6に挙げている投稿（またはページ）に関連するパラメーターで投稿を取
得できます。コード例は、**リスト9.19**～**リスト9.22**となります。

■ 表9.6　投稿・ページに関するパラメーター

パラメーター	型	説明
p	整数	投稿ID
name	文字列	投稿スラッグ
page_id	整数	ページID
pagename	文字列	ページスラッグ
post_parent	整数	ページIDを指定し、その子ページを取得する。0を指定すると、トップレベルページのみ取得できる
post_parent__not_in	整数	いずれのページIDも親に持たないページを取得する
post_parent__in	配列	いずれかのページIDを親に持つページを取得する
post__in	配列	いずれかの投稿IDを持つ投稿を取得する
post__not_in	配列	いずれの投稿IDも持たない投稿を取得する
post_name__in	整数	いずれかのスラッグに一致する投稿を取得する

パラメーター ● **9.3**

■ **リスト9.19　特定の投稿IDを持つ投稿を取得**

```
$args = array( 'p' => 1 );
$query = new WP_Query( $args );
```

■ **リスト9.20　いずれかの投稿IDを持つ投稿を取得**

```
$args = array( 'post__in' => array( 1, 2 ) );
$query = new WP_Query( $args );
```

■ **リスト9.21　特定のスラッグを持つページを取得**

```
$args = array( 'pagename' => 'sample-page' );
$query = new WP_Query( $args );
```

■ **リスト9.22　親ページを指定して子ページを取得**

```
$args = array(
    'post_type' => 'page',
    'post_parent' => 2
);
$query = new WP_Query( $args );
```

第9章

パスワード

表9.7は、パスワード保護された投稿を取得するためのパラメーターです。

■ **表9.7　パスワードに関するパラメーター**

パラメーター	型	説明
has_password	真偽値	パスワードが保護されているかどうかを指定する
post_password	文字列	パスワードの文字列

投稿タイプ

表9.8は、投稿を取得する際に投稿タイプを指定するためのパラメーターです。

257

第**9**章　投稿データの検索・取得

■ 表9.8　投稿タイプに関するパラメーター

パラメーター	型	説明
post_type	文字列・配列	投稿タイプを指定して投稿を取得する。デフォルト値は post。tax_query が指定されている場合は any がデフォルト値になる

● **post_typeパラメーターが取れる値**

post_type パラメーターが取れる値には、**表9.9**に挙げているものがあります。コード例は、**リスト9.23**、**リスト9.24**となります。

■ 表9.9　post_typeパラメーターが取れる値

投稿タイプ名	説明
post	投稿
page	固定ページ
revision	リビジョン
attachment	添付ファイル。WP_Query の投稿ステータスのデフォルト値は publish だが、添付ファイルの投稿ステータスは inherit に設定されるため、添付ファイルを取得する際は別途投稿ステータスのパラメーターを inherit または any に設定する必要がある
nav_menu_item	ナビゲーションメニュー項目
any	exclude_from_search が true に設定されている投稿タイプか、リビジョン以外のすべての投稿タイプの投稿を取得する
その他	カスタム投稿タイプも指定可能

■ **リスト9.23　特定の投稿タイプの投稿を取得**

```
$args = array( 'post_type' => 'page' );
$query = new WP_Query( $args );
```

■ **リスト9.24　複数の投稿タイプを指定して投稿を取得**

```
$args = array(
    'post_type' => array( 'post', 'movie' )
);
$query = new WP_Query( $args );
```

パラメーター ● 9.3

投稿ステータス

投稿ステータスを指定して投稿を取得できます（**表9.10**）。コード例は、**リスト9.25**、**リスト9.26**となります。

■ 表9.10　投稿ステータスに関するパラメーター

パラメーター	型	説明
post_status	文字列・配列	投稿ステータスを指定して投稿を取得する。デフォルト値はpublishだが、ユーザーがログインしている場合はprivateも追加される。また、管理画面内のクエリ、またはAjax通信の場合は、保護されたステータスも追加される。デフォルトの保護されたステータスはfuture、draft、pendingの3つ

■ リスト9.25　特定の投稿ステータスの投稿を取得

```
$args = array( 'post_status' => 'draft' );
$query = new WP_Query( $args );
```

■ リスト9.26　複数の投稿ステータスを指定して投稿を取得

```
$args = array(
    'post_status' => array( 'publish', 'future' )
);
$query = new WP_Query( $args );
```

● post_statusパラメーターが取れる値

post_statusパラメーターが取れる値には、**表9.11**に挙げているものがあります。

■ 表9.11　post_statusパラメーターが取れる値

投稿ステータス	説明
publish	公開済みの投稿
pending	レビュー待ちの投稿
draft	下書きの投稿
auto-draft	新規投稿時に自動で作成される、内容がまだない投稿
future	公開予約済みの投稿
private	ログインしていないユーザーには見えない投稿
inherit	添付ファイル、またはリビジョン
trash	ゴミ箱に入れられた投稿
any	exclude_from_searchがtrueに設定されている投稿ステータス（デフォルトではtrashとauto-draft）を除き、すべての投稿ステータスの投稿を取得する

259

第9章 投稿データの検索・取得

日付 ——Date Query——

日付を指定して投稿を取得するには、`WP_Date_Query`クラスを用いたDate Queryを使います（**表9.12**）。

Date Queryを使うには、`date_query`というキーに連想配列で指定したパラメーターを渡します。それらの複数のパラメーターを`WP_Date_Query`クラスが解釈し、適切なSQL句を組み立てる仕組みになっています。

■ 表9.12 Date Queryに関するパラメーター

パラメーター	型	説明
year	整数	4桁の整数で年を指定する
month	整数	1〜12の整数で、月を指定する
week	整数	0〜53の整数で、年内の週を指定する
day	整数	1〜31の整数で、月内の日を指定する
dayofyear	整数	1〜366の整数で、年内の日を指定する
dayofweek	整数	1〜7の整数で、曜日を指定する。1が日曜日、2が月曜日、7が土曜日になる
dayofweek_iso	整数	1〜7の整数で、曜日を指定する。1が月曜日、2が火曜日、7が日曜日になる
hour	整数	0〜23の整数で、1日のうちの時間を指定する
minute	整数	0〜59の整数で、1時間のうちの分を指定する
second	整数	0〜59の整数で、1分のうちの秒を指定する
after	文字列・配列	指定した日時より新しい投稿を取得する。PHPのstrtotime()関数と互換性のある形式の文字列で指定するか、year、month、dayを配列で指定できる
before	文字列・配列	指定した日時より古い投稿を取得する。PHPのstrtotime()関数と互換性のある形式の文字列で指定するか、year、month、dayを配列で指定できる
inclusive	真偽値	afterまたはbeforeパラメーターを使用する際に、ぴったりの値を検索結果に含めるかどうかを指定する。デフォルト値はfalse
compare	文字列	=、!=、>、>=、<、<=、IN、NOT IN、BETWEEN、NOT BETWEENのいずれかを使用可能
column	文字列	日付を検索するカラムを指定する。デフォルトはpost_date
relation	文字列	同じ階層で複数の配列を使用している場合に、論理演算子を指定する。ANDまたはORが使用可能。デフォルトはAND

パラメーター ● 9.3

● 日付指定による投稿の取得

リスト9.27では、2016年10月3日の投稿を取得しています。

■ リスト9.27　2016年10月3日の投稿を取得

```
$args = array(
    'date_query' => array(
        array(
            'year'  => 2016,
            'month' => 10,
            'day'   => 3
        ),
    ),
);
$query = new WP_Query( $args );
```

第
9
章

● 複数条件を指定した投稿の取得

リスト9.27では、2016年10月3日という特定の日付を指定して投稿を取得しましたが、リスト9.28では複数の条件を指定して投稿を取得しています。

■ リスト9.28　2016年8月の投稿、もしくは2016年10月の投稿を取得

```
$args = array(
    'date_query' => array(
        'relation' => 'OR',
        array(
            'year'  => 2016,
            'month' => 8
        ),
        array(
            'year'  => 2016,
            'month' => 10
        )
    ),
);
$query = new WP_Query( $args );
```

また、リスト9.29では、ある期間を指定して投稿を取得、リスト9.30では、after/beforeを使用してリスト9.29と同様の条件で投稿を取得しています。

261

第**9**章　投稿データの検索・取得

■ **リスト9.29　2016年8月〜10月の投稿を取得**

```
$args = array(
    'date_query' => array(
        'relation' => 'AND',
        array(
            'year'    => 2016,
            'month'   => 8,
            'compare' => '>='
        ),
        array(
            'year'    => 2016,
            'month'   => 10,
            'compare' => '<='
        )
    ),
);
$query = new WP_Query( $args );
```

■ **リスト9.30　after/beforeを使用して2016年8月〜10月の投稿を取得**

```
$args = array(
    'date_query' => array(
        'relation' => 'AND',
        array(
            'after'     => '2016-08-01',
            'inclusive' => true
        ),
        array(
            'before' => array(
                'year'  => 2016,
                'month' => 11
            )
        )
    ),
);
$query = new WP_Query( $args );
```

WordPress 4.1からは、Date Queryをさらに入れ子で記述できるようになりました。**リスト9.31**は2016年8月〜10月の平日の投稿を取得する例です。

パラメーター ● 9.3

■ リスト9.31　入れ子を使用して2016年8月から10月の平日の投稿を取得

```php
$args = array(
    'date_query' => array(
        'relation' => 'AND',
        array(
            'relation' => 'AND',
            array(
                'dayofweek' => 2,
                'compare'   => '>='
            ),
            array(
                'dayofweek' => 6,
                'compare'   => '<='
            )
        ),
        array(
            'relation' => 'AND',
            array(
                'after'     => '2016-08-01',
                'inclusive' => true
            ),
            array(
                'before' => array(
                    'year'  => 2016,
                    'month' => 11
                )
            )
        )
    ),
);
$query = new WP_Query( $args );
```

カスタムフィールド ──Meta Query──

　カスタムフィールドに関連したパラメーターを指定して投稿を取得できます（**表9.13**）。コード例は、**リスト9.32**、**リスト9.33**となります。

第**9**章　投稿データの検索・取得

■ 表9.13　カスタムフィールドに関するパラメーター

パラメーター	型	説明
meta_key	文字列	カスタムフィールドのキーを指定する
meta_value	文字列	カスタムフィールドの値を指定する
meta_compare	文字列	meta_value を検証する際の演算子を指定する。=、!=、>、>=、<、<=、LIKE、NOT LIKE、IN、NOT IN、BETWEEN、NOT BETWEEN、NOT EXISTS、REGEXP、NOT REGEXP、RLIKE のいずれかが使用可能。デフォルトは =

■ リスト9.32　特定のキーのカスタムフィールドに特定の値を持つ投稿の取得

```
$args = array(
    'meta_key'   => 'tagline',
    'meta_value' => 'He is coming.'
);
$query = new WP_Query( $args );
```

■ リスト9.33　特定のキーのカスタムフィールドに特定の値を含む投稿の取得

```
$args = array(
    'meta_key'     => 'tagline',
    'meta_value'   => 'coming',
    'meta_compare' => 'LIKE'
);
$query = new WP_Query( $args );
```

　LIKEを指定する場合、%はmeta_valueを囲むように自動で付けられます。パラメーターに含める必要はありませんので、注意してください。

● 詳細な条件を指定した投稿の取得

　カスタムフィールドに関する、より詳細な条件を指定して投稿を取得するには、WP_Meta_Queryクラスを用いたMeta Queryを使います（**表9.14**）。

　Meta Queryを使うには、meta_queryというキーに連想配列で指定したパラメーターを渡します。それらの複数のパラメーターをWP_Meta_Queryクラスが解釈し、適切なSQL句を組み立てる仕組みになっています。

　コード例は、**リスト9.34～リスト9.39**となります。

264

■ 表9.14 Meta Queryに関するパラメーター

パラメーター	型	説明
key	文字列	カスタムフィールドのキー
value	文字列・配列	カスタムフィールドの値を指定する。配列での指定は、compareパラメーターがIN、NOT IN、BETWEEN、NOT BETWEENのいずれかである場合のみ使用可能
compare	文字列	valueを検証する際の演算子を指定する。使用できるパラメーターはmeta_compareと同じ
type	文字列	カスタムフィールドの型を指定する。NUMERIC、BINARY、CHAR、DATE、DATETIME、DECIMAL、SIGNED、UNSIGNED、TIMEのいずれかが使用可能。デフォルトはCHAR
relation	文字列	同じ階層で複数の配列を使用している場合に、論理演算子を指定できる。ANDまたはORが使用可能。デフォルトはAND

■ リスト9.34　特定のキーのカスタムフィールドに特定の値を持つ投稿の取得

```
$args = array(
    'meta_query' => array(
        array(
            'key'   => 'tagline',
            'value' => 'He is coming.'
        )
    )
);
$query = new WP_Query( $args );
```

■ リスト9.35　特定のキーのカスタムフィールドに特定の値を含む投稿の取得

```
$args = array(
    'meta_query' => array(
        array(
            'key'     => 'tagline',
            'value'   => 'coming',
            'compare' => 'LIKE'
        )
    )
);
$query = new WP_Query( $args );
```

● 特定のキーのカスタムフィールドで特定の数値以上の値を含む投稿の取得

　リスト9.36では、typeパラメーターを使ってカスタムフィールドの値を数値として評価するように指定しています。

第9章 投稿データの検索・取得

■ **リスト9.36 特定のキーのカスタムフィールドで特定の数値以上の値を含む投稿の取得**

```
$args = array(
    'meta_query' => array(
        array(
            'key'     => 'price',
            'value'   => '1000',
            'type'    => 'numeric',
            'compare' => '>'
        )
    )
);
$query = new WP_Query( $args );
```

● **特定のキーのカスタムフィールドに値が存在しない投稿の取得**

compareパラメーターがEXISTSまたはNOT EXISTSの場合は、valueパラメーターの指定は不要です（**リスト9.37**）。

■ **リスト9.37 特定のキーのカスタムフィールドに値が存在しない投稿の取得**

```
$args = array(
    'meta_query' => array(
        array(
            'key'     => 'exclude_from_results',
            'compare' => 'NOT EXISTS'
        )
    )
);
$query = new WP_Query( $args );
```

また、compareパラメーターがNOT EXISTSの場合のみ、メタテーブルはLEFT JOINで結合されます。それ以外の場合は、常にINNER JOINになります。結合方法を明示的に指定することはできません。そのため、検索結果から除外のようなカスタムフィールドを設計する場合で、ユーザーに「はい」または「いいえ」を選択させるとき、真偽値を保存すると考えて1か0で値を保存してしまうと、どちらの場合でも検索結果から除外されてしまいます。「いいえ」の場合は、カスタムフィールドの値を削除するほうが正しいでしょう。

● **カスタムフィールドに関する複数条件を指定した投稿の取得**

リスト9.38は、値段（priceというキーのカスタムフィールドに保存）が1,000円以上（値を数値として評価）で、かつリリース日（releaseというキーのカスタムフィールドに保存）が2016年1月1日以降（値を日付として評価）の投稿を取

パラメーター ● 9.3

得する例です。

■ リスト9.38　カスタムフィールドに関する複数条件を指定した投稿の取得

```
$args = array(
    'meta_query' => array(
        'relation' => 'AND',
        array(
            'key'     => 'price',
            'value'   => '1000',
            'type'    => 'numeric',
            'compare' => '>'
        ),
        array(
            'key'     => 'release',
            'value'   => '2016-01-01',
            'type'    => 'date',
            'compare' => '>='
        )
    )
);
$query = new WP_Query( $args );
```

第9章

typeパラメーターで DATE を指定すると、値はMySQL関数の DATE() でキャストされますので、YYYY-MM-DD形式で指定する必要があります。同様に、DATETIME を指定するとMySQL関数の DATETIME() でキャストされますので、YYYY-MM-DD HH:MM:SS形式で指定する必要があります。カスタムフィールドに保存されている値もこのルールに従う必要があります。

Meta Query も Tax Queryや Date Queryと同様、入れ子で指定できます（**リスト9.39**）。

■ リスト9.39　入れ子を使用した投稿の取得

```
$args = array(
    'meta_query' => array(
        'relation' => 'OR',
        array(
            'key'     => 'tagline',
            'value'   => 'coming',
            'compare' => 'LIKE'
        ),
        array(
            'relation' => 'AND',
            array(
                'key'     => 'price',
```

267

第**9**章　投稿データの検索・取得

```
                'value'   => '1000',
                'type'    => 'numeric',
                'compare' => '>'
            ),
            array(
                'key'     => 'release',
                'value'   => '2016-01-01',
                'type'    => 'date',
                'compare' => '>='
            )
        )
    )
);
$query = new WP_Query( $args );
```

並び替え

並び替え（ソート）に関連したパラメーターを指定できます（**表9.15**）。

■ **表9.15　並び替えに関するパラメーター**

パラメーター	型	説明
order	文字列・配列	DESC または ASC が使用可能。デフォルトは DESC
orderby	文字列・配列	並び替えの対象を指定する。複数指定も可能。デフォルトは date

● orderbyに使えるパラメーター

並び替えは、orderbyに**表9.16**に挙げたパラメーターを指定できます。コード例は、**リスト9.40**〜**リスト9.43**となります。

■ 表9.16　orderbyに使えるパラメーター

パラメーター	説明
none	ソートを指定しない
ID	投稿IDでソートする
author	投稿者でソートする
title	タイトルでソートする
name	投稿スラッグでソートする
type	投稿タイプでソートする
date	投稿日でソートする
modified	最終更新日でソートする
parent	親の投稿IDでソートする
rand	ランダム順（ORDER BY rand()になる）
comment_count	コメント数でソートする
menu_order	ページの表示順でソートする。固定ページの取得で主に使われる（固定ページでは順序欄で表示順を指定可能）。また、添付ファイルも表示順を持っている（カスタム投稿タイプで表示順をサポートする方法については、**第8章**を参照のこと）
meta_value	カスタムフィールドの値でソートする。meta_keyパラメーターが指定されている必要がある。デフォルトでは、文字列としてソートされる。数値や日付としてソートしたい場合は、meta_typeパラメーターを指定する（詳細はMeta Queryの項を参照のこと）。バージョン4.2以降では、$meta_queryのキーを指定することで、任意のカスタムフィールドのキーをソート条件として指定可能
meta_value_num	meta_valueと同様だが、カスタムフィールドの値を数値として評価する。meta_typeパラメーターが使用できなかった時代に作られた値で、現在のバージョンでは使用価値はないと思われる
post__in	post__inパラメーターで配列で指定した投稿IDの順序で表示する
post_name__in	post_name__inパラメーターで配列で指定した投稿の順序で表示する
post_parent__in	post_parent__inパラメーターで配列で指定した親投稿IDでソートする

■ リスト9.40　タイトルの降順での投稿の取得

```
$args = array(
    'orderby' => 'title',
    'order'   => 'DESC',
);
$query = new WP_Query( $args );
```

第**9**章 投稿データの検索・取得

■ **リスト9.41 投稿日とタイトルの降順での投稿の取得**

```
$args = array(
    'orderby' => 'date title',
    'order'   => 'DESC',
);
$query = new WP_Query( $args );
```

■ **リスト9.42 投稿日の降順、次にタイトルの昇順での投稿の取得**

```
$args = array(
    'orderby' => array(
        'date'  => 'DESC',
        'title' => 'ASC'
    )
);
$query = new WP_Query( $args );
```

■ **リスト9.43 カスタムフィールドの値でソート**

```
$args = array(
    'orderby'  => 'meta_value',
    'meta_key' => 'sku'
);
$query = new WP_Query( $args );
```

● **カスタムフィールドの値を複数指定したソート**

これは、バージョン4.2から可能になった記述方式です。meta_queryで指定する配列のキーを明示することで、そのキーをorderbyパラメーターで使用することが可能になります。コード例は、**リスト9.44**となります。

■ **リスト9.44 カスタムフィールドの値を複数指定したソート**

```
$args = array(
    'meta_query' => array(
        'relation' => 'AND',
        'meta_price' => array(
            'key'     => 'price',
            'value'   => '1000',
            'type'    => 'numeric',
            'compare' => '>'
        ),
        'meta_release' => array(
            'key'     => 'release',
            'value'   => '2016-01-01',
```

パラメーター ● 9.3

```
            'type'    => 'date',
            'compare' => '>'
        )
    ),
    'orderby' => 'meta_release meta_price date'
);
$query = new WP_Query( $args );
```

さらに、ソート順の指定も組み合わせた、より実践的な例が**リスト9.45**です。meta_queryから値の指定を省くことで、ソートの指定のみに使用できます。

リスト9.45によって実際に生成されるSQLを参考に示しておきます（**リスト9.46**）。

■ **リスト9.45　ソート順の指定も組み合わせた例**

```
$args = array(
    'meta_query' => array(
        'meta_price' => array(
            'key'     => 'price',
            'type'    => 'numeric'
        ),
        'meta_release' => array(
            'key'     => 'release',
            'type'    => 'date'
        )
    ),
    'orderby' => array(
        'meta_price'   => 'asc',
        'meta_release' => 'desc',
        'date'         => 'desc'
    )
);
$query = new WP_Query( $args );
```

■ **リスト9.46　リスト9.45によって生成されるSQL**

```
SELECT SQL_CALC_FOUND_ROWS wp_posts.ID FROM wp_posts INNER JOIN wp_postmeta ON
( wp_posts.ID = wp_postmeta.post_id ) INNER JOIN wp_postmeta AS mt1 ON ( wp_po
sts.ID = mt1.post_id ) WHERE 1=1 AND ( wp_postmeta.meta_key = 'price' AND mt1.
meta_key = 'release' ) AND wp_posts.post_type = 'post' AND (wp_posts.post_sta
tus = 'publish') GROUP BY wp_posts.ID ORDER BY CAST(wp_postmeta.meta_value AS
SIGNED) ASC, CAST(mt1.meta_value AS DATE) DESC, wp_posts.post_date DESC LIMIT
0, 10
```

第**9**章 投稿データの検索・取得

過去のWordPressでは、このような複雑なSQLを発行するには、本章の最後で解説するフィルターフックを使用するしか手段がなく、複雑な検索クエリが必要なアプリケーションを構築するにはかなり不便でした。ネット上の解説でもフィルターフックを使う方法が多く見られると思います。しかし、現在ではWP_Meta_Queryクラスなどの機能で実現できるようになりました。そのため、フィルターフックの重要度については相対的に下がったと思われます。配列を入れ子で指定する方法は少し慣れが必要ですが、ぜひ使いこなして欲しいと思います。

ページ送り

ページ送りに関連するパラメーターを指定して投稿を取得できます（**表9.17**）。コード例は、**リスト9.47**〜**リスト9.49**となります。

■ 表9.17 ページ送りに関するパラメーター

パラメーター	型	説明
nopaging	真偽値	すべての投稿を取得するか、ページ送りを使用するかを選択する。デフォルトはfalseで、ページ送りを使用する
posts_per_page	整数	1ページに表示する投稿の件数を整数で指定する。-1を指定すると、すべての投稿の取得になり、offsetパラメーターの値が無視される。RSSフィードではこの値は無視され、保存されているposts_per_rssオプションの値が使われる
posts_per_archive_page	整数	アーカイブis_archive() or is_search()で1ページに表示する投稿の件数を指定する。is_archive()またはis_search()がtrueの場合のみ、posts_per_page の値を上書きする
offset	整数	オフセット値を指定する。この値で指定した件数の投稿を先頭から除外して投稿を取得する。このパラメーターを使用すると、ページ送りの誤動作の原因になるため注意が必要。取得をスキップする投稿数を指定するパラメーターのようにも見えるが、このパラメーターは実際には、SQL文のLIMIT句のoffsetに直接使われる。そのため2ページ目以降を表示したい場合に、期待した結果を得られないことになる
paged	整数	ページ数
page	整数	固定ページをフロントページに使用している場合のページ数
ignore_sticky_posts	真偽値	先頭固定表示投稿を無視するかどうかを選択する。デフォルトはfalseで、先頭固定表示を先頭に追加する。trueの場合は先頭固定表示を無視する

272

■ **リスト9.47　指定した件数の投稿の取得**

```
$args = array( 'posts_per_page' => '3' );
$query = new WP_Query( $args );
```

■ **リスト9.48　投稿の全件取得**

```
$args = array( 'posts_per_page' => '-1' );
$query = new WP_Query( $args );
```

■ **リスト9.49　5ページ目の投稿の取得**

```
$args = array( 'paged' => '5' );
$query = new WP_Query( $args );
```

返り値

　WP_Queryが取得する投稿データのフィールドを指定できます（**表9.18**）。オブジェクトマッピングが不要な場合に使用できます。

■ **表9.18　返り値に関するパラメーター**

パラメーター	型	説明
fields	文字列	取得したい返り値のオプションを指定する

　fieldsパラメーターでidsを指定すると、投稿IDの配列が取得できます。id=>parentを指定すると、投稿IDをキー、親の投稿IDを値とした配列が取得できます。利用可能なオプションはこの2つのみで、デフォルトではWP_Postオブジェクトのインスタンスが配列で取得されます。

get_posts()関数でどのようなパラメーターが付加されているか

　以上のように、WP_Queryで使用できるパラメーターは多岐に渡り、最初は使いこなすことが難しいかもしれません。本章の冒頭で紹介したように、より簡易にWP_Queryにアクセスするためのショートカットとして、get_posts()関数が用意されています。この関数はサブループを作成することが主な用途で、WP_Queryと同等のパラメーターを指定してWordPressから投稿を取得できます。**リスト9.50**にget_posts()関数の使用例を示します。

第**9**章 投稿データの検索・取得

■ リスト9.50 get_posts()関数の使用例

```
$args = array(
    'post_type'      => 'post',
    'posts_per_page' => 5
);
$myposts = get_posts( $args );
```

$argsの指定方法に注目してください。使用できるパラメーターは、WP_Query
と同様です。get_posts()関数の返り値は、WP_Postオブジェクトのインスタン
スの配列になります。

get_posts()関数の内部では、受け取った配列にいくつかのパラメーターと
値を追加しています。それでは、WordPressのget_posts()関数のソースコー
ドを見てみましょう（**リスト9.51**）。

■ リスト9.51 get_posts()関数のソースコード

```
function get_posts( $args = null ) {
    $defaults = array(
        'numberposts' => 5, 'offset' => 0,
        'category' => 0, 'orderby' => 'date',
        'order' => 'DESC', 'include' => array(),
        'exclude' => array(), 'meta_key' => '',
        'meta_value' =>'', 'post_type' => 'post',
        'suppress_filters' => true
    );

    $r = wp_parse_args( $args, $defaults );
    if ( empty( $r['post_status'] ) )
        $r['post_status'] = ( 'attachment' == $r['post_type'] ) ? 'inherit' :
        'publish';
    if ( ! empty($r['numberposts']) && empty($r['posts_per_page']) )
        $r['posts_per_page'] = $r['numberposts'];
    if ( ! empty($r['category']) )
        $r['cat'] = $r['category'];
    if ( ! empty($r['include']) ) {
        $incposts = wp_parse_id_list( $r['include'] );
        $r['posts_per_page'] = count($incposts);  // only the number of posts
        included
        $r['post__in'] = $incposts;
    } elseif ( ! empty($r['exclude']) )
        $r['post__not_in'] = wp_parse_id_list( $r['exclude'] );

    $r['ignore_sticky_posts'] = true;
    $r['no_found_rows'] = true;
```

274

```
    $get_posts = new WP_Query;
    return $get_posts->query($r);

}
```

　冒頭の$defaultsでデフォルト値が定義されており、wp_parse_args()関数を用いて$argsで引数として渡されたパラメーターをマージしています。デフォルト値の中のsuppress_filtersに注目してください。suppress_filtersをtrueに設定すると、WP_Query内部でフィルターフックが適用されなくなります。デフォルト値はfalseです。

　WordPressでプラグインを有効化している際は、プラグインがフィルターフックを用いてWP_Queryの表示条件にカスタマイズを加えている場合があります。フィルターフックは、メインクエリ以外に新たにWP_Queryのインスタンスを作成した場合でも、等しく適用されます。開発者自らパラメーターを指定して投稿を取得する場合は、プラグインによる影響を避けてパラメーターの指定通りに投稿を取得したいと思いますので、get_posts()関数を使用せずにWP_Queryのインスタンスを作成する際でも、パラメーターにsuppress_filtersを指定することを忘れないようにしてください。

　次に、post_statusの値を、添付ファイルの場合のみinheritに変更していることにご注意ください。本章で解説している通り、添付ファイルは特殊な投稿ステータスを持ちます。

　最後に、ignore_sticky_postsとno_found_rowsのパラメーターをtrueにセットしていることに注目してください。ignore_sticky_postsをtrueに設定すると、先頭固定表示が無視されます。先頭固定表示を含めることは、投稿を取得する際のほとんどの場合で不要だと思いますが、デフォルト値がfalseであることに注意してください。no_found_rowsパラメーターがfalseの場合、WP_QueryはSQL文にSQL_CALC_FOUND_ROWSオプションを付加します。

　SQL_CALC_FOUND_ROWSオプションを付加すると、条件に合致する投稿の総数を計算しますが、これはページ送りを使用しない場面では不要な処理になります。get_posts()関数を使用せずにWP_Queryのインスタンスを作成する際でも、処理速度向上のために、ページ送りが不要な場合はno_found_rowsパラメーターをtrueに設定するようにしてください。

● **get_posts()関数を使用する場合の注意**
　get_posts()関数は、少ないパラメーターの指定で条件に合致した投稿を配

第9章　投稿データの検索・取得

列で取得できる便利な関数です。ただし、取得した配列をそのままループして
も、テンプレートタグを使用できません（**リスト9.52**）。すでに本章で解説した
ように、テンプレートタグはグローバル変数を参照しているためです。

■ **リスト9.52　テンプレートタグが使用できない例**

```
$args = array(
    'post_type'      => 'post',
    'posts_per_page' => 5
);
$myposts = get_posts( $args );
foreach ($myposts as $post) {
    // このようには書けない
    ?>
    <h1><?php the_title(); ?></h1>
    <?php
}
```

　WP_Queryのインスタンスを作成する場合では、WP_Query::the_post()メソッ
ドを使用することで、グローバル変数の上書きが行われ、テンプレートタグが
使用可能になります（**リスト9.53**）。

■ **リスト9.53　WP_Queryのインスタンスを用いたループの記述例**

```
if ( $the_query->have_posts() ) {
    while ( $the_query->have_posts() ) {
        // 投稿に関連するデータをグローバル変数に展開する
        $the_query->the_post();

        // テンプレートタグで投稿タイトルを表示
        ?>
        <h1><?php the_title(); ?></h1>
        <?php
    }
}
// グローバル変数の上書きをリセット
wp_reset_postdata();
```

　get_posts()関数を使用する場合は、WP_Query::the_postを使用する代わり
に、setup_postdata()関数を用います（**リスト9.54**）。この関数は、メインク
エリのWP_Query::setup_postdata()メソッドのラッパーとして機能します。こ
のメソッドは、WP_Query::the_post()の内部で呼ばれているものと同一です。

276

その他のプロパティとメソッド ● **9.4**

■ **リスト9.54　setup_postdata()関数の使用例**

```php
$args = array(
    'post_type'      => 'post',
    'posts_per_page' => 5
);
$myposts = get_posts( $args );

global $post;
foreach ($myposts as $post) {
    // 投稿に関連するデータをグローバル変数に展開する
    setup_postdata( $post );

    // テンプレートタグで投稿タイトルを表示できる
    ?>
    <h1><?php the_title(); ?></h1>
    <?php
}
// グローバル変数の上書きをリセット
wp_reset_postdata();
```

　$post変数にグローバル宣言をしているのは、一部のテンプレートタグが、グローバル変数の$postを参照しているためです。WP_Queryのインスタンスを使用する場合ではWP_Query::the_postの内部でこのグローバル宣言が行われているのですが、get_posts()関数を使用する場合はこの宣言が行われないため、開発者が明示的に行う必要があります。この点はWordPressに慣れていない開発者がはまりやすく、また原因を究明しにくいバグにつながりますので、ぜひご注意ください。ややこしいので、筆者はget_posts()を使わないほうが良いと思っています。

9.4 その他のプロパティとメソッド

　これまで、WP_Queryクラスの基本的な使用方法と、利用可能なパラメーターについて紹介してきました。投稿の検索と取得、表示に関する処理においては、これまで紹介した内容で十分対応可能です。本節では、WP_Queryクラスで利用可能なその他のプロパティやメソッドについて紹介します。

クエリ変数の取得

　WP_Queryクラスでは、インスタンスが持つ検索条件がpublicな変数$query_

第9章　投稿データの検索・取得

vars に配列で格納されています。これは、WP_Query のコンストラクタに渡されたパラメーターの配列と似ていますが、WP_Query が持つデフォルト設定が反映されたものになっています。

　開発者が知りたいのは多くの場合において、特定のクエリ変数の値だと思いますが、$query_vars プロパティはすべてのクエリ変数を配列でひとまとめに保持しています。そのため、$query_vars プロパティ内の特定のキーの値を取得するためのゲッターメソッド WP_Query::get() が用意されています（**リスト9.55**）。

■ **リスト9.55　WP_Query::get() メソッドの使用例**

```
$args = array(
    'post_type'   => 'post',
    'post_status' => 'publish'
);
$query = new WP_Query( $args );
echo $query->get('post_status');

// 出力結果はpublish
```

　反対に、特定のクエリ変数をあとからセットするための WP_Query::set() メソッドも存在します。ただし、本章で見てきたように、WP_Query クラスはインスタンス化の時点でデータベースからの検索まで終えてしまいます。そのため、このセッターメソッドはアクションフックを用いて介入する以外に使用できません。詳しくは本章の pre_get_posts アクションの項で解説します。

　グローバル変数を参照して、以下のように、メインクエリのクエリ変数は WP_Query::get() メソッドを用いても取得できます。

```
global $wp_query;
$wp_query->get( 'post_status' );
```

　この場合は以下のように、メインクエリのクエリ変数を取得するための関数 get_query_var() を使うこともできます。

```
// 上の例と等価
get_query_var( 'post_status' );
```

クエリフラグの取得

　クエリフラグの仕組みについては、すでに本章の冒頭で解説しました。クエ

その他のプロパティとメソッド ● **9.4**

リフラグを取得するための主要なメソッドの一覧を**表9.19**に示します。

■ 表9.19　クエリフラグを取得する主なメソッド

メソッド	説明
is_archive()	クエリがアーカイブページ（月、年、カテゴリー、投稿者、投稿タイプなど）かどうかを取得する
is_post_type_archive($post_types = '')	クエリが投稿タイプアーカイブかどうかを取得する。投稿タイプを指定して、特定の投稿タイプのアーカイブかどうかも判定できる。配列で複数指定も可能
is_attachment($attachment = '')	クエリが添付ファイルページかどうかを取得する。添付ファイルのID、タイトル、スラッグ、またはそれらの配列を指定し、特定の添付ファイルのページかどうかも判定できる
is_author($author = '')	クエリが投稿者アーカイブかどうかを取得する。ユーザー名、ニックネーム、表示名、またはそれらの配列を指定し、特定の投稿者のページかどうかも判定できる
is_category($category = '')	クエリがカテゴリーアーカイブかどうかを取得する。カテゴリーのID、名前、スラッグ、またはそれらの配列を指定し、特定のカテゴリーのページかどうかも判定できる
is_tag($tag = '')	クエリがタグアーカイブかどうかを取得する。タグのID、名前、スラッグ、またはそれらの配列を指定し、特定のタグのページかどうかも判定できる
is_tax($taxonomy = '', $term = '')	クエリがタクソノミーアーカイブかどうかを取得する。$taxonomyパラメーターでタクソノミーのスラッグを指定し、特定のタクソノミーのアーカイブかどうかも判定できる。配列で複数指定することも可能。さらに、タームのID、名前、スラッグ、またはそれらの配列を指定し、特定のタームのページかどうかも判定できる
is_date()	クエリが日付関連のアーカイブかどうかを取得する
is_day()	クエリが日付アーカイブかどうかを取得する
is_month()	クエリが月アーカイブかどうかを取得する
is_year()	クエリが年アーカイブかどうかを取得する
is_feed($feeds = '')	クエリがフィードかどうかを取得する
is_comment_feed()	クエリがコメントフィードかどうかを取得する
is_front_page()	クエリがフロントページかどうかを取得する。このクエリフラグがtrueになる条件は、ダッシュボード内のフロントページの表示設定に依存するので注意すること
is_home()	クエリがブログのホームページかどうかを取得する

第**9**章

is_page($page = '')	クエリが固定ページかどうかを取得する。固定ページのID、タイトル、スラッグ、パス、またはそれらの配列を指定し、特定の固定ページかどうかも判定できる
is_paged()	クエリが複数ページに渡るページで、さらに2ページ目以降を表示している場合はtrueを返す
is_single($post = '')	クエリが投稿ページかどうかを取得する。固定ページと添付ファイル以外の投稿タイプにおいて有効となる。投稿のID、タイトル、スラッグ、パス、またはそれらの配列を指定し、特定の投稿ページかどうかも判定できる
is_singular($post_types = '')	クエリが投稿ページかどうかを取得する。固定ページと添付ファイルを含むすべての投稿タイプが対象になる。投稿タイプを指定し、特定の投稿タイプのページかどうかも判定できる
is_preview()	クエリが投稿のプレビューかどうかを取得する
is_search()	クエリがキーワード検索かどうかを取得する
is_404()	クエリが404ページ（結果が存在しない）かどうかを取得する
is_main_query()	クエリがメインクエリかどうかを取得する

ページ送り関連情報の取得

WP_Queryには、ページ送り機能に関するプロパティも存在します（**表9.20**）。

■ **表9.20　ページ送り関連のプロパティ**

プロパティ	説明
$post_count	現在のクエリに含まれる投稿の数
$found_posts	現在の検索条件に合致する投稿の総数
$max_num_pages	ページ送りに含まれるページ数

WordPressでは、the_posts_pagination()関数を用いて、メインクエリのページ送りナビゲーションを簡単に配置できます。ただし、メインクエリ以外のWP_Queryインスタンスに対してページ送りを機能させるには少し面倒な記述が必要になります。**リスト9.56**に、サブクエリにページ送りナビゲーションを表示する例を示します。paginate_links()関数のパラメーターについては、Codex上のドキュメント[注2]を参考にしてください。

注2　https://codex.wordpress.org/Function_Reference/paginate_links

その他のプロパティとメソッド ● **9.4**

■ **リスト9.56　サブクエリにページ送りナビゲーションを表示**

```
// 現在何ページ目を表示しているかを取得する
// URLから解析されたパラメーターはメインクエリ内のクエリ変数として保持される
ため、
// get_query_var() 関数を利用して取得する
$paged = ( get_query_var( 'paged' ) ) ? absint( get_query_var( 'paged' ) ) : 1;

// パラメーターを指定してWP_Queryのインスタンスを新規生成する
// メインクエリから取得した$pagedを渡していることに注意
$args = array(
    'posts_per_page' => 5,
    'paged'          => $paged,
    'orderby'        => 'post_date',
    'order'          => 'DESC',
    'post_type'      => 'post',
    'post_status'    => 'publish'
);
$the_query = new WP_Query($args);

// 投稿を表示
if ( $the_query->have_posts() ) :
    while ( $the_query->have_posts() ) : $the_query->the_post();
        get_template_part( 'content', get_post_format() );
    endwhile;
else:
    get_template_part( 'content', 'none' );
endif;

// 2ページ目以降が存在しない場合はページ送りを表示しない
if ($the_query->max_num_pages > 1) {
    // リンク形式を指定
    if( get_option('permalink_structure') ) {
        $format = 'page/%#%/';
    } else {
        $format = '&paged=%#%';
    }

    // ページ送りを表示
    echo paginate_links(array(
        'base'      => get_pagenum_link(1) . '%_%',
        'format'    => $format,
        'current'   => max(1, $paged),
        'total'     => $the_query->max_num_pages,
        'mid_size'  => 3,
        'prev_text' => '&larr;',
        'next_text' => '&rarr;'
```

第 **9** 章

第**9**章　投稿データの検索・取得

```
    ));
}

wp_reset_postdata();
```

クエリドオブジェクトの取得

WP_Queryのインスタンスから、そのインスタンスが持つクエリ変数による文脈に応じたオブジェクトを取得できます。例えば、クエリが特定の投稿ページであればその投稿のオブジェクト、クエリがアーカイブの場合は、カテゴリーやタグなど、アーカイブの種類に応じたオブジェクトが取得できます。このクエリの文脈を表したオブジェクトをクエリドオブジェクトと呼びます。

クエリドオブジェクトは、WP_Query::get_queried_object()メソッドで取得できます(**リスト9.57**)。

■ **リスト9.57　WP_Query::get_queried_object()メソッドの使用例**

```
// 投稿IDを指定してクエリを作成
$args = array( 'p' => 1 );
$query = new WP_Query( $args );

var_dump( $query->is_singular() );
// bool(true)

$obj = $query->get_queried_object();
// $objは投稿ID 1の WP_Postのインスタンスになる
```

WordPressでは、投稿のためにWP_Postという専用のクラスが用意されています。タームや投稿タイプもそれぞれ、専用のクラスが用意されており、クエリドオブジェクトとして取得されます(**リスト9.58**)。

■ **リスト9.58　タームや投稿タイプをクエリドオブジェクトとして取得**

```
// カテゴリーIDを指定してクエリを作成
$args = array( 'cat' => 1 );
$query = new WP_Query( $args );

var_dump( $query->is_archive() );
// bool(true)

$obj = $query->get_queried_object();
// $objはID=1のカテゴリーを表したWP_Termクラスのインスタンスになる
```

その他のプロパティとメソッド ● 9.4

```
/*
object(WP_Term)#4898 (16) {
  ["term_id"]=>
  int(1)
  ["name"]=>
  string(9) "未分類"
  ["slug"]=>
  string(27) "%e6%9c%aa%e5%88%86%e9%a1%9e"
  ["term_group"]=>
  int(0)
  ["term_taxonomy_id"]=>
  int(1)
  ["taxonomy"]=>
  string(8) "category"
  ["description"]=>
  string(0) ""
  ["parent"]=>
  int(0)
  ["count"]=>
  int(1)
  ["filter"]=>
  string(3) "raw"
  ["cat_ID"]=>
  int(1)
  ["category_count"]=>
  int(1)
  ["category_description"]=>
  string(0) ""
  ["cat_name"]=>
  string(9) "未分類"
  ["category_nicename"]=>
  string(27) "%e6%9c%aa%e5%88%86%e9%a1%9e"
  ["category_parent"]=>
  int(0)
}
*/

// 投稿タイプを指定してクエリを作成
$args = array(
'post_type'   => 'movie',
'post_status' => 'publish'
);
$query = new WP_Query( $args );

var_dump( $query->is_post_type_archive() );
```

第9章

283

第**9**章　投稿データの検索・取得

```
// bool(true)

$obj = $query->get_queried_object();
// $objはスラッグが 'movie' の投稿タイプを表したWP_Post_Typeクラスのイン
// スタンスになる

/*
object(WP_Post_Type)#5015 (37) {
  ["name"]=>
  string(5) "movie"
  ["label"]=>
  string(6) "Movies"
  ["labels"]=>
  object(stdClass)#5095 (26) {
["name"]=>
string(6) "Movies"
["singular_name"]=>
string(5) "Movie"
["add_new"]=>
string(12) "新規追加"
["add_new_item"]=>
string(20) "新規Movieを追加"
["edit_item"]=>
string(12) "編集 Movie"
["new_item"]=>
string(11) "新規Movie"
... (中略) ...
  ["slug"]=>
  string(5) "movie"
}
*/
```

　クエリドオブジェクトを使用すると、テンプレート内でクエリの内容に応じた分岐が可能になります。主な用途としては、投稿が持つカテゴリーによる分岐や、アーカイブがどのカテゴリーのアーカイブなのかによる分岐などが考えられます。

　クエリドオブジェクトの制限としては、ホームや検索結果ではNULLになってしまうことが挙げられます。そのため、クエリドオブジェクトはクエリの種類を見分ける用途にはあまり向いていません。クエリの種類を判別するには、条件分岐タグを使用するほうが良いでしょう。

　また、WP_Query::get_queried_objectと同様に使用でき、クエリドオブジェクトのIDのみ取得するWP_Query::get_queried_object_id()メソッドも使用できます。

グローバル変数を参照して、以下のようにメインクエリのクエリドオブジェクトをWP_Query::get_queried_object()メソッドを用いても取得できます。

```
global $wp_query;
$obj = $wp_query->get_queried_object();
```

また、以下のようにメインクエリのクエリドオブジェクトを取得するための関数get_queried_object()を使うこともできます。

```
// 上の例と等価
$obj = get_queried_object();
```

同様に、メインクエリのクエリドオブジェクトIDを取得する関数としてget_queried_object_id()が用意されています。

9.5 メインクエリ中のWP_Queryに対して行える操作

本章ではここまで、WP_Queryのインスタンスを生成する形で、その使い方やパラメーターの意味を紹介してきました。しかし、本章の冒頭でも解説したように、WP_QueryはWordPress自身がURLからパラメーターを解釈し、テンプレートを使って投稿を表示するメインクエリでも使われています。

このメインクエリに該当するWP_Queryクラスのインスタンスにアクセスして、ブログに表示される投稿の検索条件を変更するにはどうすれば良いのでしょうか。すでに見てきたように、WP_Queryクラスはインスタンス化を終えた時点で、すでにデータベースへの問い合わせを終えてしまいます。そのため、WordPressの特徴でもあるフックを使う必要があります。本節では、フックを使ってメインクエリをカスタマイズする方法を解説します。

pre_get_postsアクション

メインクエリに対する操作を行うには、pre_get_postsアクションフックを使用するのが一般的です。**リスト9.59**に基本的な用法を示します。アクションフックの使用方法自体については「**第5章　WordPressの基本アーキテクチャ**」を参照してください。

第**9**章　投稿データの検索・取得

■ **リスト9.59　pre_get_postsアクションの基本的な使用例**

```
add_action( 'pre_get_posts', function( $query ) {
    if ( is_admin() || ! $query->is_main_query() ) {
        return;
    }

    if ( メインクエリの改変を適用する条件 ) {
        $query->set( 'パラメーター', '値' );
        return;
    }
} );
```

　pre_get_posts フックの引数には、メインクエリでインスタンス化された WP_Query のオブジェクト自身が参照で渡されます。冒頭で条件分岐関数 is_admin() と $query->is_main_query() メソッドのいずれかが true である場合に処理を中断していることに注目してください。pre_get_posts フックは、メインクエリに限らずあらゆる WP_Query のインスタンスで実行されます。それは管理画面内で実行されるクエリに関しても同様です。ほとんどの場合でこのフックを使用する目的はフロントエンドでの表示の調整です。また、メインクエリ以外の場合は、本章で解説してきたように、パラメーターを配列で指定できます。そのため、メインクエリ以外でこのフックを使用する用途はほぼありません。

　メインクエリの改変を適用する条件の記述には、本章で解説したクエリフラグを取得するメソッド（表9.19）を使用できます。また、$query->set() メソッドによって設定するパラメーターも、本章（**9.3**）で解説したパラメーターがそのまま使用できます。

　それでは、具体的な用例を見ていきましょう。**リスト9.60**は、アーカイブから特定のカテゴリーを除外する例です。

■ **リスト9.60　アーカイブから特定のカテゴリーを除外**

```
add_action( 'pre_get_posts', function( $query ) {
    if ( is_admin() || ! $query->is_main_query() ) {
        return;
    }

    // メインクエリがカテゴリーの場合
    if ( $query->is_archive() ) {
        // IDが 1のカテゴリーを除外する
        $query->set( 'category__not_in', array(1) );
        return;
    }
} );
```

リスト9.61は、検索結果から固定ページを除外する例です。検索はデフォルトで投稿と固定ページの2つの投稿タイプに対して行われるため、投稿のみで設定し直しています。

■ **リスト9.61　検索結果から固定ページを除外**

```
add_action( 'pre_get_posts', function( $query ) {
    if ( is_admin() || ! $query->is_main_query() ) {
        return;
    }

    if ( $query->is_search() ) {
        $query->set( 'post_type', 'post' );
        return;
    }
} );
```

リスト9.62は、アーカイブの種類に応じて表示件数を設定する例です。WordPressでは、管理画面からは1ページの表示数が1つしか設定できないため、頻出のカスタマイズ例です。

■ **リスト9.62　アーカイブの種類に応じた表示件数の設定**

```
add_action( 'pre_get_posts', function( $query ) {
    if ( is_admin() || ! $query->is_main_query() ) {
        return;
    }

    // movie投稿タイプの場合のみ、1ページに50件表示
    if ( $query->is_post_type_archive( 'movie' ) ) {
        $query->set( 'posts_per_page', 50 );
        return;
    }
} );
```

9.6　クエリビルディングへの介入

本章で解説してきた、パラメーターを指定するという正攻法によるWP_Queryの使用方法では解決できない問題も、実際の開発ではしばしば発生します。そ

第**9**章　投稿データの検索・取得

のような場合のために、WP_Queryの内部で発行されるSQL文を直接変更するためのフィルターフックが用意されています。フィルターフックの使用方法自体については「**第5章　WordPressの基本アーキテクチャ**」を参照してください。

JOIN句に対するフィルター

　JOIN句に対する変更のためにposts_joinフィルターが用意されています。このフィルターには、現在のクエリのJOIN句がそのまま渡されます。**リスト9.63**では、このフィルターを使ってwp_usermetaテーブルを結合し、投稿者のニックネームを取得しています。

■ **リスト9.63　JOIN句に対するフィルター**

```
// 第1引数にJOIN句、第2引数にWP_Queryのインスタンスが参照で渡される
add_filter( 'posts_join', function( $join, $query ) {
    global $wpdb;

    // フィルターを適用する条件のチェック
    // ここでは、管理画面、メインクエリ以外、検索結果以外を除外している
    if ( is_admin() || ! $query->is_main_query() || ! $query->is_search() ) {
        return $join;
    }

    // JOIN句に追加したいものを追加する
    $join .= " LEFT JOIN (select user_id, meta_key, meta_value as nickname fro
m $wpdb->usermeta) AS ut"
    $join .= " ON ($wpdb->posts.post_author = ut.user_id AND ut.meta_key = 'ni
ckname')";

    return $join;
}, 10, 2 );
```

WHERE句に対するフィルター

　WHERE句に対する変更のためにposts_whereフィルターが用意されています。このフィルターには、現在のクエリのWHERE句がそのまま渡されます。**リスト9.64**は、このフィルターを使って、先ほど結合したニックネームをキーワード検索の対象に追加する例です。

クエリビルディングへの介入 ● 9.6

■ リスト9.64　WHERE句に対するフィルター

```
// 第1引数にWHERE句、第2引数にWP_Queryのインスタンスが参照で渡される
add_filter( 'posts_where', function( $where, $query ) {
    global $wpdb;

    if ( is_admin() || ! $query->is_main_query() || ! $query->is_search() ) {
        return $where;
    }

    // 検索キーワードをWP_Queryのオブジェクトから取得
    $s     = $query->get('s');
    // エスケープ
    $like  = '%' . $wpdb->esc_like( $s ) . '%';
    // 投稿者のニックネームが検索ワードに合致するものという条件を追加
    $where .= $wpdb->prepare( " AND nickname LIKE %s", $like );

    return $where;
}, 10, 2 );
```

第9章

● キーワード検索部分に限定したWHERE句に対するフィルター

　リスト9.64では、投稿者のニックネームに対する検索条件をWHERE句全体に
ANDで追加してしまいました。通常キーワード検索ではORで検索対象を追加し
たいと思います。そのような検索キーワードに対する変更のためにposts_search
フィルターが用意されています。このフィルターには、キーワード検索に関連
するWHERE句の一部が渡されます。**リスト9.65**は、検索フォームで「example」
と入力して検索した場合に、posts_searchフィルターに渡される値の例です。

■ リスト9.65　キーワード検索部分に限定したWHERE句に対するフィルター

```
' AND (((wp_posts.post_title LIKE \'%example%\') OR (wp_posts.post_content LIK
E \'%example%\'))) '
```

　このように、デフォルトでは投稿のタイトルと本文のみが検索対象となって
いることがわかります。**リスト9.66**は、このフィルターを使って、キーワー
ド検索の対象を先ほど結合した投稿者のニックネームに限定する例です（わかり
やすさのために処理を簡略化しています。実際に実装する際はWP_Query::parse_
searchのコードを参考にしてください）。

■ リスト9.66　投稿者のニックネームに限定したWHERE句に対するフィルター

```
// 第1引数にWHERE句の一部、第2引数にWP_Queryのインスタンスが参照で渡される
add_filter( 'posts_search', function( $search, $query ) {
```

289

第**9**章　投稿データの検索・取得

```
    global $wpdb;

    // 管理画面、メインクエリでない、検索結果ではない場合はスキップ
    if ( is_admin() || ! $query->is_main_query() || ! $query->is_search() ) {
        return $search;
    }

    $s     = $query->get('s');
    $like  = '%' . $wpdb->esc_like( $s ) . '%';
    // 新たにWHERE句を作成
    $search = $wpdb->prepare( " AND nickname LIKE %s", $like );

    return $search;
}, 10, 2 );
```

ORDERBY句に対するフィルター

ORDERBY句に対する変更のために posts_orderby フィルターが用意されて
います。検索結果のみで適用される posts_search_orderby フィルターもありま
す。使い方は posts_where などと同様です。

GROUPBY句に対するフィルター

GROUPBY句に対する変更のために posts_groupby フィルターが用意されて
います。使い方は posts_where などと同様です。

DISTINCT句に対するフィルター

GROUPBY句に対する変更のために posts_distinct フィルターが用意されて
います。使い方は posts_where などと同様です。

LIMIT句に対するフィルター

LIMIT句に対する変更のために post_limits フィルターが用意されています。
使い方は posts_where などと同様です。

SELECT句に対するフィルター

SELECT句に対する変更のために posts_fields フィルターが用意されています。使い方は posts_where などと同様です。

各SQL文をまとめたフィルター

JOIN句やSELECT句など、個別のフィルターに分かれているとコードが長くなります。そこで where、groupby、join、orderby、distinct、fields、limits を配列で受け取る posts_clauses フィルターが用意されています（**リスト9.67**）。

■ **リスト9.67　posts_clausesフィルターの使用例**

```
add_filter( 'posts_clauses', function( $clauses, $query ) {
    global $wpdb;

    if ( is_admin() || ! $query->is_main_query() || ! $query->is_search() ) {
        return $clauses;
    }

    $clauses['join']  .= " LEFT JOIN (select user_id, meta_key, meta_value as
nickname from $wpdb->usermeta) AS ut";
    $clauses['join']  .= " ON ($wpdb->posts.post_author = ut.user_id AND ut.me
ta_key = 'nickname')";

    $s                 = $query->get('s');
    $like              = '%' . $wpdb->esc_like( $s ) . '%';
    $clauses['where'] .= $wpdb->prepare( " AND nickname LIKE %s", $like );

    return $clauses;
}, 10, 2 );
```

SQL文全体に対するフィルター

WP_Queryで最終的に作成されてデータベースに送られるSQL文に対する変更のために posts_request フィルターが用意されています。SQL文全体が渡されますので、このフィルターを使うのは最終手段になるでしょう。また、単にSQL文全体を確認するためのデバッグ目的としても使えます。**リスト9.68**は、メインクエリのSQLをフッターに表示する簡易なスニペットです。

第**9**章　投稿データの検索・取得

■ リスト9.68　SQL文全体に対するフィルター

```
add_filter( 'posts_request', function( $request, $query ) {
    global $debug_request;
    if ($query->is_main_query()) {
        $debug_request = $request;
    }
    return $request;
}, 10, 2 );

add_action( 'wp_footer', function() {
    global $debug_request;
    var_dump($debug_request);
} );
```

9.7　まとめ

　本章では、WordPressの心臓部とも言えるWP_Queryについて、投稿データ
の取得に主眼を置いて解説してきました。WP_Queryには、本章で取り上げてい
ないパラメーターやフックがまだまだあります。それらすべてを把握するのは
大変ですが、興味を持った方はwp-includes/query.phpを開いてソースコード
をのぞいてみてください。WordPressが持つ柔軟性と、長い歴史を感じるこ
とができるでしょう。

292

第 **10** 章

ユーザーと権限

第10章 ユーザーと権限

10.1 ユーザーと権限の仕組み

多くのPHPアプリケーションやフレームワークでは、ユーザー管理とユーザー権限[1]のための機能が提供されています。WordPressでも同様にユーザーの概念と権限の概念があります。また、権限をひとまとめにした権限グループという概念もあります。

ユーザーと権限を制御するAPI

WordPressのユーザーと権限、権限グループに関する情報は、wp_usersテーブルとwp_usermetaテーブル、wp_optionsテーブルに格納されています(**図10.1**)。これらのユーザー情報と権限情報にアクセスするための主なAPIを**表10.1**に挙げています。

■ 図10.1 ユーザーと権限に関するテーブル

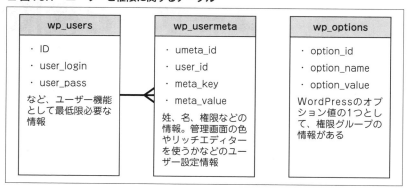

■ 表10.1 ユーザーと権限を制御するAPI

関数	説明
add_user()関数、edit_user()関数、wp_delete_user()関数など	ユーザーの作成・編集・削除を行う
WP_User_Queryクラス	ユーザーの検索を行う
WP_Userクラス	ユーザー情報の取得、権限の確認・変更を行う
WP_Rolesクラス	権限グループ一覧の取得・作成・削除を行う

注1　アクセスコントロールとも呼びます。

権限について少し詳しく解説します。例えば、固定ページの編集権限（edit_pages）をユーザーに付与するには以下の2つの方法があります。

- 権限グループにedit_pages権限を付与し、ユーザーに権限グループを割り当てる
- ユーザーに直接edit_pages権限を付与する

多くの場合は前者の方法で権限を付与します。特定のユーザーに対して権限を付与したり、剥奪したい場合は後者の方法を採ります。また、ユーザーに複数の権限グループを割り当てることも可能です（**図10.2**）。

■ 図10.2　ユーザーと権限グループ、権限の概念図

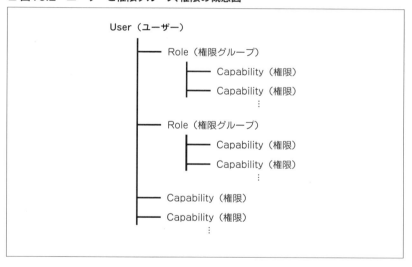

権限グループに付随する権限の情報は、wp_optionsテーブル、ユーザーに直接設定された権限の情報はwp_usermetaテーブルに保存されています。値はシリアル化されているため、unserialize()関数を通すことで詳しく確認できます。

なお、WordPressのバージョン2.0以前は権限グループの代わりにユーザーレベルを利用していましたが、バージョン3.0以降は廃止予定になり、WordPress 4.1のコアでは、ユーザーレベルを完全に無視しているので本書では解説を省きます。

第**10**章　ユーザーと権限

デフォルトの権限グループ

WordPressの権限グループは、デフォルトで**表10.2**に挙げた5種類が用意されています。

■ 表10.2　WordPressの権限グループ

ユーザー権限	説明
administrator	管理者
editor	編集者
author	投稿者
contributor	寄稿者
subscriber	購読者

特に権限グループを指定せずにユーザーを作成した場合は、自動的に購読者の権限グループが割り当てられます。これはwp_optionsテーブルの__defualt_role__にsubscriberが設定されているためですが、この設定を変更することも可能です。例えば、自動的に割り当てる権限グループを投稿者にする場合は以下のように記述します。

```
update_option('default_role', 'author');
```

デフォルトの権限グループについての詳しい解説はCodex[注2]を確認してください。ただし、日本語版のCodexは翻訳が遅れていることが多々あるので、念のため原文のCodexも確認することをお勧めします。

前述しましたが、デフォルトの権限グループを確認すると、ユーザーレベル(level_0～level_10)の権限がセットされていることが見て取れます。しかしながら、WordPressのコアではユーザーレベルに対して何も処理をしていないので、古いプラグインやテーマに対する後方互換を担保するためだけに登録されていると認識してください。

権限のカスタマイズや新しい権限グループの登録方法については「**10.3　ロールや権限の追加とカスタマイズ**」で解説します。

注2　ユーザーの種類と権限#権限 - WordPress Codex日本語版
　　　https://wpdocs.osdn.jp/ユーザーの種類と権限

ユーザー操作に関するAPI

ユーザーの操作に関して主なAPIについて簡潔に解説します。

基本的なデータ構造

すでに述べたように、ユーザー情報はwp_usersテーブルとwp_usermetaテーブルに保存されています。wp_usersにはユーザー名やパスワード、メールアドレスなど、WordPressにログインできるユーザーとして最低限の情報が登録されています。それ以外の例えば、姓名やSNSのアカウントなどがwp_usermetaテーブルに保存されます。

WordPressでは、テーブル構造を気にすることなく、ユーザー情報を取得するためのAPIとしてWP_Userクラスが存在します。例えば、以下のようにユーザーID = 2の姓とメールアドレスを取得するのは非常に簡単です。

```
$user = new WP_User(2);
$firstName = $user->get('first_name');
$email = $user->get('user_email');
```

first_nameはwp_usermetaテーブル、user_emailはwp_usersテーブルに保存されていますが、どちらに登録されたデータか気にすることなく取得できます。

ログインユーザーの情報

Webアプリケーションでは、ログイン中のユーザー名を表示したり、ユーザー別に出力する情報を変えることが多くあります。ログイン中のユーザー情報にアクセスするには、以下のようにwp_get_current_user()関数を使います。

```
$current_user = wp_get_current_user();
$current_user->get('first_name');
```

wp_get_current_user()関数の戻り値はWP_Userオブジェクトですので、容易に情報を取得できます。

第**10**章　ユーザーと権限

ユーザーの検索

WP_User_Queryクラスを利用することでユーザーの検索が可能です。例えば、サイト登録者（Subscriber）の中でGmailのアドレスを登録しているユーザーは、**リスト10.1**のように検索できます。

■ **リスト10.1　Gmailアドレス登録済ユーザの検索**

```
// WP_User_Query用のパラメーター
$args = array(
    'role' => 'Subscriber',
    'search' => '*@gmail.com',
    'search_columns' => array('user_email'),
);

// 検索を実行して結果を取得
$userQuery = new WP_User_Query($args);

// ユーザーがヒットした場合は、$resultsプロパティにユーザーデータがある
if (!empty($userQuery->results)) {
    foreach ($userQuery->results as $user) {
        print_r($user->get('user_email'));
    }
}
```

WP_User_Queryはパラメーターが多く、ここでは詳細は割愛します。詳しい解説はCodex[注3]を参照してください。なお、GenerateWP[注4]というサードパーティ製のサービスを利用すれば、容易にクエリの生成を行うことができます。パラメーターの種類や記述方法の理解などにも参考になります。

10.3　ロールや権限の追加とカスタマイズ

WordPressによるWebアプリケーション開発では、デフォルトのロール（権限グループ）や、デフォルトの権限以外の新しい権限を設定したい場面に出くわすことがあります。その場合、どのように新しい権限を管理していくのか、少し具体例を交えて解説していきます。

注3　https://codex.wordpress.org/Class_Reference/WP_User_Query
注4　https://generatewp.com/wp_user_query/

WP_Rolesクラス ──権限グループのカスタマイズ──

権限グループをカスタマイズするには、WP_Rolesクラスを利用します。**表10.3**に主要なメソッドをまとめています。

■ 表10.3　WP_Rolesクラスの主要なメソッド

メソッド	説明
add_role($role, $display_name, $capabilities = array())	新しい権限グループを登録する。$capabilitiesに権限を指定することで、権限グループの新規登録と、権限の設定を同時に行える。$roleは後述のget_role($role)など、APIで利用するための名称、$display_nameは表示用の名称（日本語でもOK）を登録する
add_cap($role, $cap, $grant = true)	登録済みの権限グループに新しい権限を与える。$grant=falseを指定することで明示的に権限を剥奪できる
get_role($role)	権限グループの情報を確認する。権限一覧を確認する場合に利用する
remove_role($role)	権限グループを削除する。もしwp_optionsのdefault_roleで設定した権限グループを削除しようとした場合は、同じくdefault_roleにsubscriber（購読者）を登録する
remove_cap($role, $cap)	指定した権限グループから権限を削除する。$capには文字列しか指定できないので、権限削除の際は1件ずつ行う

例えば、新しい権限グループとして経理担当者（*accountant*）を作成し、投稿の編集権限を与える場合は、**リスト10.2**のように記述します。

■ リスト10.2　新しい権限グループへの投稿編集権限の付加

```
global $wp_roles;
if (empty( $wp_roles )) {
        $wp_roles = new WP_Roles();
}

$wp_roles->add_role( 'accountant', 'Accountant', array(
    'read',
    'edit_posts',
    )
);
```

通常であれば、WordPressのグローバル変数$wp_rolesにWP_Rolesクラスのインスタンスが存在しますが、実行コンテキストによっては存在しない場合もあり、その場合は新たにインスタンス化します。

ちなみに、権限グループを入れ子にすることはできません。例えば、権限グループAccountantにEditorの権限も与えたい場合も、$capabilitiesにeditorを指定することはできません。Editorに設定された権限を1つずつ登録するか、

299

第**10**章　ユーザーと権限

ユーザーに複数の権限グループを登録してください。

WP_Userクラス ──ユーザ権限のカスタマイズ──

特定ユーザーに対して権限グループの変更や、そのユーザーの権限をカスタマイズするにはWP_Userクラスを利用します。**表10.4**に主要なメソッドをまとめます。

■ **表10.4　WP_Userの主要なメソッド**

メソッド	説明
__construct($id = 0, $name = '', $blog_id = '')	$idにユーザーIDかWP_Userオブジェクトを渡す。$idがわからなくても、$nameにユーザー名を指定する利用方法も可能
add_role($role)	ユーザーを指定した権限グループに登録する
set_role($role)	ユーザーを指定した権限グループに登録し、既存の権限グループを削除する
remove_role($role)	ユーザーから権限グループを削除する
add_cap($cap, $grant = true)	ユーザーに権限を与える。$grant=falseを指定することで、明示的に権限を剥奪できる。例えば、権限グループでは許可されていても、特定のユーザーだけ許可しないという場合に利用する
remove_cap($cap)	ユーザーから権限を削除する
remove_all_caps()	ユーザーからすべての権限を削除する
get_role_caps()	ユーザーに割り当てられた権限グループと権限の一覧を取得する
has_cap($cap)	ユーザーに権限があるかチェックする

例えば、ユーザーID = 2のユーザーに、権限グループとして購読者（*subscriber*）を登録し、固定ページの編集権限も与える場合は、以下のように記述します。

```
$user = new WP_User(2);
$user->set_role('subscriber');
$user->add_cap('edit_pages');
```

実際にこのアカウントでWordPressの管理画面にログインすると、固定ページの編集と、プロフィールの編集だけできることが確認できます。（**図10.3**）

■ 図10.3　カスタマイズされた権限を持つユーザーのダッシュボード

　また、権限グループで許可されている権限を特定のユーザーだけ許可しないように設定したい場合があると思います。例えば、以下のようにユーザーID＝2に対して編集者（*editor*）の権限グループは与えるが、固定ページの編集だけはできないようにするという設定が可能です。

```
$user = new WP_User(2);
$user->set_role('editor');
$user->add_cap('edit_pages', false);
```

　これらの登録した権限をアプリケーションで利用する方法については、「**10.4　権限のチェック手法**」で解説します。

独自権限の追加

　アプリケーションを作成する際は、WordPressに存在しない新しい権限を作成したい場合もあることでしょう。例えば、経理担当者に該当する権限グループを新規作成して、注文データの操作に関する権限を与えたいというケースです。注文確定（confirm_order）、注文データの編集（edit_order）、注文の取消（delete_order）というアプリケーション独自の権限を付与するには**リスト10.3**のように記述します。

■ リスト10.3　独自権限の追加

```
global $wp_roles;
if (empty( $wp_roles )) {
```

第**10**章　ユーザーと権限

```
        $wp_roles = new WP_Roles();
}

$wp_roles->add_role( 'accountant', 'Accountant', array(
    'read',
    'confirm_order',
    'edit_order',
    'delete_order',
    )
);
```

　権限の実態はただの文字列ですので、付与自体は非常に簡単に行えます。権限を使うにはアプリケーションのコードで権限をチェックする必要がありますので、次節で見ていきましょう。

10.4 権限のチェック手法

　権限ごとにアプリケーションの振る舞いを変更する場合は、ログイン中のユーザーの権限をチェックするAPIを利用します。実態はWP_Userクラスにありますが、利用する際はcurrent_user_can($capability)関数を利用しても同じことができます。マルチサイトの場合は、current_user_can_for_blog($blog_id, $capability)関数を利用します。WP_RolesクラスやWP_Userクラスと同様に、ソースコードはwp-includes/capabilities.phpにあります。

インストール権限のチェック

　例えば、ログイン中のユーザーにプラグインインストール権限(install_plugins)があるかチェックするには**リスト10.4**もしくは**リスト10.5**のコードで実装ができます。

■ **リスト10.4　インストール権限のチェック(その1)**

```
$currentUser = wp_get_current_user();
if ($currentUser->has_cap('install_plugins')) {
    // 処理
}
```

まとめ● **10.5**

■ **リスト10.5　インストール権限のチェック（その2）**

```
if (current_user_can('install_plugins')) {
    // 処理
}
```

非常に簡単ですね。

独自権限のチェック

アプリケーションで独自に定義した権限、例えば、注文確定権限（confirm_order）があるかどうかをチェックする際にもリスト10.5と同様のコードで実現できます（**リスト10.6**）。

■ **リスト10.6　独自権限のチェック**

```
if (current_user_can('confirm_order')) {
    // 注文を確定させるための処理
}
```

このように、WordPressに用意されたユーザーと権限チェックのためのAPIを利用することで、非常に手軽にアクセスコントロールを実装することが可能となります。

10.5　まとめ

本章では、WordPressにおけるユーザーと権限の設定について解説してきました。ユーザー、権限グループ、権限の3つを理解することで手軽にアクセスコントロールができますね。

第**10**章

第11章

管理画面のカスタマイズ

第**11**章　管理画面のカスタマイズ

11.1 メニューのカスタマイズ

　Webアプリケーションやサービスを開発するとき、多くの場合で運用管理画面が必要になります。WordPressには、美しくかつ洗練された管理画面が標準で組み込まれています。管理画面を操作することで、オペレーターは簡単に投稿データの作成・更新、WordPressの設定変更などが行えます。

　これらは、投稿タイプやタクソノミーの登録などで自動的に構成されていますが、開発者が独自の管理画面に変更または拡張したいという場面もあるでしょう。

　本章では、管理画面のカスタマイズでよくある事例を紹介しつつ、その実装方法について解説していきます。

メニューの定義

　ここでのメニューとは、管理画面メニューの左側に並んでいる項目を指します。このメニューのカスタマイズは、APIを使用することで簡単に実現できます。また、メニューのカスタマイズは、WordPressを使用した開発案件においては、ユーザーからのカスタマイズの要望が多い項目の一つです。

メニューの追加

　管理画面のメニューには、独自のメニューを追加することが可能です。例えば、テーマやプラグインの設定ページを作成し、設定ページへのメニューを追加できます。

● トップメニューへの追加

　トップメニューにメニューを追加する場合に利用される主なAPIは**表11.1**の通りです。

メニューのカスタマイズ ● 11.1

■ 表11.1　トップメニューにメニューを追加する主なAPI

関数名	説明
add_menu_page($page_title, $menu_title, $capability, $menu_slug, $function, $icon_url, $position)	トップメニューにメニューを追加する。$positionを指定することで、追加位置をトップメニューのメニュー内で調節できる
add_utility_page($page_title, $menu_title, $capability, $menu_slug, $function, $icon_url)	設定の下にメニューが追加される
add_object_page($page_title, $menu_title, $capability, $menu_slug, $function, $icon_url)	コメントの下にメニューが追加される

　それでは、メニューを追加するAPIを使って、独自のメニューを追加してみましょう。

　リスト11.1に、トップメニューにサンプル設定というメニューを追加する例を示します(**図11.1**)。

■ リスト11.1　トップメニューへのメニューの追加

```
add_action( 'admin_menu', function () {
    add_menu_page( 'サンプル設定', 'サンプル設定', 'manage_options', 'my_exam
ple_settings', function () {
        ?>
        <div class="wrap">
            <h2>サンプル設定</h2>
        </div>
        <?php
    }, 'dashicons-admin-generic' );
} );
```

第
11
章

307

第11章 管理画面のカスタマイズ

■ 図11.1　トップメニューにサンプル設定が追加された管理画面

トップメニューに項目を追加する際は、アクションフックのadmin_menuで、add_menu_page()関数を実行させることで追加できます。リスト11.1では、無名関数を使用して設定ページを生成しています。実際の運用では、設定ページを生成するソースコードが冗長になりがちですので、コールバック関数またはメソッドを別途用意したほうが良いかもしれません。

● サブメニューへの追加

サブメニューへメニューを追加する場合に利用される主なAPIは**表11.2**の通りです。

メニューのカスタマイズ ● **11.1**

■ **表11.2　サブメニューにメニューを追加する主なAPI**

関数名	説明
add_submenu_page($parent_slug, $page_title, $menu_title, $capability, $menu_slug, $function)	指定したトップメニューのメニューのサブメニューにメニューを追加する
add_dashboard_page($page_title, $menu_title, $capability, $menu_slug, $function)	ダッシュボードのサブメニューにメニューを追加する
add_posts_page($page_title, $menu_title, $capability, $menu_slug, $function)	投稿のサブメニューにメニューを追加する
add_pages_page($page_title, $menu_title, $capability, $menu_slug, $function)	固定ページのサブメニューにメニューを追加する
add_media_page($page_title, $menu_title, $capability, $menu_slug, $function)	メディアのサブメニューにメニューを追加する
add_comments_page($page_title, $menu_title, $capability, $menu_slug, $function)	コメントのサブメニューにメニューを追加する
add_theme_page($page_title, $menu_title, $capability, $menu_slug, $function)	テーマのサブメニューにメニューを追加する
add_plugins_page($page_title, $menu_title, $capability, $menu_slug, $function)	プラグインのサブメニューにメニューを追加する
add_users_page($page_title, $menu_title, $capability, $menu_slug, $function)	ユーザーのサブメニューにメニューを追加する
add_management_page($page_title, $menu_title, $capability, $menu_slug, $function)	ツールのサブメニューにメニューを追加する
add_options_page($page_title, $menu_title, $capability, $menu_slug, $function)	設定のサブメニューにメニューを追加する

第**11**章

　それでは、メニューを追加するAPIを使って、独自のメニューを追加してみましょう。サブメニューにメニューを追加する方法は、トップメニューにメニューを追加する方法と同じです。

　リスト11.2に、サブメニューにサンプル設定というメニューを追加する例を示します（**図11.2**）。

■ **リスト11.2　サブメニューへのメニューの追加**

```
add_action( 'admin_menu', function () {
    add_options_page( 'サンプル設定', 'サンプル設定', 'manage_options', 'my_ex
ample_settings', function () {
        ?>
        <div class="wrap">
            <h2>サンプル設定</h2>
        </div>
        <?php
```

309

第11章 管理画面のカスタマイズ

```
    } );
} );
```

■ 図11.2　設定のサブメニューにサンプル設定が追加された管理画面

お気付きかもしれませんが、ほぼadd_menu_page()関数がadd_options_pageに変わっただけです。違うのは、トップメニューにメニューを追加するときとは異なり、メニューラベルの横にアイコンを表示できないことです。

メニューを隠す

前節ではメニューに独自のメニュー項目を追加する方法を解説しました。

ここでは追加とは逆に、メニューを隠す方法を解説します。特定のメニューを隠すカスタマイズも、追加同様に要望が多い項目です。しかし、注意しなければならない点があります。

このカスタマイズはあくまでも隠すだけです。隠したメニューの元々のURLを知っているオペレーターが直接アクセスした場合、ページにアクセスができる点に注意が必要です。

● トップメニューを隠す

トップメニューを隠す場合に利用される主なAPIは**表11.3**の通りです。

■ 表11.3　トップメニューの各メニューを隠す主なAPI

関数名	説明
remove_menu_page($menu_slug)	$menu_slugに指定したトップメニューの各メニューを隠す。この関数は、メニューを隠すだけで、アクセスを禁止するものではない

トップメニューの各メニューを隠す例を**リスト11.3**に示します。

■ リスト11.3　トップメニューを隠す

```
add_action( 'admin_menu', function () {
    remove_menu_page( 'index.php' );                      // ダッシュボード
    remove_menu_page( 'edit.php' );                       // 投稿
    remove_menu_page( 'upload.php' );                     // メディア
    remove_menu_page( 'edit.php?post_type=page' );        // 固定ページ
    remove_menu_page( 'edit.php?post_type=custom' );      // カスタム投稿タイプ
    remove_menu_page( 'edit-comments.php' );              // コメント
    remove_menu_page( 'themes.php' );                     // 外観
    remove_menu_page( 'plugins.php' );                    // プラグイン
    remove_menu_page( 'users.php' );                      // ユーザー
    remove_menu_page( 'tools.php' );                      // ツール
    remove_menu_page( 'options-general.php' );            // 設定
} );
```

すべてのトップメニューが非表示になったのが確認できます(**図11.3**)。

第11章 管理画面のカスタマイズ

■ 図11.3 トップメニューを非表示にした管理画面

● サブメニューを隠す

サブメニューを隠す場合に利用される主なAPIは、**表11.4**の通りです。

■ 表11.4 サブメニューを隠す主なAPI

関数名	説明
remove_submenu_page($menu_slug, $submenu_slug)	サブメニューを隠す。$menu_slugにトップメニューのメニュースラッグ、$submenu_slugに$menu_slugで指定したメニューのサブメニューのスラッグを指定する。この関数は、メニューを隠すだけで、アクセスを禁止するものではない

外観の各サブメニューを隠す例を**リスト11.4**に示します(**図11.4**)。

■ リスト11.4 サブメニューを隠す

```
add_action( 'admin_menu', function () {
    $slugs = array(
        'widgets.php',
        'nav-menus.php',
        'theme-editor.php'
    );

    /**
     * Remove submenu page "customize.php"
     * @link wp-admin/menu.php
     */
```

```
    $customize_url = add_query_arg( 'return', urlencode( wp_unslash( esc_url(
$_SERVER['REQUEST_URI'] ) ) ), 'customize.php' );
    $slugs[]        = $customize_url;

    if ( current_theme_supports( 'custom-header' ) && current_user_can( 'cust
omize') ) {
        $slugs[] = esc_url( add_query_arg( array( 'autofocus' => array( 'cont
rol' => 'header_image' ) ), $customize_url ) );
    }

    if ( current_theme_supports( 'custom-background' ) && current_user_can( 'c
ustomize') ) {
        $slugs[] = esc_url( add_query_arg( array( 'autofocus' => array( 'cont
rol' => 'background_image' ) ), $customize_url ) );
    }

    foreach ( $slugs as $slug ) {
        remove_submenu_page( 'themes.php', $slug );
    }
}, 999 );
```

■ 図11.4 外観のサブメニューの一部を非表示にした管理画面

第**11**章　管理画面のカスタマイズ

注意すべき点は、カスタマイズ、ヘッダー、背景です。これらは、現在表示しているページごとに $submenu_slug が異なります。そのため、$_SERVER['REQUEST_URI'] などで現在のURLを取得する必要があります。

並び替え

カスタム投稿タイプの追加、独自設定メニューの追加などを繰り返していくうちに、管理画面のメニューはどんどん縦に長くなってしまいます。このようになると、目的のメニュー項目を見つけるだけでも一苦労です。このような場合は、メニューを並べ替えて利用しやすいようにしましょう。

メニューを任意に並べ替えるには、custom_menu_order フィルターが真偽値のtrueを返すように、低レベルAPIの __return_true() 関数を指定します。次に、menu_order フィルターのコールバック関数に渡される値の配列を任意に並べ替えることで、実装が可能です。

リスト11.5に、投稿データの商品をいわゆる投稿の上に並べ替える例を示します。

■ **リスト11.5　メニューの並び替え**

```
add_filter( 'custom_menu_order', '__return_true' );
add_filter( 'menu_order', function ( $menu_order ) {
    $menu_order = array(
        'index.php',
        'edit.php?post_type=products',
        'edit.php',
        'edit.php?post_type=page',
        'upload.php',
    );

    return $menu_order;
} );
```

たったこれだけで、メニューを並べ替えることができます。

メニュー名の変更

メニューの名前を変更する場合、admin_menu アクションで行います。admin_menu アクションのコールバック関数内で、グローバル変数である $menu と $submenu の値を書き換えることで実装できます。

$menu と $submenu の値は配列になっており、カスタム投稿タイプ、テーマや
プラグインの独自のメニューも値として入っています。そのため、有効化して
いるプラグインやテーマが、独自のメニューを追加している場合、配列の値が
異なる点に注意が必要です。

リスト11.6に、投稿をお知らせに変更する例を示します。

■ **リスト11.6　メニュー名の変更**

```
add_action( 'admin_menu', function () {
    global $menu $submenu;

    $menu[5][0]               = 'お知らせ';
    $submenu['edit.php'][5][0] = 'お知らせ一覧';
} );
```

11.2 Settings API ──独自の設定画面の作成──

プログラム固有の設定値を設定する場合、定数を設定する、設定値を返す関
数またはメソッドを作成するなどの作業が必要です。プログラマやエンジニア
など、プログラミングに慣れている方であれば、プログラムの変更は容易に行
えますが、プログラミング経験のない方にそれを強要することは無理な話です。

Settings APIとは

このような場合、WordPressの管理画面上に独自の設定ページを作成し、テ
ーマやプラグイン側では、この設定ページで設定した値が保存されたデータベ
ースのデータを参照させたほうが良いでしょう。

WordPressの管理画面に独自の設定画面を作成するには、Settings APIを
使用します。利用される主なSettings APIは、**表11.5**の通りです。

第**11**章　管理画面のカスタマイズ

■ 表11.5　主なSettings API

関数名	説明
register_setting($option_group, $option_name, $sanitize_callback)	セッティングページを新たに登録する
unregister_setting($option_group, $option_name, $sanitize_callback)	登録されているセッティングページを解除する
settings_fields($option_group)	Formにhiddenフィールドを追加、セキュリティを管理する。この関数は、セッティングページのFormタグ内で使用する必要がある
settings_errors()	エラーメッセージを表示する。メッセージの登録はadd_settings_error()関数を使用して行う
do_settings_sections($page)	登録されているセクションを出力させる
do_settings_fields($page, $section)	特定のセクションに登録されているフィールドを出力させる
add_settings_section($id, $title, $callback, $page)	セクションを登録する
add_settings_field($id, $title, $callback, $page, $section, $args)	セクションにフィールドを登録する
add_settings_error($setting, $code, $message, $type)	エラーメッセージを登録する

設定ページのUI生成

Settings APIを利用して、シンプルなテキストフィールドのみの設定ページを作成する例を**リスト11.7**に示します。

■ リスト11.7　管理画面にサンプル設定を追加

```
/**
 * メニュー、設定ページの基本レイアウトを生成
 */
add_action( 'admin_menu', function () {
    add_options_page( 'サンプル設定', 'サンプル設定', 'manage_options', 'exam
ple_settings_page', function () {
        ?>
        <div class="wrap">
            <h2>サンプル設定</h2>
            <form method="post" action="options.php" novalidate="novalidate">
                <?php
                settings_fields( 'example_settings' );
                do_settings_sections( 'example_settings' );
                submit_button();
```

Settings API ——独自の設定画面の作成—— ● 11.2

```php
                    ?>
                </form>
            </div>
            <?php
        } );
} );

/**
 * フォームフィールドの生成と入力値のサニタイズ処理
 */
add_action( 'admin_init', function () {
    register_setting( 'example_settings', 'my_example_options', function ( $s
ettings ) {
        // サニタイズ処理

        return $settings;
    } );

    add_settings_section( 'example_settings_section', null, null, 'example_se
ttings' );

    add_settings_field( 'example_settings_fieldname', "サンプル設定 1", functi
on () {
        $setting = wp_parse_args( get_option( 'my_example_options' ), array( '
text' => '' ) );
        ?>
        テキスト : <input type="text" class="regular-text" name="my_example_op
tions[text]" value="<?php echo esc_attr( $setting['text'] ); ?>" />
        <?php
    }, 'example_settings', 'example_settings_section' );
} );
```

　このようにSettings APIを使えば、少しのコードで独自の設定管理画面が手に入ります（**図11.5**）。また、JavaScript、CSSを組み合わせれば、さらにリッチな設定画面にすることもできます。

第11章 管理画面のカスタマイズ

■ 図11.5 サンプル設定が追加された管理画面

11.3 投稿データ一覧ページに独自項目の追加

独自項目を追加するためのフック

　デフォルトの投稿タイプPostの投稿一覧画面には、タイトル・作者・カテゴリー・タグ・コメント数・日時が表示されています。例えば、ここにサムネイルを追加、更新日時順にソートできるようにするなど、独自の項目を追加する場合は、フィルターとアクションフックを使用することで実装が可能です（**表11.6**）。

■ 表11.6　フィルター or アクション

フック名	フィルター or アクション
request	フィルター
manage_***_posts_column	フィルター
manage_***_posts_custom_column	アクション
manage_edit-***_sortable_columns	フィルター

注a　***の部分は投稿タイプが入ります。

投稿データ一覧ページに独自項目の追加 ● **11.3**

独自項目の実装

　リスト11.8に、組込み投稿データにソート可能な更新日時表示カラムを追加する例を示します。

■ **リスト11.8　更新日時でソートできるカラムを追加**

```
/**
 * カラムを追加
 */
add_filter( 'manage_post_posts_columns', function ( $defaults ) {
    $defaults['post_modified'] = '更新日時';
    return $defaults;
} );

/**
 * 追加したカラムに、投稿データの更新日時を表示
 */
add_action( 'manage_post_posts_custom_column', function ( $column_name, $id )
{
    if( 'post_modified' === $column_name ){
        echo get_the_modified_date( 'Y年m月d日' );
    }
}, 10, 2 );

/**
 * ソート処理
 */
add_filter( 'request', function ( $vars ) {
    if ( isset( $vars['orderby'] ) AND 'post_modified' == $vars['orderby'] )
{
        $vars = array_merge( $vars, array(
            'orderby' => 'modified'
        ) );
    }
    return $vars;
} );
add_filter( 'manage_edit-post_sortable_columns', function ( $sortable_column
) {
    $sortable_column['post_modified'] = 'post_modified';

    return $sortable_column;
} );
```

第**11**章

319

第**11**章　管理画面のカスタマイズ

11.4 カスタムフィールドの入力フォーム作成

　第8章では、投稿データの商品に商品価格や商品コードをカスタムフィール
ドとして追加する方法についてプログラムからのアプローチで見てきました。
しかし、実際の運用では、オペレーターが管理画面上でデータ操作を行うこと
になるでしょう。

　では、オペレーターが操作しやすくするには、どのようなアプローチ方法があ
るでしょうか。

管理画面の標準フォーム

　カスタムフィールドに対応している投稿タイプであれば、WordPressは管
理画面上に入力用UIを自動的に生成します。デフォルトの入力フォームのUI
は、カスタムフィールドのキーはテキストボックス[注1]、値はテキストエリアの2
つのみで構成されており極めてシンプルです。

　もし、入力フォームが表示されていなければ、表示オプションを確認してく
ださい(**図11.6**)。

注1　すでにカスタムフィールドがいくつか作成されている場合は、セレクトボックスになります。

■ 図11.6　デフォルトのカスタムフィールド入力フォーム

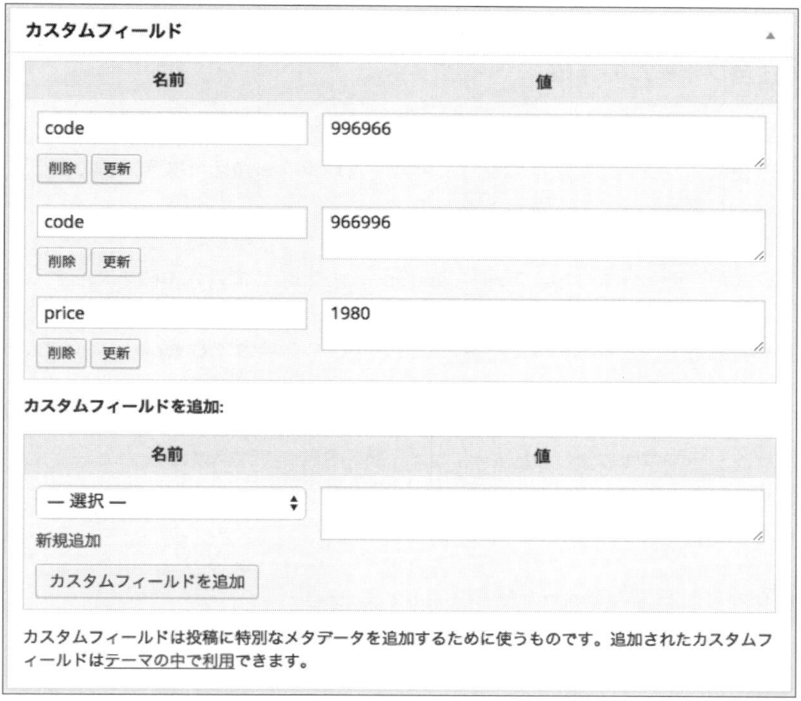

デフォルトのUIは、プログラマブルなアプローチとの連携を考慮すると、そのままではほぼ利用できないものだと思われます。そこで、独自の入力フォームを準備する必要性が出てきますが、この作業は多少手間がかかります。

プラグインの利用

カスタムフィールドの入力フォームのUIを、オペレーターが使いやすいようにカスタマイズする1つのアプローチとして、プラグインを利用する方法があります。「**第4章　プラグインによる機能拡張**」では、海外でも人気のToolset Typesプラグインを紹介しています。Toolset Types以外にもSmart Custom Fields[注2]や、Advanced Custom Fields[注3]が人気があり、商用サイトでも多数

注2　https://wordpress.org/plugins/smart-custom-fields/
注3　https://wordpress.org/plugins/advanced-custom-fields/

第**11**章　管理画面のカスタマイズ

の採用実績があります。

独自フォームの作成

　WordPressがデフォルトで生成するカスタムフィールド入力フォームのUI
は、極めてシンプルな構成になっています。シンプルゆえに操作方法で迷うこ
とはありませんが、不便な点もあります。

　例えば、デフォルトの入力フォームでは、UIをチェックボックスやラジオボ
ックスに変更できません。また、JavaScriptを利用して、入力値を制限するな
どのカスタマイズを行うにも不向きです。プログラマブルなアプローチとの連
携を考えると、これは非常に不便です。このような場合でもWordPressでは、
少々手間はかかりますが対応できます。

　カスタムフィールドの入力フォームをカスタマイズするには、プラグインAPI
のアクションフックと、add_meta_box()関数を使用して入力フォームを生成し
ます。**リスト11.9**に商品価格を入力する入力フォームの生成と値を保存する
例を示します（**図11.7**）。

■ **リスト11.9　商品価格の入力フォームの生成と保存**

```
/**
 * 入力フォームを生成
 */
add_action( 'add_meta_boxes', function () {
    add_meta_box( 'product_price', '価格（税抜）', function ( $post ){
        $postmeta = get_post_meta( $post->ID, 'product_price', true );
        $postmeta = !empty( $postmeta ) ? $postmeta : '0';

        echo '<label><input type="text" name="product_price" value="' . esc_a
ttr( $postmeta ) . '">円</label>';
    }, 'products', 'normal', 'high' );
} );

/**
 * カスタムフィールドの値を保存
 */
add_action( 'save_post', function ( $post_id ) {
    if ( !isset( $_POST['post_type'] ) || 'products' !== $_POST['post_type'])
        return $post_id;

    update_post_meta( $post_id, 'product_price', $_POST['product_price'] );
} );
```

カスタムフィールドの入力フォーム作成 ● **11.4**

```
/**
 * カスタムフィールドの値をサニタイズ処理する
 */
add_action( 'init', function () {
    register_meta( 'post', 'product_price', function ( $meta_value, $meta_key
) {
        return 0 <= (int)$meta_value ? (int)$meta_value : 0;
    }, '__return_false' );
} );
```

■ **図11.7 完成した商品価格の入力フォーム**

価格（税抜）

1000　円

Column

is_admin()関数とadmin_initアクションの危険性

管理画面での設定のみで何か動作をさせたい場合、is_admin()関数、またはadmin_initアクションを使用します。関数名、アクション名から想像できるように、is_admin()関数、またはadmin_initアクションを使用することで、特定の関数、メソッドが管理画面でのみ動くようにすることができます。しかし、is_admin()関数、またはadmin_initアクションには大きな落とし穴があります。

リスト11.aは、WordPressコアから抜粋したis_admin()関数です。

■ **リスト11.a　is_admin()関数**

```
function is_admin() {
    if ( isset( $GLOBALS['current_screen'] ) )
        return $GLOBALS['current_screen']->in_admin();
    elseif ( defined( 'WP_ADMIN' ) )
        return WP_ADMIN;

    return false;
}
```

is_admin()関数では、$GLOBALS['current_screen']がセットされていない場合、WP_ADMIN定数の値を返すようになっています。WordPressでAjaxを使う場合は、

第**11**章

第11章 管理画面のカスタマイズ

エンドポイントに wp-admin/admin-ajax.php を指定します。

wp-admin/admin-ajax.php は以下に示すように、ファイル先頭で WP_ADMIN 定数が定義されていない場合は、true を返すようになっています。

```
if ( !defined( 'WP_ADMIN' ) ) {
    define( 'WP_ADMIN', true );
}
```

また、POSTリクエストのエンドポイントになる wp-admin/admin-post.php も、wp-admin/admin-ajax.php と同じコードがファイル先頭に記述されています。つまり、wp-admin/admin-ajax.php と wp-admin/admin-post.php は is_admin() 関数の値が強制的に true となる仕様になっています。

do_action('admin_init') は、wp-admin/admin.php、wp-admin/admin-ajax.php、wp-admin/admin-post.php に宣言されていますが、wp-admin/admin.php 以外はログインチェックは行っていません。

以上のことから、is_admin() 関数、admin_init アクションを使って管理画面で重要な処理をさせる場合、current_user_can() 関数でユーザーに特定の権限があるのかを確認したあと、check_admin_referer() 関数で、nonce を確認する必要がある点に注意してください[注a]。

注a　プラグイン作者必読！実例に学ぶ脆弱な WordPress プラグインの作り方、または wp-admin を守る理由
　　　http://tokkono.cute.coocan.jp/blog/slow/index.php/wordpress/misunderstanding-of-creating-wp-plugins/

11.5 まとめ

本章では、管理画面をカスタマイズする際に使用する API と、それらの利用方法を主に解説しました。WordPress を Web アプリケーション開発のフレームワークに採用する最大の利点は、豊富な API はもちろんですが、管理画面が最初から備わっており、かつカスタマイズが容易であることが挙げられます。

使いやすくシンプルで洗練されたデザインかつカスタマイズ性に優れた管理画面を持つ WordPress は、Web アプリケーション開発において絶大の力を発揮することでしょう。

第 12 章

その他の機能やAPI

第**12**章　その他の機能やAPI

12.1 wpdbクラス ──データアクセスのためのDAO──

　wpdbクラスは、WordPressでの低レベルデータアクセスのためのシンプルなDAO（*Data Access Object*）です。主にWordPressのデータベースやテーブルへアクセスするためのクラスですが、別のデータベースやテーブルへのアクセスにも利用できます。

　ただ、実際のところWordPressでは、このクラスの機能を利用してデータを検索したり、データを加工したりすることはあまりありません。これまで紹介してきたように、WordPressには各エンティティに対して、より抽象度の高いAPIが用意されており、通常はそれらのAPIを利用します。

　しかし、データベースに直接アプローチしたい場合[注1]や、WordPressのソースコードを読む際など、このクラスのAPIを知っておくと幸せになれるときもあります。

　wpdbクラスは大きく分けて2つの役割を持っています。一つは、データベースへの安全な問い合わせのためのAPIの提供、もう一つは、問い合わせに必要な環境情報と問い合わせ結果情報などの保持です。

▌$wpdbオブジェクトとは

　WordPressは初期化時にwpdbクラスをインスタンス化して、グローバル変数$wpdbに格納します。開発者は通常、この$wbdbに格納された単一のwpdbクラスのインスタンスを通じて、データベースにアクセスします（**リスト12.1**）。

■ **リスト12.1　wpdbオブジェクトの記述例**

```
function my_function( $data ) {
    global $wpdb;
    $wpdb->insert( $wpdb->posts, $data ) {
}
```

▌現在のテーブル名の取得

　WordPressはインストール時に、データベースに作成するテーブル名のプ

注1　例えば、すべてのフックの影響を避けてシンプルに直接SQLを発行したい場合や、WP_QueryのAPIではできない複雑な問い合わせを行いたい場合などです。

リフィクスを任意に指定できました。デフォルトのプリフィクスはwp_で、例えば、投稿データのテーブル名はwp_postsとなりますが、インストール時にこのプリフィクスを変更でき、実際には環境ごとにテーブル名が異なるということになります。この環境ごとに異なるテーブル名を取得するには、$wpdbオブジェクトのプロパティを参照します。

例えば、投稿データのテーブル名は$wpdb->postsから取得できます。勘の良い方なら説明不要かと思いますが、**表12.1**の通り、WordPressの各テーブルに対して、それぞれテーブル名を取得できます。

■ **表12.1　wpdbクラスのテーブル名に関するプロパティ**

プロパティ	説明
$posts	それぞれ、現在の環境のWordPressの基本テーブルのテーブル名を得る属性。この他に、マルチサイトを利用する場合は、そのテーブル名も取得できる
$postmeta	
$comments	
$commentmeta	
$terms	
$term_relationships	
$term_taxonomy	
$termmeta	
$users	
$usermeta	
$links	
$options	
$prefix	現在の環境のテーブルプリフィクス。プラグインやテーマで独自のテーブルを追加するとき、環境に合わせたプリフィクスを追加したりするために利用できる。マルチサイトでは、選択されているサイト(ブログ)によってこの値も変化する
$base_prefix	通常、インストール時に指定したプリフィクス(wp-config.php内で指定されるプリフィクス)

あなたが広く配布するためのプラグインやテーマを作成し、その中で独自テーブルを利用する場合は、$wpdb->prefixに注目してください。配布されたテーマやプラグインは、さまざまな環境で利用されることになります。もしあなたがソースコードの中で、固定の文字列で独自テーブルを作成していた場合、データベース上の他のテーブルと名前が衝突するかもしれません[注2]。

注2　そのテーマやプラグインがサイトごとに個別の独自テーブルを持つとしたら、少なくとも、マルチサイトでは利用できなくなり、1つのデータベースに複数のWordPressをインストールした場合も、期待通りには動作できないでしょう。

第12章 その他の機能やAPI

そういった問題を避けるためには、以下のように、$wpdb->prefixの値を用いて独自のテーブルにもプリフィクスを付与し、名前の衝突を回避します。

```
$actual_my_table_name = $wpdb->prefix . 'my_table_name';
```

SQLの実行

$wpdbオブジェクトを使ったSQLの実行には、**表12.2**のメソッドが利用できます。いずれも組み立てられたSQLを第1引数にとります。

■ 表12.2　SQLを実行するメソッド

メソッド	説明
query($query=null)	SQL文字列を与えて実行する。戻り値はintで選択または影響した行数、エラーの場合はfalseを返す。SELECTの結果は、$wpdb->last_resultに格納される
get_results($query=null, $output =OBJECT)	クエリの結果を全件取得する。戻り値は取得した行データのarray。行の配列の添字および行のデータ型は$outputの指定に準じる
get_row($query=null, $output= OBJECT, $y=0)	クエリの結果から1行取得する。デフォルトでは結果セット最初の行を取得し、$yを指定することで、指定の行を得ることができる。戻り値は行のデータ。データ型は$outputの指定に準じる
get_col($query=null, $x=0)	クエリの結果から1列取得する。デフォルトでは結果セット最初の列を取得し、$xを指定することで、指定の列の値の一覧を得ることができる。戻り値は所得した行のarrayで、要素は指定した列の値
get_var($query=null, $x=0,$y=0)	クエリ結果から1つの値を取得する。COUNTなどの結果を得る際に便利。$x、$yを指定することで、指定の行の指定のカラムの値を得ることができる。戻り値は指定した結果の値

● $wpdb->query()とクエリのログ

$wpdb->query()は、直接SQLを実行するシンプルなメソッドです。クエリの結果は$wpdb->last_resultに保存されます。

さて、wp-confing.phpなどで、SAVEQUERIES定数がtrueで定義された場合、SQLとその実行時間、SQLが発行された場所からのスタックトレースの簡易なログが$wpdb->queriesに保存されるので、開発者はどのようなSQLが実行されたかを確認できます。なお、$wpdbの他のすべてのメソッドも、$wpdb->query()を利用してクエリを実行しているため、クエリのログは全般的に記録されます。

● $output引数による結果のデータ形式の指定

$wpdb->get_results()と$wpdb->get_row()には、$outputという引数があり、これらを指定することで、戻り値のデータ型を指定します。値には、WordPressが定義する**表12.3**の定数を指定します。

■ 表12.3　$outputに指定できる定数

定数名	説明
ARRAY_A	結果の行を連想配列で返す
ARRAY_N	結果の行を添字配列で返す
OBJECT	結果の行をオブジェクトで返す
OBJECT_K	結果の行をオブジェクトで返す。また結果セットのarrayのキーを、行の最初のカラムの値として返す（get_results()のみで有効）

OBJECT_K定数について補足します。この定数は$wpdb->get_results()のみで利用できるもので、取得した行のセットのarrayのキーに、各行のデータの先頭のカラムの値を利用するように指定します。

例えば、以下のような検索を行った場合は、$resultsは検索にマッチした各行のarrayで、そのarrayのキーがIDの値になります。

```
$results = $wpdb->get_results( $query, OBJECT_K );
```

SQLの準備と値のサニタイズ

表12.2で紹介したメソッドは、いずれもSQL文字列をとりますが、例えば、ユーザーからの入力値を使って検索するSQLを安全に組み立てる際には、wpdb::prepare()メソッドが利用できます（**リスト12.2**）。

■ リスト12.2　wpdb::prepare()メソッドを利用したクエリの作成

```
$query = $wpdb->prepare(
        "SELECT * FROM `{$wpdb->prefix}ad_data`" .
        "WHERE `ad_type` = %s AND `num_views` >= %d",
            $ad_type, $num_views );
$results = $wpdb->get_results( $query, OBJECT );
```

wpdb::prepare()メソッドの引数は**表12.4**の通りです。wpdb::prepare()メソッドは、第1引数に与えられたSQL内のプレースホルダに、安全に値を適用して返します。用法はPHPのsprintf()関数と似ています。

第12章　その他の機能やAPI

■ 表12.4　$wpdb::prepare()メソッドの引数

引数名	型	説明	
$query	string	プレースホルダを含むSQL文字列	
		プレースホルダの種類	説明
		%d	integer
		%f	float
		%s	string ※クオートは自動的適用されるので、SQL中にクオート記号は不要
		%%	%記号文字そのもの
$args...	mixed...|array	2番目以降の引数が、$queryのプレースホルダに挿入される(phpのsprintf()関数に同じ)。また、2番目の引数に配列で値の列挙を指定することも可(phpのvsprintf()関数に同じ)	

　wpdb::prepare()は機械的にプレースホルダを処理するだけのメソッドで、SQLの断片を組み立てて最後に連結するような処理でも利用できます。SQLを組み立てる場合は、通常はこのメソッドを利用してください。

　一方、もし何かの都合で値だけをサニタイズしたい場合、esc_sql()関数が利用できます。esc_sql()は関数ですが、実態はwpdb::_escape()メソッドのラッパ関数です[注3]。同メソッドは値または値の配列を受け取ってサニタイズして返します。配列の場合、再帰的な処理が行われます。

挿入・更新・削除のユーティリティメソッド

　wpdbクラスはシンプルなINSERT・REPLACE・UPDATE・DELETEを安全に実行するために、**表12.5**に挙げる4つのメソッドを備えています。

注3　WordPress 3.5まで、値のサニタイズのためにwpdbクラスにescape()というメソッドがありましたが、WordPress 3.6以降、このメソッドはDeprecated（非推奨）になっています。

wpdbクラス ── データアクセスのためのDAO ── ● 12.1

■ 表12.5　insert/replace/update/deleteメソッド

関数	説明
insert($table,$data, $format =null)	・レコードを挿入する ・$tableは対象テーブル名 ・$dataは挿入するデータ（カラム名 => 値の連想配列） ・$formatは、$data の値の評価型を指定する。 　#prepare()のプレースホルダと同様、%s、%d、%f 　を指定する ・$dataのデータ順に対応させて配列で指定する ・戻り値は挿入された行数または、失敗でfalse
replace($table, $data, $format =null)	・レコードを置換する ・引数の意味、戻り値は #insert() に同じ
update($table, $data, $where, $format=null, $where_format=null)	・レコードを更新する ・$tableは対象テーブル名 ・$dataは更新するデータ（カラム名 => 値の連想配列） ・$whereはWHERE句を構成するデータ。カラム => 　値の連想配列で与え、完全一致(=)のAND連結とな 　る ・$format、$where_formatは、それぞれ$data、 　$whereの値の評価型を指定する。#prepare()のプ 　レースホルダと同様、%s、%d、%fを指定。$data、 　$whereのデータ順に対応させて配列で指定する ・戻り値は更新された行数、または失敗でfalse
delete($table, $where, $where_ format=null)	・レコードを削除する ・$tableは対象テーブル名 ・$whereはWHERE句を構成するデータ。カラム => 　値の連想配列で与え、完全一致(=)のAND連結とな 　る ・$where_formatは、$whereの値の評価型を指定す 　る #prepare()のプレースホルダと同様、%s、%d、 　%fを指定。$whereのデータ順に対応させて配列で 　指定する ・戻り値は削除された行数、または失敗でfalse

　配列を用いてデータやWHERE句、またそれぞれの型を指定することで、SQL
が安全に組み立てられ、実行されます。

　例えば、ある投稿データのpost_statusを更新するには、wpdb::update()を
用いて、**リスト12.3**のように書きます。

■ **リスト12.3　wpdb::update()の記述例**

```
$wpdb->update(
    $wpdb->posts,                    // テーブル名の指定
    array( 'post_status' => 'publish' ),   // 更新データの指定
    array( 'ID' => $post_id )        // WHERE条件の指定
);
```

第12章　その他の機能やAPI

● $format・$where_format引数によるデータ型の指定

この2つの引数は挿入・更新するデータまたはWHERE句に入力された値のデータ型を指定するものです。指定する場合は、それぞれ対象データに対して指定順序を合わせる必要がある点に注意してください。

データ型の指定はwpdb::prepare()のプレースホルダと同様に、%d、%f、%sの記法を用います。例えばwpdb::update()では、**リスト12.4**のように指定します。

■ **リスト12.4　$format、$where_formatの指定例**

```
$result = $wpdb->update(
    // テーブル名
    $wpdb->prefix . 'ad_data',
    // 更新データをカラム名 => 値の連想配列で指定
    array(
        'ad_type' => $ad_type,
        'link_url' => $link_url,
        'num_views' => 0,
    ),
    // WHERE句の条件を指定。すべて完全一致でAND連結される
    array(
        'ad_id' => 123,
    ),
    // 更新データ値のデータ型を指定。更新データの順番に合わせて指定することに注意
    // ここでは、ad_type、link_url、num_viewsのカラムに対して、順に型を指定
    array( '%s', '%s', '%d' ),
    // WHERE句の値の型を指定する。ここでは123に対しての整数の指定
    array( '%d' ),
);
```

なお、$format、$where_formatともにオプション引数です。未指定の場合、通常は%sとして処理されます。

例外として、$wpdb->field_typesにデータ型の指定があればそのデータ型で処理されます。$wpdb->field_typesはカラム名 => データ型という形式の連想配列です。ここに一致するカラム名があれば、設定されたデータ型として評価されます。

なお、$wpdb->field_typesにはWordPress標準のテーブルのカラムの指定が設定された状態で初期化されていますので、標準のテーブルのカラム名は$formatなどを指定しなくても適当に処理されます。

wpdbクラス ──データアクセスのためのDAO── ● 12.1

クエリやその結果の情報の確認

$wpdbオブジェクトを通じて発行されたクエリの情報や結果は、$wpdbオブジェクトのプロパティに保存されます（**表12.6**）。これらを確認することで、発行されたクエリの内容を確認・分析できます。

■ **表12.6　クエリの結果や問い合わせ情報を保持するプロパティ**[注a]

プロパティ	説明
$last_error	最後に発生したエラーメッセージ
$num_queries	実行されたクエリの数
$num_rows	直近のクエリの結果行数
$rows_affected	直近のクエリで影響された行数
$insert_id	直近のINSERTなどで生成されたAUTO_INCREMENTのID
$last_query	最後に実行されたクエリ
$last_result	最後のクエリの実行結果
$result	最後のクエリの実行結果。boolまたはresource
$col_info	最後のクエリの実行結果についてのカラム情報
$queries	実行されたクエリのログ。SAVEQUERIES定数がtrueで定義されている場合のみ記録される。クエリの実行時間、スタックトレースも合わせて記録される

注a　この表のプロパティについて wpdb クラスの実装を確認すると、PHPDoc では @access private となっているものも多いです（ただし、後方互換性のためかアクセス修飾子はおおむね public（または var）です）。一方、get/setのマジックメソッドが定義されていて、privateにもアクセス可能であり、各プロパティの@accessの記述については、その意味のとらえ方に迷います。ただsetに関するPHPDocの記述には「for backwards compatibility」とあり、getのPHPDocには、「used to lazy-load」とあることから、その実装意図としては、参照目的のメソッドという位置付けではないかと筆者は想像し、この表のメソッドについても、参照可能なものとして紹介しています。

なお、これらの情報のいくつかは、Debug Barプラグインを導入すると、ブラウザの画面上で確認できます。Debug Barについては「**2.2　開発環境の整備**」でも紹介しています。

第12章

独自テーブルの作成と更新

作成するプラグインやテーマが、複雑な構成のエンティティの管理や、あるいは実行効率の改善のために、データベースに独自のテーブルを作成して利用したい場合があります。このような場合に便利なのがdbDelta()関数です。

dbDelta()関数は、期待する構造を含んだSQL文を与えることで、現在のテーブルの内容と比較し、現在のテーブル構造を調べ、与えられた定義と比較し、必要に応じて新しくテーブルを追加したり変更を適用したりします（カラムの削除には対応できていないようですが）。

例えばプラグインが独自のテーブルを利用するとき、常に最新のCREATE TABLE

333

第12章 その他の機能やAPI

文をdbDelta()に与えることで、自動的に必要なALTER文を作成して実行します。プラグインのアップデートなどでスキーマが変わるときなどにおいて、とても便利な機能です。

ただし、dbDelta()関数が正しく解析できるようなSQLを記述する必要があります。そのために、例えば以下のような注意点があります。

- フィールド定義は1行に1つ
- PRIMARY KEYのキーワードと定義部の間にスペースを2つ入れる
- INDEXではなくKEYキーワードを用い、1つ以上のKEYを含める
- フィールド名をクォートしない

プラグイン仕立てのサンプルコードを**リスト12.5**に用意しました。

■ **リスト12.5　dbDeltaの用法を含むプラグインの例**

```php
<?php
/*
Plugin Name: My-Db-Migration-Sample
*/

// ❶プラグイン読み込み後に初期化を実行
add_action( 'plugins_loaded', function() {
    $plugin = new My_Db_Migration_Sample();
    $plugin->initialize();
} );

class My_Db_Migration_Sample
{
    // プラグインのプリフィクス
    const PREFIX = 'my_db_migration_sample';

    // データベースのバージョン番号
    const CURRENT_DB_VERSION = 1;

    // ❷プラグインを初期化
    function initialize() {
        $this->migrate_if_required();
    }

    // ❸オプションAPIを利用してデータベースのバージョンを確認、
    // 必要な場合のみマイグレーションを実行
    function migrate_if_required() {
        $option_key = self::PREFIX . 'db_version';
        $db_version = get_option( $option_key, 0 );
```

wpdbクラス ── データアクセスのためのDAO ── ● 12.1

```php
        if ( $db_version < self::CURRENT_DB_VERSION ) {
            $this->migrate();
            update_option( $option_key, self::CURRENT_DB_VERSION );
        }
    }

    // ❹dbDelta()関数を使ってマイグレーションを実行
    function migrate() {

        global $wpdb;

        $sql = "CREATE TABLE {$wpdb->prefix}ad_data (
            ad_id bigint(20) unsigned NOT NULL auto_increment,
            ad_type varchar(10) NOT NULL default 'default',
            link_url text,
            image_url text,
            caption text,
            num_views bigint(10) NOT NULL default 0,
            PRIMARY KEY  (ad_id),
            KEY ad_type (ad_type)
        );";

        require_once ABSPATH . 'wp-admin/includes/upgrade.php'; // ❺
        dbDelta( $sql );
    }

}
```

リスト12.5について、いくつかポイントを解説します。

まず、❶と❷では、プラグインの初期化を行うためにplugins_loadedアクションから一連の初期化処理をトリガーしています。今回はサンプルですので、テーブルのマイグレーションのために、migrate_if_required()メソッドをコールしているのみです。

❸のmigrate_if_required()メソッドは、マイグレーションの必要性を確認し、必要であればmigrate()メソッドをコールします。ここではオプションAPIを利用して、保存していたデータベースのバージョンを比較し、バージョンが更新されている場合のみ、migrate()を実行しています。

このようにデータベースのバージョンの確認を行うことで、dbDelta()関数の比較的重たい処理を、必要な場合のみ実行させています。

❹では、実際にdbDelta()を使ってテーブルをマイグレーションしています。$sqlの書き方のポイントを確認してください。また、$wpdb->prefixを用いて、

第12章 その他の機能やAPI

ユニークなテーブル名になるようにしています。

なお、dbDelta()関数はデフォルトではrequireされていないので、dbDelta()を含むPHPファイルを❺でrequireしてからdbDelta()関数をコールしています。

12.2 バリデーション・ナンス・サニタイズ

▌バリデーション ──入力値の検証──

WordPressにおけるバリデーションとは、単にフォームからの入力値の検証を意味します。そして、WordPressはバリデーションに関する機能をほとんど持ち合わせていません。その代わり、サニタイズに関連する関数が多数用意されています。これは、WordPressの管理画面の各フォームが、入力値に問題があっても基本的にはサニタイズしてそのまま通してしまう、という設計になっていることと関連します。

そのため、WordPressの解説においては多くの場合でバリデーションとサニタイズは同じページで解説されるか、ほぼ混同されています。これらの傾向は、他のWebアプリケーションフレームワークのユーザーがWordPressで開発を行う際につまずかないために、最初に頭に入れておいたほうが良いかもしれません。

例えば、WordPressの投稿の新規追加画面は、まったく何の入力も行わずそのまま公開ボタンを押しても、特にエラーメッセージを表示せず、自動下書き(auto-draft)のステータスで保存してしまいます。もっとも、この仕様はWordPressコミュニティからもバグとして認識されており、4年前にチケットが作成されてから何度も同じ内容のチケットが作成されていますが、JavaScriptでバリデーションしようというアイデアが出されるものの、根本的な解決策がまとまらないまま議論が継続されています[注4]。それほど、WordPressの投稿画面でバリデーションを実装することは難しいことだと言えるでしょう。

投稿画面にバリデーションを追加したいというニーズはありますし、それを提供するプラグインも存在しますが、JavaScriptによってチェックを行い、JavaScriptによってフォームが送信される前にブロックするという手法を取っています。

注4　https://core.trac.wordpress.org/ticket/17115

バリデーション・ナンス・サニタイズ ● **12.2**

とはいえ、WordPressのコア機能の中で、まったくバリデーションが行われていないということはありません。一意な値を保証する必要があるユーザーIDや、メールアドレスの書式の確認などは、不正な値を入力してフォームを送信すると、バリデーションの結果エラーが表示されます。自分でプラグインの管理画面を作成する際にも、同様にバリデーションを実装できます。

● **バリデーションの関数**

それでは、主なバリデーションの関数を**表12.7**に示します。

■ 表12.7　主なバリデーションの関数

関数名	説明
is_email()	メールアドレスとして適当な書式であるかどうかを検証し、問題なければメールアドレスを返し、問題があればfalseを返す
term_exists()	特定のタームが存在するかどうかを検証し、存在すればタームIDを、存在しなければnullを返す
username_exists()	ユーザー名が存在するかどうかを検証し、存在すればユーザーIDを、存在しなければnullを返す
validate_file()	ファイルパスにディレクトリトラバーサルや許可されていない拡張子が含まれているかどうかを検証し、問題なければ0を、問題があれば1以上の数値を返す

表12.7の関数を見てもわかるように、バリデーション関数の挙動はまちまちですので、コードリファレンスで返り値を確認してから使うように心がけたほうが良いでしょう。これら以外にも、is_*()、*_exists()関数のバリエーションが用意されていますので、そちらもコードリファレンスを参照してください。

● **エラーの出力**

バリデーションによる検証を経てフォームにエラーを表示させたい場合は、エラーメッセージを格納する用途の`WP_Error`クラスを使用できます。**リスト12.6**に基本的な使用方法を示します。

■ リスト12.6　エラーの出力

```
// WP_Errorクラスのインスタンスを用意する
$errors = new WP_Error();

if ( ! empty( $_POST['user_name'] ) ) {
// エラーメッセージを追加します。第1引数がエラーコード、
// 第2引数がエラーメッセージになります。
    $errors->add( 'user_name', '<strong>エラー:</strong>ユーザー名は必須項目
です。' );
```

第**12**章

第**12**章　その他の機能やAPI

```php
}

if ( ! empty( $_POST['user_email'] ) ) {
    // ひとつのインスタンスに複数のエラーメッセージを追加できる
    $errors->add( 'user_email', '<strong>エラー:</strong>メールアドレスは必須
項目です。');
}

if ( isset( $_POST['user_name'] ) && !validate_username( $_POST['user_name']
) ) {
    // 同じコードには、同時に1つのメッセージしか格納できない
    $errors->add( 'user_name', '<strong>エラー:</strong>有効なユーザー名を入力
してください。');
}

if ( isset( $_POST['user_email'] ) && !is_email( $_POST['user_email'] ) ) {
    $errors->add( 'user_email', '<strong>エラー:</strong>有効なメールアドレスを
入力してください。');
}

// エラーコードの有無を検証
if ($errors->get_error_codes()) {
    ?>
    <div class="error">
        <?php
            // エラーメッセージを配列で取り出すことができる
            foreach ( $add_user_errors->get_error_messages() as $message ) {
                echo '<p>' . esc_html($message) . '</p>';
            }
        ?>
    </div>
    <?php
} else {
    // エラーがない場合の処理
}
```

　WP_Errorクラスの受け渡しは、WordPressのさまざまな関数の返り値とし
て行われます。そのため、関数の返り値がWP_Errorクラスのオブジェクトであ
るかどうかを検証するis_wp_error()関数が用意されています。
　WordPressのバリデーション関数の中には、エラーの際の返り値としてfalse
やnullではなくWP_Errorクラスのオブジェクトを返すものもあり、その際は、
この関数で検証が可能です。ただし、この関数は単にWP_Errorクラスのオブジ
ェクトであるかどうかしか検証しませんので、エラーが1つも登録されていな

338

くてもtrueになります。自前でバリデーション関数を作成する際は、問題がない場合も空のWP_Errorクラスのオブジェクトを返さないようにしましょう。

あまり使用しませんが、エラーが起こった際のデータを一時的に保存してエラー表示に使うこともできます（**リスト12.7**）。

■ **リスト12.7　エラーコードに関連付けたデータの保存**

```
$errors = new WP_Error();
$test = new stdClass;
$test->message = 'テストオブジェクトです';

// エラーメッセージの追加
$errors->add( 'test', 'データの保存テスト' );

// エラーコードに関連付けてデータを保存することが可能
$errors->add_data( $test, 'test' );

print_r( $errors->get_error_data( 'test' ) );

// stdClass Object ( [message] => テストオブジェクトです )
```

ナンス ——リクエスト正当性の検証——

ナンス（*nonce*）とは、リクエストの正当性を検証するために発行される一意なトークンです。クロスサイトリクエストフォージェリ（*Cross Site Request Forgeries*、CSRF）を防ぐために、WordPress内で何らかのデータを保存する際は、必ずフォーム内でナンスを発行し、フォームからの受信データ内のリクエストの正当性を必ず検証する必要があります。

ナンスの発行を簡単に行うために、wp_nonce_field()関数が用意されています。以下のようにこの関数を使うと、ナンスを含むhiddenフィールドを出力できます。

```
<?php wp_nonce_field( 'my-action' ); ?>
```

フォームの受信側では、wp_verify_nonce()関数を用いて、リクエストの正当性を検証することが可能です（**リスト12.8**）。

第**12**章　その他の機能やAPI

■ **リスト12.8　ナンスによる検証**

```
$nonce = $_REQUEST['_wpnonce'];
if ( ! wp_verify_nonce( $nonce, 'my-action' ) )
    $error_msg = __( 'Unable to submit this form, please refresh and try
again.' );
```

　また、以下のようにcheck_admin_referer()関数を用いると、ナンスの検証とリクエストが管理画面内から行われたものかなどのリファラチェックを同時に行うことができて便利です。関数名の通り、当初はリファラチェックのみが行われていましたが、現在のWordPressではナンスの検証も同時に行われるのでご注意ください。

```
check_admin_referer( 'my-action' );
```

　検証に失敗すると、wp_nonce_ays()関数を呼び出して処理を停止します。

┃サニタイズ ──データの無害化──

　サニタイズとは、主にユーザーから入力されたデータの中から悪意のあるデータを無害化することです。また、WordPressが取り扱うデータとしてふさわしくない形式のものを、適切な形式のデータに変換することも指します。例えば、テキストデータをデータベースに保存する際にはsanitize_text_field()関数を使って入力値を無害化します（**リスト12.9**）。この関数は、UTF-8としての有効性の確認や、タグや不要なホワイトスペースの除去を行い、無害化された文字列を返します。

■ **リスト12.9　データのサニタイズ**

```
$meta_value = sanitize_text_field( $_POST['example_key'] );
update_post_meta( $post->ID, 'example_key', $meta_value );
```

● 入力値のサニタイズ

　入力値のサニタイズに使われる主なWordPress関数を**表12.8**に示します。コアで用意されているサニタイズ関数は、さらに多岐にわたります。

■ 表12.8　主なサニタイズ関数

関数名	説明
sanitize_email()	メールアドレスとして不適当な文字を除去する
sanitize_file_name()	ファイル名として不適当な文字を除去し、スペースをダッシュに変換する
sanitize_html_class()	HTMLのclass名として不適当な文字を除去する
sanitize_key()	識別子として不適当な文字を除去する（英数字とハイフン、ダッシュのみ許可）
sanitize_mime_type()	mime typeとして不適当な文字を除去する
sanitize_sql_orderby()	SQLのORDER BY句として適当な文字のみ返す
sanitize_text_field()	ユーザーが入力した文字列を無害化する
sanitize_title()	タイトルとして不適当な文字を除去する
sanitize_user()	ユーザー名として不適当な文字を除去する
esc_url_raw()	データベースに渡すURLとして不適当な文字を除去する
wp_filter_post_kses()	投稿の本文として不適当な文字を除去する。本文での使用が許可されたタグは通す
wp_filter_nohtml_kses()	すべてのHTMLタグを除去する

Column

入力値のサニタイズはどこまで行うべきか？

　さて、本文で解説したサニタイズはどこまで開発者が行うべきでしょうか。例えば、開発者が新しい投稿をWordPressに追加したい場合に、`sanitize_title()`関数を使ってその新しいタイトルを無害化すべきでしょうか。実際のところ、WordPressに投稿を追加する際には`wp_insert_post()`関数を使いますが、この関数の中でそれぞれの値は適切にサニタイズが行われています。

　その他のWordPressにユーザーを追加する際の`wp_insert_user()`関数や、タームを追加する際の`wp_insert_term()`関数、オブジェクトにメタデータを追加する`add_metadata()`関数などにおいても同様です。そのため、これらのWordPressのAPIを経由してデータを保存する際は、データのサニタイズはほとんど意識する必要がありません。もちろん、開発者が独自のオブジェクトを設計してデータベースに保存する場合はその限りではありませんので、その際は`wp_insert_*()`関数を参考にサニタイズを実装しましょう。

第12章 その他の機能やAPI

● 出力値のサニタイズ

クロスサイトスクリプティング（*Cross Site Scripting*、XSS）を防止するため、画面への出力の際はあらゆる場合でサニタイズが必要です。入力値の場合と異なり、WordPressのテンプレートエンジンは出力値のサニタイズについてはカバーしませんので、開発者が適切に出力値のサニタイズを行う必要があります。以降に示す関数はいずれもWordPressで開発を行う際は頻出となります。

HTML要素内のテキストは、以下のようにすべてesc_html()関数でサニタイズを行います。

```
<h4><?php echo esc_html( $title ); ?></h4>
```

ただし、WordPressのテンプレートタグに該当する関数は、関数内でサニタイズを行っていますので、二重にサニタイズする必要はありません。

```
<h4><?php the_title(); ?></h4>
```

多くの場合で、テンプレートタグの内部ではサニタイズだけでなく、フィルターフックの適用も行われています[注5]。そのため、テンプレートタグを使わずにコーディングすると、プラグインの挙動が意図せず反映されない、という現象が発生します。むやみにechoを使わず、テンプレートタグが用意されている場合は、常にテンプレートタグの使用を優先するようにしましょう。

a要素のhref属性や、img要素のsrc属性など、画面に表示するURLはすべてesc_url()関数でサニタイズを行います。

```
<img src="<?php echo esc_url( $url ); ?>" />
```

インラインのJavaScriptでは、すべてesc_js()関数でサニタイズを行います。

```
<a href="#" onclick="<?php echo esc_js( $script ); ?>">クリック</a>
```

HTML要素のその他の属性は、すべてesc_attr()関数でサニタイズを行います。

```
<ul class="<?php esc_attr( $nav_class ); ?>">
<input type="text" name="example" value="<?php echo esc_attr($value); ?>" />
```

注5　フィルターフックについては「**第5章　WordPressの基本アーキテクチャ**」を参照してください。

バリデーション・ナンス・サニタイズ ● **12.2**

wp_kses()関数は、HTMLソースから指定した要素と属性を残して、その他を除去します[注6]（**リスト12.10**）。

■ **リスト12.10　wp_kses()関数の記述例**

```
// 許可する要素の定義
$allowed_html = array(
    'a' => array(
        'href' => array(),
        'title' => array()
    ),
    'br' => array(),
    'strong' => array(),
);

// 許可するプロトコルの定義
$allowed_protocol = array( 'http', 'https' );

echo wp_kses( $content, $allowed_html, allowed_protocol );
```

コアソースや国際化対応がされているプラグインの中では、さらに特殊なサニタイズ関数がよく使われています。必要になるのは、以下のような場合です。

```
// _e()関数で翻訳してからサニタイズ
esc__html( _e( 'Hello World', 'text_domain' ) );
```

ローカライズ後の文字列は、翻訳ファイルに危険な文字列が入っているとXSSの原因になりますので、ユーザーやデータベースからの入力値と同様に信頼できない値として扱う必要があります。ただ、毎回このように入れ子に関数を記述するのは煩わしいので、2つを合体させた関数が用意されています。

```
// _e()関数で翻訳してからサニタイズする関数
esc__html_e( 'Hello World', 'text_domain' );
```

国際化対応のプラグインを開発する際は、次に挙げている関数を積極的に使用すると良いでしょう。

- esc__html_()
- esc__html_e()
- esc__html_x()

注6　ksesは"kisses"と発音します。

343

第**12**章　その他の機能やAPI

- esc_attr_()
- esc_attr_e()
- esc_attr_x()

Column

WordPressの強制マジッククオート

　外部入力を扱う機能を開発する際、$_POSTや$_GETから直接値を取得したくなる場面があります[a]。そこで実際にやってみると、入力値についてとても困惑する現象に出くわします。

　$POSTや$GETから得られる値はすべて、PHPのmagic quotesが適用されてしまっているのです（懐かしいですね！）。

　しかし、PHPの設定を確認しても、magic quotesはOFFです。「いったいどこでどうなっているんだ？」とWordPressコアのソースを追ってみると、load.phpの中に**リスト12.a**のソースを見つけることができました。この関数は、WordPressの起動シーケンスの中でコールされます。

■ **リスト12.a　強制マジッククオートの例**

```
function wp_magic_quotes() {
    // If already slashed, strip.
    if ( get_magic_quotes_gpc() ) {
        $_GET    = stripslashes_deep( $_GET    );
        $_POST   = stripslashes_deep( $_POST   );
        $_COOKIE = stripslashes_deep( $_COOKIE );
    }

    // Escape with wpdb.
    $_GET    = add_magic_quotes( $_GET    );
    $_POST   = add_magic_quotes( $_POST   );
    $_COOKIE = add_magic_quotes( $_COOKIE );
    $_SERVER = add_magic_quotes( $_SERVER );

    // Force REQUEST to be GET + POST.
    $_REQUEST = array_merge( $_GET, $_POST );
}
```

　そうです。WordPressによる、オレオレマジッククオートです。

　ちょっとびっくりしましたが、これもWordPressの流儀でしょうか。これを設

注a　残念ながら、WordPressには気の利いたRequsetオブジェクトのようなものはありません。

定などでOFFにする手段はありません。コアのソースは、この入力をその後よしな
に処理するように、巧みな技が凝らされています。

例えば、WordPressの投稿の保存に関するAPIを使ってデータをストアしたりし
ている分には、このことは気にしなくても大丈夫ですが、ローレベルのAPIを使う
際には注意してください。

なお、プレーンな値を利用したい場合は、シンプルにPHPの`stripslashes()`関数
が利用できます。

12.3 オプションAPI

オプションAPIは、プログラムの設定値などをデータベースに保存するため
のシンプルなAPIです。データはキー&バリュー形式で、`wp_options`テーブル
に保存されます。

オプションの追加

オプションを追加する場合は、`add_option()`関数を使用します。書式は以下
の通りです。また、パラメーターの内容を**表12.9**に示します。

```
add_option( $option, $value, $deprecated, $autoload );
```

■ 表12.9　add_option()関数のパラメーター

パラメーター	型	必須	説明
$option	文字列	必須	追加するオプションのキーを英小文字64字以内で指定する。単語の区切りにはアンダースコアを使用する
$value	任意	—	保存する値
$deprecated	文字列	—	第3引数はWordPress 2.3から廃止されたため、現在は使用不可。デフォルト値は空文字
$autoload	文字列	—	データベースへのアクセス数を減らすため、この引数でオートロードフラグが付けられたオプション値は、WordPressへのリクエスト時にまとめてデータベースから読み込まれ、キャッシュに保持される。yesまたはnoで指定する

345

第**12**章　その他の機能やAPI

　add_option()関数は、オプションの追加が正常に完了した場合にtrueを返します。

オプションの取得

　オプションを取得する場合は、get_option()関数を使用します。書式は以下の通りです。また、パラメーターの内容を**表12.10**に示します。

```
get_option( $option, $default );
```

■ 表12.10　get_option()関数のパラメーター

パラメーター	型	必須	説明
$option	文字列	必須	取得するオプションのキーを指定する
$default	任意	—	指定したキーで値が保存されていない場合に、関数が代わりに返すデフォルト値を指定する

オプションの更新

　オプションを更新する場合は、update_option()関数を使用します。書式は以下の通りです。また、パラメーターの内容を**表12.11**に示します。

```
update_option( $option, $new_value, $autoload );
```

■ 表12.11　update_option()関数のパラメーター

パラメーター	型	必須	説明
$option	文字列	必須	更新するオプションのキーを指定する
$new_value	任意	—	上書き保存する値
$autoload	文字列	—	オートロードフラグをyesまたはnoで指定する

オプションの削除

　オプションを削除する場合は、delete_option()関数を使用します。書式は以下の通りです。また、パラメーターの内容を**表12.12**に示します。

```
delete_option( $option );
```

■ 表12.12　delete_option()関数のパラメーター

パラメーター	型	必須	説明
$option	文字列	必須	削除するオプションのキーを指定する

オプションAPIの記述

リスト12.11は、指定したキーで既存の値があれば上書き保存し、そうでなければ新規追加する例です。

■ リスト12.11　オプションAPIの記述例

```
$option = 'example_option_key';
$value = 'foo';

if ( get_option( $option ) !== false ) {
    update_option( $option, $value );
} else {
    add_option( $option, $value );
}
```

キーの衝突

オプションのキーは、特にプラグインごとの名前空間の仕組みなどは設けられていないため、開発者は既存のキーとの衝突が起こらないように配慮する必要があります。プラグインごとの接頭辞を付けるのが簡単な解決策でしょう。WordPressがデフォルトで作成するオプションの一覧は、http://wpdocs.osdn.jp/Option_Referenceで確認できます。

12.4　JavaScriptやCSSの管理

WordPressでは、テーマだけでなくさまざまなプラグインがフロントエンドや管理画面に、ユーザーインタフェースを追加しています。UIの表現にはCSSやJavaScriptの利用が欠かせません。それらのファイルはどのようにしてWordPressに追加できるでしょうか？　もちろん、header.phpに直接script

第12章 その他の機能やAPI

タグやlinkタグを書くこともできますが、推奨はされていません。

WordPressには、スタイルやスクリプトを追加するためのAPIが準備されています。このAPIを使うと、例えばJavaScriptライブラリの依存性の問題を解決したり、異なるプラグインが同じJavaScriptライブラリをロードしようとする問題などを、ある程度解決できます。

JavaScriptの管理

リスト12.12はテーマにスクリプトを追加する簡単な例です。

■ **リスト12.12　テーマにJavaScriptを追加する例**

```
add_action( 'wp_enqueue_scripts', function () {
    // ❶登録して出力キューに追加して出力
    wp_enqueue_script( 'my-main',
        get_template_directory_uri() . '/js/main.js',
        array( 'jquery' ), 20160914, false );

    // ❷登録のみ
    wp_register_script( 'my-single',
        get_template_directory_uri() . '/js/single.js',
        array( 'my-script' ), 20160914, true );

    // ❸シングルページの場合は、キューに追加して出力
    if ( is_singular() ) {
        wp_enqueue_script( 'my-single' );
    }
} );
```

スクリプトやスタイルを追加するには、wp_enqueue_scriptsにフックして、その中で必要な設定を記述します。after_setup_themeフックなどではエラーとなるので注意してください。

● JavaScriptの追加と依存性の解決

❶では、wp_enqueue_script()関数はWordPressにスクリプトを登録し、出力キューに追加します。

第1引数はハンドル名で、PHP上での識別子です。

第2引数はJavaScriptファイルのurlです。get_template_directory_uri()関数はテーマディレクトリのurlを返す関数ですので、この例はテーマのスクリプトを読み込む例ということになります。

348

第3引数は依存性のあるスクリプトのハンドルを配列に列挙して指定します。
❶での array('jqeury') は、jquery というハンドルで登録されている
JavaScriptに、my-mainのスクリプトが依存していることを表します。このように依存性を指定すると、その依存性を踏まえた順序でスクリプトがロードされます。

第4引数はバージョン番号です。指定した値は、読み込む url の末尾に ?ver=**** という形式で追加されます。これによりブラウザのキャッシュで更新したスクリプトがすぐに反映されないといった問題を回避できます。

第5引数はスクリプトの追加位置です。省略、または false を指定するとスクリプトは html の head の中に出力されます。true を指定すると、スクリプトは html の末尾の部分に追加されます。

● 登録したJavaScriptを必要なときのみ出力

❷の wp_register_script() 関数も引数の意味はそれぞれ同じですが、指定の条件でスクリプトを登録するまでで、この時点では出力は行いません。

登録したスクリプトを出力キューに追加するには、❸のように、❶でも利用した wp_enqueue_script() 関数を利用します。

ここでは、is_single() 関数でシングルページか確認して、シングルページのときだけ、my-single というハンドルで登録されたスクリプトを出力キューに追加しています。my-single はすでに登録済みですので、ここではハンドルだけ指定しています。

この仕組みを使うと、スクリプトの準備はプラグインの冒頭で行っておき、プログラムの各所で必要になった時点でスクリプトを追加することが簡単にできます。

表12.13に JavaScript 管理の主な関数をまとめました。

第**12**章　その他の機能やAPI

■ 表12.13　JavaScript管理の主な関数

関数名	説明
wp_register_script($handle,$src,$deps=array(),$ver=false,$in_footer=false)	スクリプトを登録する。$srcはスクリプトのurl、$depsは依存性をハンドル名で指定、$verはスクリプトのバージョン番号、$in_footerにtrueを指定するとhtmlの末尾に出力される
wp_deregister_script($handle)	スクリプトの登録を削除する
wp_enqueue_script($handle,$src=false, $deps=array(),$ver=false,$in_footer=false)	スクリプトを出力キューに入れる。$srcはスクリプトのurl、$depsは依存性をハンドル名で指定、$verはスクリプトのバージョン番号、$in_footerにtrueを指定すると、htmlの末尾に出力される
wp_dequeue_script($handle)	スクリプトをキューから削除する
wp_script_is($handle,$list='enqueued')	スクリプトの状況を確認する。$list='enqueued'ではキューに追加されているか確認する。他にregisteredで登録済みか否か、printedは出力済みか否かを確認できる
wp_localize_script($handle,$object_name,$l10n)	登録済みスクリプトに関連するデータをJavaScriptオブジェクトとして出力する

● PHPからJavaScriptへのデータ引き渡し

wp_localize_script()関数はとても便利な関数です。この関数は、PHPの変数をJavaScriptオブジェクトとしてページに埋め込みます。

リスト12.13はプラグインのJavaScriptが利用するデータを、PHPから受け渡す例です。実行すると結果として**リスト12.14**の内容を出力します。

■ リスト12.13　PHPの変数をJavaScriptに受け渡す例

```
add_action( 'wp_enqueue_scripts', 'my_add_plugin_script' function () {
    $data = array(
        'endpoint' => plugins_url( '/my-plugin-ajax.php', __FILE__ ),
    );
    wp_enqueue_script( 'my-plugin-script',
            plugins_url( '/my-plugin.js', __FILE__ ),
            array( 'jquery' ) );
    wp_localize_script( 'my-plugin-script', 'myPluginData', $data );
} );
```

■ リスト12.14　wp_localize_script()関数による出力結果

略
```
<script type='text/javascript'>
```

350

```
/* <![CDATA[ */
var myPluginData = {"endpoint":"http:\/\/example.jp\/wp-content\/plugins\/my-p
lugin\/my-plugin-ajax.php"};
/* ]]> */
</script>
<script type='text/javascript' src='http://example.jp/wp-content/plugins/my-pl
ugin/plugin.js?ver=3.6'></script>
略
```

　PHP側の`wp_localize_script()`関数の第2引数で指定した名前で、JavaScriptのグローバルオブジェクトが作成され、その内容としてPHP側の`$data`変数が受け渡されています。この例では、プラグイン側がajaxを利用するようですが、そのajaxがリクエストを投げるエンドポイントをPHP側から渡しています。`my-plugin.js`は、`myPluginData`オブジェクトのデータを使ってスクリプトを実行できます。このように記述しておくと、運用環境へのリリースときなどに、urlが変わってもスクリプトの内容を変更しないで済むので便利です。

　この`wp_localize_script()`関数、関数名や引数名から想像すると、その本来の用途はJavaScriptで取り扱う文字列の国際化ですが、JSONとして展開できる任意の値をJavaScript側にとても簡単に渡すことができるため、PHPからJavaScriptへのデータの橋渡し全般でも便利に使えます。

　なお、`wp_localize_script()`関数で指定したデータは、第1引数で指定したハンドルのスクリプトが出力されるときのみ出力されますので、注意してください[注7]。

● 登録済みスクリプトの変更

　WordPressには、WordPress自体の動作のために、あらかじめ登録されているスクリプトがあります。例えばjQuery、jQuery UI、underscore、そしてbackbone！ その他にもさまざまなスクリプトが登録されています。jQueryなどは頻繁に利用されると思うので、テーマやプラグインを開発する際には、これらを利用すると良いでしょう。

　ただ逆に、WordPressに同梱されているバージョンと異なるjQueryをフロントサイトでは利用したいときなど、それが都合が悪いときもあるでしょう。そんなときには、**リスト12.15**のようにして、もともと登録されているJavaScriptの登録を解除し、改めて登録します。

注7　あくまでもJavaScriptコードが利用する補足データという位置付けになっています。

第12章　その他の機能やAPI

■ **リスト12.15　登録済みスクリプトの変更**

```
add_action( 'wp_enqueue_scripts', function () {
    if ( !is_admin( ) ) {
        wp_deregister_script( 'jquery' );
        wp_enqueue_script( 'jquery',
                'https://code.jquery.com/jquery-2.1.4.min.js');
    }
});
```

ここでは、is_admin()関数をチェックすることで、フロントサイトでのみ読み込むスクリプトを変更しています。なお、jquery以外のハンドル名を付けて、個別にロードしようとしたりしないでください。場合によっては複数のjQueryがロードされることになったりして、ちょっぴり恥ずかしいことになります。

CSSの管理

CSSの追加と管理も、基本的な関数の種類や引数はJavaScriptの場合とほぼ同様です。**表12.14**に、CSS管理の主な関数をまとめました。

■ **表12.14　CSS管理の主な関数**

関数名	説明
wp_register_style($handle,$src,$deps=array(),$ver=false, $media='all')	スタイルを登録する。$srcはCSSのurl、$depsは依存性をハンドル名で指定する。$verはCSSのバージョン番号、$mediaはメディア属性を示す
wp_deregister_style($handle)	スタイルの登録を削除する
wp_enqueue_style($handle,$src=false,$deps=array(),$ver=false,$media='all')	スタイルを出力キューに入れる。$srcはCSSのurl、$depsは依存性をハンドル名で指定する。$verはCSSのバージョン番号、$mediaはメディア属性を示す
wp_dequeue_style($handle)	スタイルをキューから削除する
wp_style_is($handle,$list='enqueued')	スタイルの状況を確認する。$list='enqueued'ではキューに追加されているか確認する。他にregisteredで登録済みか否か、printedは出力済みか否かを確認できる
wp_style_add_data($handle, $key, $value)	登録したCSSの属性データを指定する。指定可能な主な値は以下の通り
conditional	IEのコンディショナルテキストでラップ。IE6などをテキストで指定する
alt	trueで代替スタイルシートを指定する
title	タイトル属性を指定する
wp_add_inline_style($handle, $css)	登録したCSSに関連する追加のCSS定義を登録する。$cssはCSSコードを示す

352

JavaScriptやCSSの管理 ● **12.4**

　JavaScript系の関数との違いは、`$in_footer`引数が`$media`引数に変わって
いることです。`$media`は単純に`link`タグの`media`属性の値になります。
　`wp_style_add_data()`関数は、CSSタグのその他の属性を設定します。指定
できる値は表12.14の通りです。なお、これらのCSS系関数を利用するとき
も、JavaScript系の関数同様に`wp_enqueue_scripts`[注8]にフックして、これらの
関数を利用します。

● **ページへのCSSの直接出力**

　`wp_add_inline_style()`関数を使って、htmlのヘッダー要素内に追加のCSS
を簡単に出力することもできます。**リスト12.16**は簡単なコードの例、また**リ
スト12.17**はその出力結果です。

■ **リスト12.16　wp_add_inline_style()関数の記述例**

```
add_action( 'wp_enqueue_scripts', function () {
    $css = <<<ENDCSS
.title { color: blue; font-size:2em;}
.leadtext { color: black; font-size:0.9rem;}
ENDCSS;

    wp_enqueue_style( 'my-plugin-style',
                                plugins_url( '/plugin.css', __FILE__ ) );
    wp_add_inline_style( 'my-plugin-style', $css );

} );
```

■ **リスト12.17　wp_add_inline_style()関数の記述による出力結果**

```
略
<link rel='stylesheet' id='my-plugin-style-css' href='http://example.jp/
wp-content/plugins/my-plugin/plugin.css?ver=3.6' type='text/css' media='all'
/>
<style type='text/css'>
.title { color: blue; font-size:2em;}
.leadtext { color: black; font-size:0.9rem;}
</style>
略
```

　`wp_add_inline_style()`関数でのページCSSの出力も、第1引数で指定した
ハンドルのCSSが出力されるときのみ出力されますので、注意してください。

注8　間違いではありません。CSSでもwp_enqueue_scriptsにフックします。

第**12**章　その他の機能やAPI

12.5 キャッシュ ──一定期間のデータ保持──

アプリケーションを作成するうえで、一時的にまたは一定期間、データを保持するキャッシュを利用したい場合があります。WordPressには以下の2つのAPIが用意されています。

- Object Cache API（インメモリ、単一リクエスト内で有効）
- Transients API（DBストア、指定した有効期間内で有効）

Object Cache API ──インメモリのキャッシュ──

Object Cache APIは、1回のHTTPリクエストの中で有効なインメモリのキャッシュ機能を提供します。1回のリクエストの中で複数参照される可能性のある重たい処理をキャッシュするために利用されます。

このAPIは/wp-includes/cache.phpに記述されており、WP_Object_Cacheクラスを中心としたAPIですが、開発にあたってはwp_cache_をプリフィクスとする関数群を利用することが推奨されています。

使い方はとても簡単です。基本的にkey-valueで値を保存します。**表12.15**にObject Cache APIの主な関数をまとめました。

■ **表12.15　Object Cache APIの主な関数**

関数名	説明
wp_cache_set($key, $data, $group='')	キャッシュを作成または置換する。 成功時にtrue、失敗時にfalseを返す
wp_cache_add($key, $data, $group='')	キャッシュを作成してtrueを返す。 すでにあれば、何もせずfalseを返す
wp_cache_replace($key, $data, $group='')	キャッシュを置換してtrueを返す。 未作成なら、何もせずfalseを返す
wp_cache_get($key, $group='')	キャッシュの値を取得する。 存在しない場合はfalseを返す
wp_cache_delete($key, $group='')	キャッシュを削除する。 存在しない場合はfalseを返す
wp_cache_flush()	すべてのキャッシュを削除する

$groupはキャッシュキーのグループを示すオプション引数です。例えばプラグインやテーマ名などを由来とする文字列を指定してキーの重複を回避します。未指定の場合はdefaultグループとして保存されます。

キャッシュ ——一定期間のデータ保持—— ● 12.5

　キャッシュデータは`WP_Object_Cache`オブジェクトのインスタンス内の変数に保存されているので、基本的にどんなデータでも保存可能です（**リスト12.18**）。なお、マルチサイト環境においては、サイトごとにキャッシュが保存されます。

■ **リスト12.18　Object Cache APIの簡単な記述例**

```
$group = 'my_plugin_name';

$result = wp_cache_get( 'my_query_result', $group );

if ( false === $result ) {
    $result = $wpdb->get_results( $query );
    wp_cache_set( 'my_query_result', $result, $group );
}

// $result利用する処理...
```

　WordPress 2.5以前では、Object Cache APIを永続的キャッシュとして利用できるオプションがありましたが、そのオプションは削除されました[注9]。

　複数のリクエストにわたってキャッシュを利用したい場合は、次に紹介するTransients APIが利用できます。

Transients API ——有効期限付きのキャッシュ機能——

　Transients APIは有効期限付きのキャッシュ機能を提供するとても便利で強力なAPIです。デフォルトでは、Transients APIを利用したデータはオプションAPIを通じてデータベースに保存されるため、複数のリクエストにわたって利用できます[注10]。

　このAPIの特徴は有効期限が指定できることです。例えば、あなたのサイトに比較的重い問い合わせを要する新着データの表示要件があったとします。リクエストごとに毎回検索するとサイト全体が重くなるため、例えば5分間の有効期限付きのキャッシュを利用して、5分に1回だけ新着データの検索処理を

注9　/wp-content/object-cache.phpというファイルを作成することで、/wp-includes/cache.phpの実装を完全に置き換えることができます。requireするファイルを読み込むことによって置き換えられるため、/wp-content/object-cache.phpに定義する関数やクラスは、/wp-includes/cache.phpと同一としてください。この仕組みによって、例えば、Object Cache APIの実装をmemcachedの利用に差し替えることもできます。

注10　内部的にオプションAPIが使われるため、有効期限つきのオプション設定の保存先として使われる誤用がありますが、あくまでキャッシュであることに留意してください。詳細はこちらの記事を参考にしてください。
　　　https://journal.rmccue.io/296/youre-using-transients-wrong/

第**12**章　その他の機能やAPI

行うなどのことがTransients APIを使うととても簡単に実現できます。

　Transients APIも使い方はとても簡単です。基本的にkey-valueで値を保存します。**表12.16**にTransients APIの主な関数をまとめました。

■ 表12.16　Transients APIの主な関数

関数名	説明
`set_transient( $transient, $value, $expiration=0 )`	キャッシュを作成または置換する。成功時にtrue、失敗時にfalseを返す。$expirationの単位は秒
`get_transient( $transient )`	キャッシュを取得して返す。期限が切れているときはfalseを返す
`delete_transient( $transient )`	キャッシュを削除してtrueを返す。失敗したときにはfalseを返す
`set_site_transient( $transient, $value, expiration=0 )`	マルチサイトにおいて、ネットワークサイトを横断してキャッシュを扱う以外は、上の3つの関数と同様となる
`get_site_transient( $transient )`	
`delete_site_transient( $transient )`	

　Object Cache APIのようなグループ化の機能はありません。他の実装と重複しないようなユニークなキー(`$transient`)を指定してください。

　マルチサイト時、通常のset・get・deleteの3つの関数は、それぞれのサイトごとにデータを保存します。ネットワークサイト全体で共通のキャッシュを扱いたいときは、`set_site_transient()`など、関数名にsiteが含まれるものを関数を利用してください。

　リスト12.19はTransients APIの簡単な記述例です。

■ リスト12.19　Transients APIの記述例

```
$expiration = 60 * 5; // 300秒(5分)

$posts = get_transient( 'my_transient_key' );

if ( false === $posts ) {
    $posts = my_heavy_query_posts(); // 重たい検索処理
    set_transient( 'my_transient_key', $posts, $expiration );
}

// $postsを使った処理...
```

356

ショートコード ——動的な出力を得る—— ● **12.6**

12.6 ショートコード ——**動的な出力を得る**——

投稿記事内に記述してユーザーが動的な出力を得られる**ショートコード**を作成してみましょう。以下のように、add_shortcode()関数で任意のショートコード名に関連付けて、任意の関数を登録すると、ショートコードはとても簡単に作成できます。

```
add_shortcode( 'my_shortcode_name', function ( $attrs ) {
    // ...ショートコードの実際の処理...
}
```

一覧を表示するショートコード

実際のコードを見てみます。**リスト12.20**は、resent_post_listというタグ名で、最新記事の一覧を表示するショートコードの実装です。

■ **リスト12.20　最新記事を表示するショートコード**

```
add_shortcode( 'recent_post_list', function ( $attrs ) {
    // ショートコードの引数を整理
    $attrs = shortcode_atts( array(
        'numberposts' => 5,
        'post_type' => 'post',
        'category' => null,
    ), $attrs );

    // 投稿の取得
    $posts = get_posts( $attrs );

    // 出力したい文字列を生成（ここでは出力制御関数を利用）
    ob_start();

    if ( $posts ) {
        global $post;
        echo '<ul>';
        foreach ( $posts as $post ) {
            setup_postdata( $post );
            ?><li><a href="<?php the_permalink()
            ?>"><?php the_title() ?></a></li><?php
        }
        echo '</ul>';
    }
```

第**12**章

357

第**12**章　その他の機能やAPI

```
    wp_reset_postdata();

    return ob_get_clean();
} );
```

　shortcode_atts()は、デフォルトオプション値の提供と、不要なオプション
のフィルタリングを一度に行う関数です。第1引数の配列とパースされたショ
ートコードの属性値からなる配列とがマージされ、かつ第1引数に指定された
キーのみ含んだ配列が返ります。この関数の利用で、予期しないオプション値
が指定されることを防ぐことができます。

　ここでは、numberposts、post_type、categoryの3つのオプションだけを許
可して、そのオプション値でget_posts()をコールして投稿データを取得して
います。そのあと、テーマのテンプレートで投稿データを出力するのと同等の
処理を行って、出力制御関数でキャプチャした結果文字列を返します。
ショートコードは出力したい文字列を返すことに注意してください。作成した
このショートコードは、投稿記事中で以下のように利用できます。

```
[recent_post_list numberposts=2 category=3]
```

　その結果、**図12.1**のように表示されます。

■ **図12.1　リスト12.20の出力結果**

- ギュリもいいんですけどー♪
- やっぱスンヨンが一番♪

範囲を囲うショートコード

　ショートコードでは、投稿本文中の任意の範囲を囲み、その囲まれた範囲の
文字列に対して処理を行うこともできます。**リスト12.21**は、囲まれた範囲の
文字列の一部を、笑顔マークの顔文字に変えて出力するショートコードです。

■ **リスト12.21　囲んだ範囲のテキストを処理するショートコード**

```
// ショートコードの登録
add_shortcode( 'egao', function ( $attrs, $content ) {
    // ショートコードの引数を整理
    $attrs = shortcode_atts( array(
        'from' => '。',
```

ウィジェット ─── 追加機能の実装 ─── ● **12.7**

```
    ), $attrs );
    extract( $attrs );

    $to = "  (*'-'*)  ";

    // 囲まれた範囲の文字列を置換して返す
    return str_replace( $from, $to, $content );
} );
```

　ハンドラ関数の第2引数$contentに、ショートコードで囲まれた範囲の文字列が入ってきますので、その文字列を加工してから返します。ここでもshortcode_atts()を使ってオプションを整理し、extract()して$from変数を扱いやすく[注11]しています。

　このショートコードは、投稿記事中で以下のように利用できます。ショートコードで囲む場合、[tagname]〜[/tagname]の形式で入力します。

```
[egao]今日はとても疲れたけれど、嬉しいこともあった。
スンヨンがテレビに出てたんだ。
かわいいかったなー。[/egao]
```

　その結果、**図12.2**のように表示されます。

■ **図12.2　リスト12.21の出力結果**

> 今日はとても疲れたけれど、嬉しいこともあった (*'-'*)
> スンヨンがテレビに出てたんだ (*'-'*) かわいいかったなー (*'-'*)

12.7 ウィジェット ───追加機能の実装───

　ここではウィジェットの作り方と、テーマにウィジェットを出力するウィジェットエリアの設置方法を解説します。ウィジェットはWordPressをベースとしたアプリケーション開発において、その見せ方を工夫するなどして、アイデア次第でとても幅広く応用できる機能です。

第**12**章

注11　WordPressのコードでは比較的extract()を利用する文化があるようです。

359

第**12**章　その他の機能やAPI

ウィジェットエリアの登録

　ウィジェットをテーマに表示させるのはとても簡単です。まずは、テーマに
ウィジェットを配置するためのウィジェットエリアを登録します。functions.
phpなどに**リスト12.22**のように記述すると、ウィジェットエリアが登録され
ます。

■ リスト12.22　ウィジェットエリアの登録

```
add_action( 'widgets_init', function() {
    // ウィジェットエリアを登録する
    register_sidebar( array( 'id' => 'widgetarea-1' ) );
}
```

　ウィジェットはしばしばWebサイトのサイドバーなどで利用されるため、歴
史的にこのような関数名になっているようです。

　ウィジェットの初期化は、widgets_initフックで行います。register_
sidebar()が実際にウィジェットエリアの登録を行う関数です。ウィジェット
エリアを複数登録する場合、必要な回数register_sidebar()をコールします。
register_sidebar()の第1引数には、配列で**表12.17**のようなオプションを与
えることができます。オプションはすべて省略できますが、わかりやすさのた
めにIDは付与することをお勧めします。before/after系のオプションはウィ
ジェットの表示に関わるHTMLの指定です。テーマのHTMLに合わせて適宜設
定してください。

■ 表12.17　register_sidebar()関数の主なオプション

オプション名	説明
id	ウィジェットの識別ID。未指定の場合、sidebar-1といったIDになる（数字は登録順の連番）
name	ウィジェットの表示名
description	ウィジェットの説明
before_widget	ウィジェットの前後に挿入される文字列
after_widget	
before_title	ウィジェットのタイトルの前後に挿入される文字列
after_title	

　ウィジェットエリアを登録すると、管理画面の[外観]>[ウィジェット]でウ
ィジェットエリアを管理できるようになります。次に、テーマ内に実際にウィ
ジェットエリアを表示するコードです。以下のように、任意のテンプレートの

必要な個所に追加します。

```php
<?php dynamic_sidebar( 'widgetarea-1' ) ?>
```

dynamic_sidebar()関数はウィジェットエリアの内容を出力する関数です。これを記述した部分に、管理画面で設定されたウィジェットが出力されます。引数には、表示させたいウィジェットエリアのIDを指定します。

ウィジェットの作成

次は独自のウィジェットを作成します。ウィジェットはWP_Widgetクラスを拡張して作成します。**リスト12.23**はウィジェットの基本構造です。

■ **リスト12.23　ウィジェットの基本構造**

```php
class My_Widget extends WP_Widget {

    public function __construct() {
        // ウィジェットの初期化
    }

    public function widget( $args, $instance ) {
        // フロントサイトにウィジェットを出力
    }

    public function form( $instance ) {
        // 管理画面のウィジェット設定フォームを出力
    }

    public function update( $new_instance, $old_instance ) {
        // 送信されてきたフォームデータを確認・加工して、
        // 実際に保存するデータを返す
    }
}
```

このように、初期化、フロントサイトと設定フォームの出力、そして設定データ更新時に行う処理という4つのメソッドの実装によってウィジェットを作成します。

実際のコードを見てみましょう。**リスト12.24**は、ウィジェットのタイトルと任意のテキストを設定データとして保存し、それをフロントサイトに表示する実装の例です。

第12章 その他の機能やAPI

■ リスト12.24　ウィジェットの実装例

```php
<?php

class EchoTextWidget extends WP_Widget
{
    /**
     * ❶ウィジェットの初期化
     * @see WP_Widget::__construct()
     */
    public function __construct() {
        parent::__construct(
            'echo_text_widget', //ウィジェットのユニークID
            'Echo Text', //ウィジェットの表示名
            array( //その他のオプション
                'description' => '登録されたテキストを表示します。'
        ) );
    }

    /**
     * ❷フロントサイトにウィジェットを出力
     * @see WP_Widget::widget()
     * @param array $args
     * @param array $instanceデータベースに保存されているデータ
     */
    public function widget( $args, $instance ) {
        extract( $args );
        echo $before_widget;
        if ( ! empty( $instance['title'] ) ) {
            echo $before_title;
            echo $instance['title'];
            echo $after_title;
        }
        echo $instance['content'];
        echo $after_widget;
    }

    /**
     * ❸管理画面のウィジェット設定フォームを出力
     * @see WP_Widget::form()
     * @param array $instanceデータベースに保存されている現在の値
     */
    public function form( $instance ) {
        $title = isset( $instance[ 'title' ] )
                    ? $instance[ 'title' ] : 'タイトル';
        $content = isset( $instance[ 'content' ] )
                    ? $instance[ 'content' ] : '';
```

ウィジェット —— 追加機能の実装 —— ● **12.7**

```php
        ?>
        <p><label for="<?php echo $this->get_field_id( 'title' )
                ?>">タイトル：</label>
            <input type="text" class="widefat"
                id="<?php echo $this->get_field_id( 'title' ) ?>"
                name="<?php echo $this->get_field_name( 'title' ) ?>"
                value="<?php echo esc_attr( $title ) ?>" /></p>
        <p><label for="<?php echo $this->get_field_id( 'content' )
                ?>">内容：</label>
            <textarea class="widefat"
                id="<?php echo $this->get_field_id( 'content' ) ?>"
                name="<?php echo $this->get_field_name( 'content' ) ?>"
                ><?php echo esc_html( $content ) ?></textarea></p>
        <?php
    }

    /**
     * ❹送信されてきたフォームデータを確認・加工して、実際に保存するデータを返す
     * @see WP_Widget::update()
     * @param array $new_instanceフォームから送られてきたデータ
     * @param array $old_instanceデータベースに保存されているこれまでの値
     * @return array実際に保存するデータを返す
     */
    public function update( $new_instance, $old_instance ) {
        $instance = array();
        $instance['title'] = strip_tags( $new_instance['title'] );
        $instance['content'] = $new_instance['content'];
        return $instance;
    }
}

// ❺ウィジェットを登録する
add_action( 'widgets_init', function () {
    register_widget( 'EchoTextWidget' );
} );
```

第 **12** 章

❶のコンストラクタでスーパークラスのコンストラクタをコールしてウィジェットを初期化します。ここでは、ウィジェットのIDと名前、そして管理画面に表示されるウィジェットの説明文を指定しています。

❷の widget() メソッドで、フロントサイトへの表示を行います。$instance はデータベースに格納されている設定値の配列です。またここに登場している $before_widget、$after_widget、$before_title、$after_title の各変数は、$args から得られたもので、これらはウィジェットエリアを register_sidebar() したときのオプション値です。このことから、ウィジェットエリア単位で、ウ

363

第**12**章　その他の機能やAPI

ィジェットの外観を統一する必要があることがわかります。

　❸のform()メソッドでは、管理画面のウィジェットの設定フォームを出力します。ご覧の通り、formタグは含みません。また、各フィールドの名前やIDはWP_Widgetのget_field_name()やget_field_id()から取得します。

　❹のupdate()メソッドでは、フォームから送信されてきたデータにサニタイズなど必要な加工を行って実際に保存するデータを返す処理を行います。ここでは、titleのHTMLタグを削除します。contentはHTMLの表示を許可する仕様とするので何もしません。

　ウィジェットが実装できたら、WordPressに登録します（❺）。widgets_initアクションフック内で、register_widget()をコールしてください。引数には、作成したクラスの名前を与えます。

　以上でカスタムウィジェットが実装できました。管理画面では**図12.3**のように表示され、設定データが保存できるはずです。また、**図12.4**のようにフロントサイトでの表示も確認できます。

■ **図12.3　Echo Textが追加されたウィジェットの管理画面**

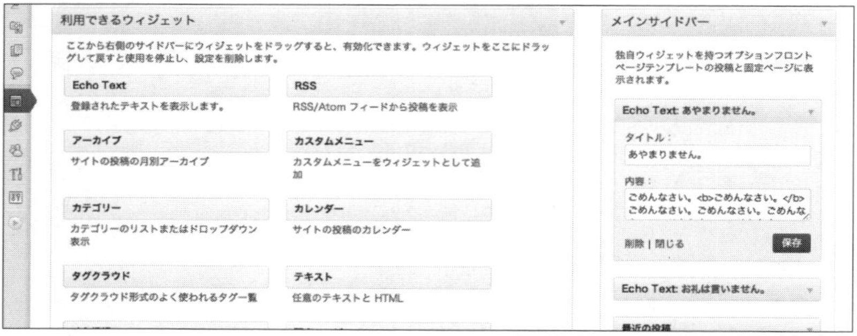

■ **図12.4　フロントサイトでの表示例**

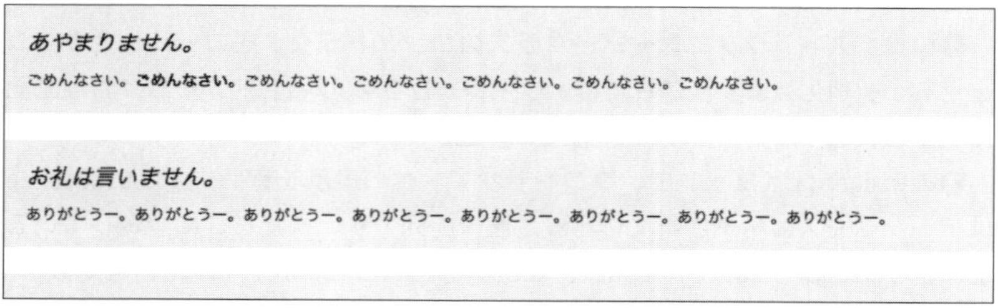

12.8 マルチサイト ——複数サイトの作成——

マルチサイトとは

WordPressのマルチサイト機能は、文字通り複数のサイトを作成する機能です。ただし、1つのサイトの中に複数のブログを持つイメージではないことに注意してください。例えばサイトごとにテーマを変更できますし、サイトごとに管理者(所有者)があり、またサイトごとにユーザー管理を行うこともできます。登録型のレンタルブログのようなサービスを運用できる環境に近いイメージと考えてください。

なお、WordPressでは、マルチサイトという用語の他にネットワークサイトという呼び方もあります。またマルチサイトで設定できるサイトのことも、サイトやブログと呼んだりします。おそらく歴史的な理由からそうなっているようですが、関数名なども混在していることもあり、本書の解説でも文脈に合わせて適当に使い分けていますので、それぞれ、ほぼ同じことを意味しているという認識で読み進めてください。

ネットワークの設置

WordPressをマルチサイト化するためにネットワークを設置します。wp-config.phpに、以下のように定数定義を追加します。この記述を追加することで、管理画面にマルチサイト化のためのメニューが追加されます。

```
define('WP_ALLOW_MULTISITE', true);
```

管理画面に追加されたメニュー[ツール]>[ネットワークの設置]を選択すると、**図12.5**のネットワークの作成画面が開きます(ここでプラグインの停止が求められたときは、それに従ってください)。

第12章 その他の機能やAPI

■ 図12.5 ネットワークの作成画面

　次に、ネットワーク設置のために、いくつかの設定を行います。ネットワーク内のサイトのアドレスで、アドレスを指定します。サブドメインまたはサブディレクトリを使う方法が選択できます。この設定は後で変更できないので慎重に確認してください。ここではサブディレクトリで進めます。

　また、ネットワークの詳細でサイトのタイトルや管理者メールアドレスを入力します。これらの設定はあとからでも変更できます。

　設定項目を確認できたら、[インストール]ボタンからインストールを実行します。マルチサイト化は一部の手順を手動で行う必要があり、**図12.6**の画面でその手順が示されます。`wp-config.php`と`.htaccess`への設定の追加など、指示された手順の通りに行ってください。なお、この時点で`wp-config.php`に最初に追加した、`WP_ALLOW_MULTISITE`の定数は削除してください。設定変更後に一度ログアウトしてから再度ログインしなおすと、ネットワーク化の作業は完了です。

■ 図12.6　手動設定作業の指示画面

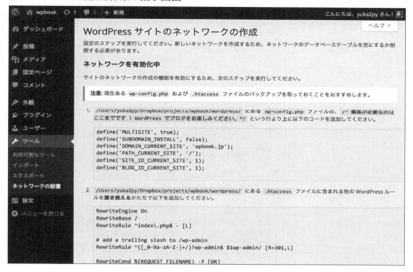

● ネットワークの運用設定

　サイトのネットワーク化が完了したら、ネットワークの詳細設定を行っておきましょう。設定はAdminバーから[参加サイト]＞[サイトネットワーク管理者]へと入ったあと、サイドバーの[設定]から行います。たくさんの設定項目がありますが、ざっと目を通して、サイトの目的に合わせて適切に設定してください。**表12.18**に特に重要な項目についてまとめました。

第12章　その他の機能やAPI

■ 表12.18　ネットワークの設定項目

項目	説明
運用設定	インストール時に設定した、ネットワーク全体の名前やネットワーク管理者のメールアドレスを設定する
登録の設定	ネットワークへのサイトやユーザーの登録に関する制限を設定する
新規登録の許可	新しいサイトやユーザーの登録の可否などを設定する
登録の通知	新規登録があったときのネットワーク管理者への通知の有無
新規ユーザーの追加	サイトの管理者によるユーザーの新規追加の許可を設定する
禁止名	サイト名として使用を禁止する文字列を指定する。デフォルトでいくつかの予約語が設定されているが、これらはそのままにしておくのが無難。作成するサイトに特別な投稿タイプやそのアーカイブがあるなど、重複する可能性のある文字列について禁止名として追加する
登録メールアドレスの制限登録を拒否するメールのドメイン	特定のドメインからの登録を許可したり禁止したりする場合に設定する
新規サイト設定	新しいサイトを作成したときにそのサイトの所有者に通知されるメールの文面や、新規サイトに登録されるサンプルデータの内容などを設定する
アップロード設定	サイトごとのメディアのアップロードに関する設定を行う。ファイルサイズ、ファイルの拡張子、アップロード可能な合計ファイルサイズなどの設定が可能
言語設定	サイトの初期設定となる言語を選択する
メニュー設定	サイトでの管理メニューの有効化などを設定する

● **サイトの追加**

それでは、実際にサイトを追加してみましょう。Adminバーから[参加サイト]>[サイトネットワーク管理者]>[サイト]を選択してサイトの一覧画面を開いて、[新規追加]をクリックします。

次にサイトの追加画面で、サイトのアドレス(サブドメインまたはサブディレクトリを指定)、サイトのタイトル、そのサイトの管理者のメールアドレスを入力し、[サイトを追加]ボタンで実行してサイトの追加を実行します。

追加したサイトは、サイドバーの[サイト]>[すべてのサイト]で一覧(**図12.7**)を確認でき、またそれぞれのサイトの情報の編集画面を開くことができます。

■ 図12.7　ネットワークサイトの一覧

ネットワークの構造

　ネットワークが有効化されると、以下の6つテーブルがデータベースに追加されます。これらは、マルチサイトを管理するためのテーブルです。

- wp_blogs
- wp_blog_versions
- wp_registration_log
- wp_signups
- wp_site
- wp_sitemeta

　また、ネットワークにサイトを追加するごとに、以下のようなテーブルがデータベースに追加されていきます。

- wp_2_commentmeta
- wp_2_comments
- wp_2_links

第**12**章　その他の機能やAPI

- wp_2_options
- wp_2_postmeta
- wp_2_posts
- wp_2_terms
- wp_2_term_relationships
- wp_2_term_taxonomy
- wp_2_termmeta

　これらはWordPressのコンテンツテーブル群と同じものです。数字で「2」と入っている部分は、追加されたサイトのIDです。このようにWordPressのマルチサイト機能は、ほぼ完全に個別のサイトを運用するような構造になっていることが、データからも見て取れます。

ネットワークの基本的な扱い方

　ここまでに見たようにWordPressのマルチサイト機能はほぼ完全に別々のサイトが存在しているような形態となっているため、その取り扱いも少し特殊で、それぞれのブログを切り替えながら利用するようなイメージになります。
　例えば、ネットワークのメインサイトのトップページで、ネットワーク内のサイト名の一覧を表示したいときには**リスト12.25**のようなコードが書けます。

■ **リスト12.25　ネットワークのサイト名一覧を表示する例**

```
$sites = wp_get_sites();

printf('<ul>');
foreach ( $sites as $site ) {

    switch_to_blog( $site['blog_id'] );
    printf( "<li>%s</li>", esc_html( get_bloginfo( 'name' ) ) );
    restore_current_blog();

}
printf('</ul>');
```

マルチサイト ──複数サイトの作成── ● **12.8**

ここでは最初に`wp_get_sites()`関数[注12]を使って、ネットワーク内のサイトの一覧を取得し、そのあと、`switch_to_blog()`関数でサイトを切り替えつつ、`get_bloginfo()`で現在のサイトの名前を取得して表示しています。

なお、投稿データを扱う場合と同様に、コンテキストが重要になります。`switch_to_blog()`関数でサイトを切り替えたあとは、`restore_current_blog()`関数で必ず元のサイトに戻してください。

Column

マルチサイトに特有の関数

WordPressでは`switch_to_blog()`関数で文字通りサイトを切り替えつつ、それぞれのサイトの中でいつものコア関数を利用して、個々のサイトの情報を取得したり操作したりします（**表12.a**）。

■ **表12.a　マルチサイト関連の主な関数**

関数名	解説
switch_to_blog($blog_id)	ブログIDで指定したのサイトに切り替える。サイトの切り替え状況はスタックで保持されてネストできる
restore_current_blog()	switch_to_blog()で切り替えたサイトを元に戻す。switch_to_blog()とセットで利用する
get_blog_details($blog_id)	ブログIDを指定して、サイトの情報を一度に取得する。switch_to_blog()の切り替えは不要
get_blog_status($blog_id, $option_name)	ブログIDを指定して、サイトの情報を項目ごとに取得する。switch_to_blog()の切り替えは不要
get_blogaddress_by_id ($blog_id)	ブログIDやブログ名（ドメインやディレクトリ名）からサイトのurlを取得する。switch_to_blog()の切り替えは不要
get_blogaddress_by_name ($blogname)	

第 **12** 章

注12　マルチサイト関連は用語がとにかくややこしいです。一例として、リスト12.25の例では、$site['blog_id']としてサイトのIDを取得していますが、実はこの時、$site変数には$site['site_id']という値も含まれていたりします。
　　　しかし、この$site['site_id']はいわゆるサイトのことではなく、ネットワークのIDを差し示すものです。
　　　詳しくは以下のWebページの資料で確認してください。
　　　https://codex.wordpress.org/Database_Description#Multisite_Table_Details

第**12**章 その他の機能やAPI

> **Column**
>
> ## マルチサイト導入の是非
>
> WordPressのマルチサイトはやや癖のある機能です。実際に導入してみると、思うようにいかないことも多々あります。また、マルチサイト未対応のプラグインも多く、その採用には慎重さが求められます。
>
> マルチサイト機能は、登録型のレンタルブログのようなサービスを運用できる環境に近い機能であることに留意して、その導入の適性を判断してください。

12.9 WP REST API ——RESTfulなWebサイトの実現——

WP REST APIとは

WP REST API（または WP API、WordPress REST API）は、将来のWordPressでコア機能として統合されることを目指して開発されているプラグインです（**図12.8**）[注13]。このプラグインを導入することで、WordPressにRESTfulなAPIを追加できます。

■ 図12.8 WP REST APIのプラグイン配布ページ

　WordPressには、もともとXML-RPC APIがあり、iOSアプリからの記事の投稿などで使われています。しかし、XMLフォーマットは開発者にとって取り扱いが難しく、XML-RPC APIに代わるAPIが待望されていました。WP REST APIの登場によって、開発者は取り扱いの容易なJSONフォーマットのデータでWordPressから投稿データを受け取ったり、また投稿したりすることができるようになりました。

　本書の執筆時点では、バージョン2のベータ版がリリースされており、本書での解説もこのバージョンを元にしています。正式版のリリースまでに仕様が変わる可能性がありますのでご了承ください。また、本稿では概要の紹介にとどめますので、詳細はWP REST APIの公式サイト[注14]を参照してください。

　なお、本書の執筆時点では、WP REST APIはWordPressプラグインディレクトリにバージョン1と2の両方が登録されていますので、ご注意ください。

APIへのアクセス

　WP REST APIプラグインを有効化してから、ブラウザで`http://example.`

注14　http://wp-api.org/

第12章 その他の機能やAPI

com/wp-json/wp/v2/postsにアクセスすると、WordPressの新着投稿データをJSONフォーマットで取得できます（**図12.9**）。ドメインは各サイトによって異なります。

■ 図12.9　PostmanによってJSONデータを表示したところ

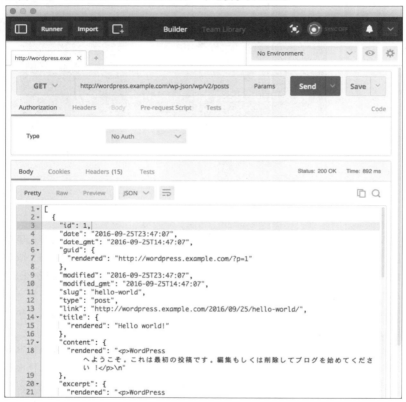

　REST APIでは、URLとWordPressのリソースが対応しています。この場合、wp-json/wp/v2/postsというURLと、WordPressの投稿が対応していることになります。他にも、wp-json/wp/v2/usersというURLはWordPressのユーザーと対応している、という具合です。このURLをルートまたはエンドポイントと呼称します。

　ブラウザからAPIのURLにアクセスするとGETリクエストになりますが、HTTPクライアントからは、同じリソースにGET以外のリクエストを送ることもできます。次に挙げるのは、postsエンドポイントに送ることのできる各種

リクエストの例です。

- GET /wp-json/wp/v2/posts（投稿データを取得する）
- GET /wp-json/wp/v2/posts/1（投稿IDが1の投稿データを取得する）
- POST /wp-json/wp/v2/posts（新しい投稿を作成する）
- DELETE /wp-json/wp/v2/posts/1（投稿IDが1の投稿データを削除する、ゴミ箱に入る）

GET以外のリクエストをブラウザから確認することは難しいので、テストを行うにはREST APIのテスト用のツールを使うほうが良いでしょう。筆者のお勧めは、ChromeアプリのPostman[注15]（**図12.10**）です。

■ **図12.10 Postmanのインストール画面**

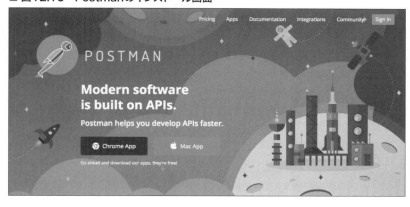

認証

WP REST APIでは、投稿の追加や削除が可能ですが、もちろんその権限のないユーザーに、削除などの操作を行わせてはいけません。WP REST APIでは、ユーザー認証にWordPressのコアが持っているユーザーの仕組みを使用しています。すなわち、管理者権限でログインしていれば、すべての投稿の追加や削除を行うことができ、ログインしていなければできない、ということです。

WP REST APIチームでは、認証のためのプラグインとしてCookie認証、

注15 https://www.getpostman.com/

第12章 その他の機能やAPI

OAuth 1.0a認証、Basic認証の3つを用意しています。

Cookie認証はWordPressが標準で持っている認証の仕組みで、ログイン画面から通常どおりログインしていればREST APIにもアクセスが可能になります。ただし、ログインだけですべての操作がAPIから行えると、CSRF脆弱性が発生しますので、APIへのアクセス時には専用のトークンを生成する必要があります。

OAuth認証は広く使われている標準的でかつ安全な認証の仕組みです。ただし、バージョンが旧式の1.0aなのが筆者としては残念な点です。OAuth2への対応を期待したいところです。

Basic認証も広く使われている認証方式で、説明は不要でしょう。ユーザー名とパスワードをそのまま送りますので、あくまで開発中の使用にとどめ、実際のサイトでは使用しないようにしましょう。

それぞれのプラグインの詳細な使用方法については、WP REST APIの公式サイトをご覧ください。

また、WordPressコアの`determine_current_user`フィルターを用いてログインユーザーを設定することで、プラグインから独自にユーザー認証を行うことができます。そのため、開発者が上記以外の認証形式をAPIに追加することも可能です。

リソースの種類

リソースの種類を**表12.19**に挙げています。

■ **表12.19　リソースの種類**

リソース	説明
Posts	投稿
Pages	固定ページ
Media	メディア（添付ファイル）
Post Meta	メタデータ（カスタムフィールド）
Post Revisions	リビジョン
Comments	コメント
Taxonomies	タクソノミー
Terms	ターム
Users	ユーザー
Post Types	投稿タイプ（取得のみ）
Post Statuses	投稿ステータス（取得のみ）

それぞれのリソースの一覧、追加、取得、更新、削除が可能です。

エンドポイントの追加

WP REST APIが提供するエンドポイント以外にも、開発者が独自にエンドポイントを追加できます。**リスト12.26**は特定のURLにアクセスすると、固定の配列をJSONフォーマットで返す非常にシンプルな例です。**図12.11**では、/wp-json/my_routes/exampleへのGETリクエストに対して、JSONデータ{"foo": "bar"}を返しています。

■ **リスト12.26　エンドポイントの追加**

```
// エンドポイントの追加
add_action( 'rest_api_init', function() {
    /**
     * my_routesが名前空間。プラグイン名にすると良い
     * '/example' が追加するエンドポイントになる
     */
    register_rest_route( 'my_routes', '/example', array(
        array(
            'methods'  => WP_REST_Server::READABLE, // GET
            'callback' => function() {
                return rest_ensure_response( array('foo' => 'bar') );
            },
        )
    ) );
} );
```

第12章

第12章 その他の機能やAPI

■ 図12.11 独自のエンドポイントからのデータ取得

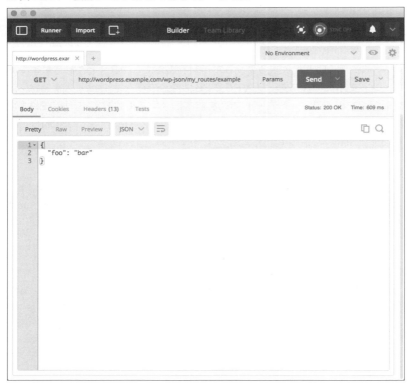

　実際にはスキーマの設計や権限のチェックなどを行うためコード量はもっと増えますが、エンドポイントの拡張性に配慮された設計になっていることは感じられるかと思います。WP REST APIが標準で用意しているエンドポイントはあくまでWordPressのブログとしての機能に限定されますが、独自にエンドポイントを追加することで、作成できるAPIの可能性は無限に広がることでしょう。

12.10 国際化

　ここではWordPressのテーマやプラグインの国際化とローカリゼーションの概要について解説します。

国際化 ● 12.10

関連ツール

　WordPressでは、多言語化のためにgettextという国際化とローカリゼーションのためのライブラリと、gettextを拡張する独自のツールwordpress-i18n toolsを利用します。

　gettextでは、ソースコード中で国際化が必要な個所をgettextで定められた構文で記述し、ツールを使ってソースコードから.potという国際化のためのテンプレートファイルを自動作成します。この.potファイルを基に翻訳して.poファイルを作成し、.poファイルをコンパイルして.moファイルを作ってアプリケーションに組み込みます（**表12.20**）。

■ **表12.20　ファイルの種類**

種類	説明
.pot	翻訳のためのテンプレートファイル
.po	翻訳済みファイル。.potファイルを複製して翻訳する
.mo	.poファイルをコンパイルした、実際にプログラムが参照するファイル

環境の準備

　環境を準備します。まずは以下の環境を準備してください（macOSの場合）。

- Xcode[注16]
- Homebrew[注17]

　まず以下のようにHomebrewでgettextをインストールします。

```
$ brew install gettext
$ brew link gettext --force
```

　wordpress-i18n toolsをSubversionのリポジトリ[注18]からダウンロードして準備します。

　これを手元の環境に取得してください。場所はどこに置いておいてもかまいませんが、以下では、ユーザーのホームディレクトリの下にwp-i18nという名

注16　https://itunes.apple.com/jp/app/xcode/id497799835
注17　http://mxcl.github.io/homebrew/
注18　http://i18n.svn.wordpress.org/tools/trunk/

第**12**章　その他の機能やAPI

前のディレクトリを作って準備しています。

```
$ cd ~
$ mkdir wp-i18n
$ svn co http://i18n.svn.wordpress.org/tools/trunk/ ./wp-i18n
```

これで準備は完了です。

ソースコードの国際化

ソースコードで国際化したい個所すべてを、WordPressに準備されている国際化のための関数を使った記述に変更します。例えば**リスト12.27**のようにテンプレート上で「タイトル:」と記述した個所があるとします。

■ **リスト12.27　テンプレート上のタイトル部**

```
<p>
    <label>タイトル:
        <input name="title" type="text" value="<?php echo $title ?>">
    </label>
</p>
```

これを**リスト12.28**のように変更します。

■ **リスト12.28　リスト12.27の変更後**

```
<p>
    <label><?php _e( 'Title:', 'mytextdomain' ) ?>
        <input name="title" type="text" value="<?php echo $title ?>">
    </label>
</p>
```

2行目を変更しました。関数_e()は、翻訳されたテキストをechoする関数です。第1引数は翻訳のソースのキーとなる文字列です。ある言語の翻訳ファイルが用意されていないときにはこの文字列がそのまま表示されるため、一般に英語で記述します。

第2引数の'mytextdomain'はテキストドメインを指定しています。テキストドメインについては後述します。

WordPressにはこの_e()関数以外に、利用用途や文脈に応じてローカライズされたテキストを取得・出力するための関数群が用意されています(**表12.21**)。

380

国際化 ● 12.10

■ 表12.21　ローカライズされたテキストを取得・出力するための主な関数

関数名	説明
__()	ローカライズされたテキストを取得する
_e()	ローカライズされたテキストを出力する
_n()	複数形に配慮してローカライズされたテキストを取得する
_x()	コンテキストに配慮してローカライズされたテキストを取得する
_ex()	コンテキストに配慮してローカライズされたテキストを出力する
_nx()	コンテキストと複数形に配慮してローカライズされたテキストを取得する
esc_attr__()	esc_attr() と __() の組み合わせ
esc_attr_e()	esc_attr() と _e() の組み合わせ
esc_attr_x()	exc_attr() と _x() の組み合わせ
esc_html__()	esc_html() と __() の組み合わせ
esc_html_e()	esc_html() と _e() の組み合わせ
esc_html_x()	esc_html() と _x() の組み合わせ
_n_noop()	複数形に配慮してローカライズされたテキストを遅延評価
_nx_noop()	複数形とコンテキストに配慮してローカライズされたテキストを遅延評価

　たくさんあって難しいように見えますが、関数名は意味のある記号の集合として定義されているので、その意味を理解するのは意外に簡単です（**表12.22**）。

■ 表12.22　関数名を示す記号

記号	説明
（無印）	ローカライズされた文字列をそのまま返す
e	文字列をechoする
n	単数形・複数形の違いを扱う
x	テキストの文脈を指定する
esc_attr	HTML属性としてエスケープする
esc_html	HTMLテキストとしてエスケープする
noop	翻訳テキストされたテキストではなく、翻訳を遅延評価するための情報を返す

　何も記号のない __() は、ローカライズされたテキストをそのまま返します。eの付く _e() などは、翻訳文字列をechoします。nが付いた関数は、数量について単数と複数で異なる記述が必要な言語をサポートします。xが付いたものは、元の言語では同じ記述でも文脈によって意味合いの異なる文字列について、文脈（コンテキスト）を与えて正しくローカライズできるようなサポートが付いたものです。esc_attr、esc_html は、それぞれの文字通り、属性のエスケープHTMLエスケープを行います。noopが付いたものは遅延評価される形式で値を返します。

第**12**章　その他の機能やAPI

　noop()関数についてはわかり難いかもしれませんが、他の関数はコールした
その場で評価されてローカライズされたテキストを返すのに対して、noop()関
数はその場ではローカライズされたテキストを得るための情報のみ返すように
なっています。これにより、条件によっていくつかの文字列の切り替えが必要
な場面で、必要なケースに対応するローカライズテキストのみ取得できる方法
を提供します。

　テンプレートやソースコード中など、国際化が必要なすべてを、これらの関
数を用いた取得・出力に変更してください。

テキストドメイン

　_e()関数の第2引数のように、すべての関数でテキストドメインと呼ばれる
識別子を指定できます。テキストドメインは、そのテキストの意味的な所属を
表す識別子です。文字列が同じでも、プラグインやテーマによって、その翻訳
が異なることもあります。それらを識別するために、gettextではその文字列
が所属する意味の範囲(ドメイン)を、テキストドメインと呼ぶ識別子で指定で
きます。

　WordPressでは、プラグインやテーマごとに、固有のテキストドメインを
指定して管理することが多いようです。なお、テキストドメインはわかりやす
さのために、一般にプラグインやテーマの名称と一致させます。

.potファイルの生成

　ソースコード上の国際化の準備が整ったら、wordpress-i18n toolsに含ま
れるmakepot.phpを使って.potファイルを生成します。プラグインを例に説明
します。

　コンソールを開いて、.potファイルを作成したいプラグインのディレクトリ
まで移動します。次に国際化のリソースを収めるための/languagesディレクト
リを作成し、makepot.phpを実行します。

```
$ cd myplugin
$ mkdir languages
$ php ~/wp-i18n/makepot.php wp-plugin . ./languages/mytextdomain.pot
```

　PHPに先ほどsvnコマンドで取得したwordpress-i18n toolsに含まれる
makepot.phpを与えて実行します。

第1引数wp-pluginは、.potファイルの生成タイプです。プラグインであれ
ばwp-plugin、テーマであればwp-themeと設定します。

第2引数は生成したいプラグインのディレクトリを指定します。この例では
そのプラグインのディレクトリにいますので、現在のディレクトリ「.」を指定し
ています。

そして第3引数に出力先を与えます。ここでは、作成した/languagesディレク
トリの中に出力します。ここでのファイル名は、テキストドメインに一致さ
せてください。

完了すると**リスト12.29**のような.potファイルが/languagesディレクトリ
に作成されているはずです。

■ **リスト12.29　生成された.potファイル**

```
# Copyright © 2013 WP Over Network
# This file is distributed under the same license as the WP Over Network
package.
msgid ""
msgstr ""
"Project-Id-Version: WP Over Network 0.2.1.0\n"
"Report-Msgid-Bugs-To: http://wordpress.org/tag/wp_over_network\n"
"POT-Creation-Date: 2016-05-25 05:44:51+00:00\n"
"MIME-Version: 1.0\n"
"Content-Type: text/plain; charset=UTF-8\n"
"Content-Transfer-Encoding: 8bit\n"
"PO-Revision-Date: 2016-MO-DA HO:MI+ZONE\n"
"Last-Translator: FULL NAME <EMAIL@ADDRESS>\n"
"Language-Team: LANGUAGE <LL@li.org>\n"

#: WPONW_RecentPostsWidget.php:17
msgid "The most recent posts on your network"
msgstr ""

#: WPONW_RecentPostsWidget.php:19 WPONW_RecentPostsWidget.php:44
msgid "Recent Posts over Network"
msgstr ""

#: templates/widget-form.php:2
msgid "Title:"
msgstr ""

#: templates/widget-form.php:6
msgid "Number of posts to show:"
msgstr ""
```

第12章 その他の機能やAPI

```
#: templates/widget-form.php:11
```

以上はプラグインでの例です。

テーマの場合も、テーマのディレクトリに同じく/languagesディレクトリを作成して管理します。なお、テーマの場合、.poのファイル名は、{ロケール名}.poといったように、ロケール名だけをファイル名とします。makepot.php実行時のファイルの生成タイプはwp-themeとします。

.poファイルの翻訳

.potファイルから日本語訳の入った.poファイルを作成します。

前節で作成した.potファイルを複製し、例えば日本語の場合、ファイル名をmytextdomain-ja.poとします。テキストドメイン名＋ハイフン＋言語のロケール（日本語はja）＋拡張子です。拡張子は.poとしてください。

翻訳はそのまま.poファイルをテキストエディターで編集できます。他にも以下のような翻訳支援アプリケーションを使って編集することもできますが、ここでの解説は割愛します。

- Poedit (http://sourceforge.jp/projects/sfnet_poedit/)
- Google Translator Toolkit (http://translate.google.com/toolkit)

.moファイルのコンパイル

gettextのmsgfmtコマンドを使って.poファイルを.moファイルにコンパイルします。

```
$ cd languages
$ msgfmt -o mytextdomain-ja.mo mytextdomain-ja.po
```

-oオプションで出力ファイル名を指定し、同じファイル名で拡張子だけ変更した.moファイルを出力させています。.poファイルに問題があるとエラーが出ますが、エラーメッセージを見て適宜対処できると思います。

国際化 ● 12.10

.moファイルの読み込み

さて、もう一息です。できあがった.moファイルをプラグイン・テーマの初期化時に読み込みます。**リスト12.30**のような記述になるでしょう。

■ **リスト12.30　.moファイルを読み込む**

```
// プラグインの場合
add_action( 'plugins_loaded', function() {
    $langDir = basename( dirname( __FILE__ ) ) . '/languages/';
    load_plugin_textdomain( 'mytextdomain', false, $langDir );
} );

//テーマの場合
add_action( 'after_setup_theme', function () {
    $langDir = get_template_directory() . '/languages/';
    load_theme_textdomain( 'mytextdomain', $langDir );
} );
```

load_plugin_textdomain・load_theme_textdomain関数を使って読み込みます。いずれの場合も、第1引数はテキストドメイン名です。プラグイン用のload_plugin_textdomain()関数の第2引数は非推奨となったので利用しません。第3引数には、.moファイルが置かれたディレクトリのパスを指定します。テーマ用のload_theme_textdomain()関数の第2引数はテーマの.moファイルが置かれたディレクトリのパスを指定します。

これでソースコード中で_e()関数などで国際化した文字列は、日本語にセットアップされたWordPress環境では日本語として表示されているはずです。

なお、以下のページでプラグインやテーマの国際化手順について、より詳しく紹介されていますので参考にしてください。

- プラグインの国際化(https://developer.wordpress.org/plugins/internationalization/how-to-internationalize-your-plugin/)
- テーマの国際化(https://developer.wordpress.org/themes/functionality/internationalization/)

第12章

385

第**12**章　その他の機能やAPI

12.11 自動アップデート

　WordPress 3.7からコアやテーマ、プラグイン、言語ファイルの自動アップデート機能が組み込まれました。WordPress 3.6以前では、ソフトウェアのアップデートは管理画面から管理者が更新の処理で行っていましたが、WordPress 3.7からは、これらを自動化できるようになりました。中でも、コアのマイナーアップデートと、言語ファイルアップデートは、デフォルトで自動化されています。

コアのアップデートのポリシー設定

　以下のように WP_AUTO_UPDATE_CORE 定数を定義することで、WordPress コアのアップデートポリシーを設定できます。

```
define('WP_AUTO_UPDATE_CORE', $value);
```

　未設定の場合も含めて、定数の設定値とそのアップデートポリシーは**表12.23**の通りです。○が付いているものが自動更新の対象となります。

■ **表12.23　WP_AUTO_UPDATE_CORE定数の設定値と自動アップデートの対象範囲**

値	メジャー	マイナー	開発
デフォルト（定数未定義時）	—	○	○
false	—	—	—
minor	—	○	—
true	○	○	○

　ここでのメジャーはバージョンコードの2つ目のセグメントまで、マイナーは3つ目のセグメントです。つまりバージョンコードが3.8.1であればメジャーは3.8までの部分、同様にマイナーは1にあたる部分です。また、リリースバージョンではなく、開発用バージョンをインストールしている場合は、その自動アップデートもコントロールできます。

　なお、これらの設定値は allow_dev_auto_core_updates、allow_minor_auto_core_updates、allow_major_auto_core_updates の3つのフィルターで個別・動的に変更することもできます。

自動アップデート ● **12.11**

コア自動アップデートのレポートメール送信

コアファイルが自動アップデートされたとき、WordPressはその結果をメールでレポートしてくれます。

`auto_core_update_send_email`フィルターでは、レポートの送信を制御します。このフィルターで`false`を返すと、レポートメールは送信されません。

`auto_core_update_email`フィルターでは、レポートメールの宛先、件名、本文、ヘッダーなどを加工できます。デフォルトの宛先はサイト管理者のメールアドレスです。

テーマ・プラグイン・言語ファイルの自動アップデート

テーマ、プラグインも自動アップデートを有効化できます。有効化するには、それぞれ、`auto_update_plugin`、`auto_update_theme`フィルターで`true`を返します。

```
add_filter( 'auto_update_plugin', function () { return true; } );
add_filter( 'auto_update_theme', function () { return true; } );
```

また言語ファイルの自動アップデートはデフォルトで有効になっています。これを無効にするには、`auto_update_translation`フィルターで`false`を返してください。

```
add_filter( 'auto_update_language', function () { return false; } );
```

すべての自動アップデートの無効化

WordPressコアのアップデートが自動化されていると、独自に開発したコードがアップデートに伴って不具合を起こす可能性を心配するかもしれません。本来、そのような心配をしないでも良い実装を心がけるべきですが、現実問題としてはやはり難しいケースもあるでしょう。

よく検討して行うべきですが、wp-config.phpに定数`AUTOMATIC_UPDATER_DISABLED`を以下のように定義することで、すべての自動更新をオフにできます。

```
define('AUTOMATIC_UPDATER_DISABLED', true);
```

第**12**章

387

第**12**章　その他の機能やAPI

12.12 メールの送信

WordPressからメールを送信する方法として、PHPのmail()関数に似たwp_mail()関数が用意されています。書式は以下の通りです（**表12.24**）。

```
wp_mail( $to, $subject, $message, $headers, $attachments );
```

■ **表12.24　wp_mail()関数のパラメーター**

パラメーター	型	必須	説明
$to	文字列または配列	必須	メールの送信先。配列、またはカンマ区切りで複数指定が可能
$subject	文字列	必須	メールの件名
$message	文字列	必須	メールの本文
$headers	文字列または配列	—	メールのヘッダー。ヘッダー内のそれぞれの行（From:やCc:など）は、配列か、改行（ "\r\n" ）で区切りを指定する
$attachments	文字列または配列	—	メールに添付するファイルをファイルシステムのパスで指定する。複数のファイルを指定する場合は、配列か改行区切りで指定する

それでは、実際にメールを送信してみましょう（**リスト12.31**）。なお、メールアドレスは受け取れるものに変更してください。

■ **リスト12.31　メールの送信**

```
$r = wp_mail( 'recipient@example.com', 'テスト件名', 'テスト本文' );
var_dump( $r );
```

メールが正常に送信されていれば、関数からtrueが返ってくるはずです（もちろん、送信処理が正常に完了しただけで、メールが受信されたことを示すわけではありません）。そして、メールの送信者は以下のように設定されています。

```
From: WordPress <wordpress@example.com>
```

この送信者名とメールアドレスは、それぞれwp_mail_from_name、wp_mail_fromフィルターフックで変更できるため、プラグインなどを使ってユーザーが変更する可能性があります。そのため、特に理由がなければ、wp_mail()関数を使用するべきでしょう。

メールの送信 ● **12.12**

From、Ccの指定

ここで行われているFrom、Ccの指定は、前述の通り、フィルターフックで変更される可能性があります（**リスト12.32**）。

■ **リスト12.32　From、Ccの指定**

```
$to = 'recipient@example.com';
$subject = 'テスト件名';
$body = 'テスト本文';
$headers = array(
    'From: Andy <andy@example.com>',
    'Cc:  Bob <bob@example.com>'
);
wp_mail( $to, $subject, $body, $headers );
```

ファイルの添付

ファイルの添付を行う場合は、**リスト12.33**のように記述します。

■ **リスト12.33　ファイルの添付**

```
$to = 'recipient@example.com';
$subject = 'テスト件名';
$body = 'テスト本文';
$headers = array();
$attachments = array(
    '/path/to/example.gif'
);
wp_mail( $to, $subject, $body, $headers, $attachments );
```

HTMLメールの送信

HTML形式でのメール送信を行う場合は、**リスト12.34**のように記述します。

■ **リスト12.34　HTMLメールの送信**

```
$to = 'recipient@example.com';
$subject = 'テスト件名';
$body = '<h1>見出し</h1>
<p>本文</p>';
$headers = array(
```

第**12**章

389

第12章 その他の機能やAPI

```
    'Content-Type: text/html; charset=UTF-8'
);
wp_mail( $to, $subject, $body, $headers );
```

バージョン4.6.1現在、wp_mail()関数ではマルチパートメールを使って
HTMLメールとプレーンテキストメールを同時に送信することはできませんが、
改善が議論されています[注19]。

外部SMTPサーバーの利用

wp_mail()関数は、内部的にPHPMailerライブラリを使用しています。アク
ションフックでPHPMailerクラスの設定を変更できます。**リスト12.35**は、
Gmailでメールを送信する場合のアクションフックの記述例です。

■ リスト12.35　Gmailサーバーの利用

```
add_action( 'phpmailer_init', function( $PHPMailer ) {
    $PHPMailer->IsSMTP();
    $PHPMailer->SMTPAuth   = true;
    $PHPMailer->SMTPSecure = 'ssl';
    $PHPMailer->Host       = 'smtp.gmail.com';
    $PHPMailer->Port       = 465;
    $PHPMailer->Username   = 'example@gmail.com';
    $PHPMailer->Password   = 'your password';
} );
```

12.13 まとめ

本章では、開発者がよく使うと思われるWordPressのAPIについて、つま
ずきやすいポイントを補足しながら解説してきました。自己流での実装を行う
前に、本章に立ち戻って目を通すことをお勧めします。

注19　wp_mail() sets Content-Type header twice for multipart emails
　　　https://core.trac.wordpress.org/ticket/15448

索引

記号・数字

$wp	134
$wp_query	145
$wpdbオブジェクト	326
.mo ファイル	384
.pot ファイル	382
.po ファイル	384
_e() 関数	382
_s	187
{$type}_template	156
1行テキストボックス	50

A

activate	128
add_user() 関数	294
admin_init	127
admin_menu	127
Adminimize	76
administrator	296
Advanced Custom Fields	48
after_setup_theme	127
Akismet	62
Amazon S3	71
aside	39
audio	39
Author	198
Author URI	198

B

BackWPup	67

C

CAPTCHA	56
chat	39
CMS	2
Codex	11
Codex 日本語版	12
comment_post フック	240
compare パラメーター	266
Contact Form 7	54
contributor	296
CRUD	4

D

Date Query	260
Debug Bar	26
default_title	128
default-constants.php	25
deleted_post	128
Description	198
DISALLOW_FILE_EDIT	25
DISTINCT句	290
Dropbox	71
Duplicate Post	101

E

edit_post	128
edit_user() 関数	294
editor	296

F

Flamingo	61
From、Cc の指定	389

391

functions.php ·················· 108、173

G

gallery ······································· 39
get_posts()関数 ························· 273
Google XML Sitemaps ············· 101
GPL ·· 2
GROUPBY句 ···························· 290

H

Head Cleaner ························· 101
HTMLメールの送信 ················· 389

I

image ······································ 39
ImageWidget ·························· 100
index.php ································ 106
init ·· 127

J

JavaScriptの管理 ····················· 348
JOIN句 ·································· 288

L

License ································· 198
LIMIT句 ································ 290
link ·· 39

M

Meta Query ··························· 263
Microsoft Azure ······················ 71
mod_rewrite ···························· 65
MySQL ··································· 20

O

Object Cache API ·················· 354
ORDERBY句 ··························· 290

P

parse_query ·························· 127
parse_request ······················· 127
Plugin Check ·························· 28
Plugin Name ·························· 198
Plugin URI ···························· 198
plugins_loaded ······················ 127
post_statusパラメーター ··········· 259
post_typeパラメーター ············· 258
posts_where ·························· 128
pre_get_posts ······················· 128
pre_get_postsアクション ·· 147、285
PS Taxonomy Expander ·········· 102

Q

Queries ································· 27
query ··································· 128
query_vars ···························· 127
quote ···································· 39

R

Rackspace ······························ 71
readme.txt ···························· 204
Really Simple CSV Importer ······ 87
Redirection ···························· 102
Regenerate Thumbnails ·········· 102
register_meta()関数 ················· 224
register_post_type()関数 ········· 217
Request ································· 27
request ································· 127
requestフィルター ····················· 147

rewrite_rules_array ················ 128

S

save_post ······························ 128
SAVEQUERIES ························· 25
Search Everything ················· 101
SELECT句 ····························· 291
Settings API ·························· 315
shutdown ······························ 127
Simple Page Ordering ············ 102
Skype ·································· 50
SNS連携 ································· 90
SQL ····································· 328
status ·································· 39
style.css ························ 108、172
subscriber ···························· 296
SugarSync ····························· 71
Super Socializer ······················ 90
svn リポジトリ ························ 208
switch_theme ························ 128

T

Tax Query ···························· 253
template_include ··················· 156
template_redirect ··········· 128、156
the_content ··························· 128
Theme Check ·················· 28、193
Toolset Types ························· 48
Transients API ······················ 355

U

upload_mimes ······················· 128
URL ······························· 50、56
URLのリライト ······················ 137
User Role Editor ······················ 73

user_has_cap ························ 128

V

Vagrant ································· 31
VCCW ·································· 31
Version ································· 198
video ··································· 39

W

WHERE句 ····························· 288
widgets_init ·························· 127
WordBench ····························· 13
WordPress.com日本語版 ··········· 21
WordPress.org ························ 10
wp ····································· 127
WP Query ······························ 27
WP REST API ························ 372
WP Super Cache ····················· 63
WP Total Hacks ······················ 97
wp_add_inline_style()関数 ········ 353
WP_Comment_Queryクラス ····· 235
WP_DEBUG ···························· 25
WP_DEBUG_DISPLAY ··············· 25
WP_DEBUG_LOG ····················· 25
wp_delete_user()関数 ·············· 294
wp_enqueue_scripts ··············· 128
wp_insert_post_data ··············· 128
wp_loaded ···························· 127
wp_posts テーブル ··········· 112、212
WP_Query クラス ············· 143、244
WP_Roles クラス ····················· 299
WP_Tax_Query クラス ·············· 253
wp_term_relationships テーブル
··· 227
wp_term_taxonomy テーブル ···· 227

393

wp_terms テーブル	227
wp_the_query	145
WP_User_Query クラス	294
WP_User クラス	300
WP-CLI	29
wp-config.php	22、106
wpdb クラス	326
WP-Polls	94
WP オブジェクト	134
WYSIWYG	50

あ行

アイキャッチ画像	35
アクション	124
値の更新	223
値の削除	224
値の取得	221
アンケート	94
イテレータ	247
インクルードタグ	160
インクルード系	190
ウィジェット	40、359
ウィジェット API	179
エンティティ	48
エンティティ永続化	213
エンドポイント	377
エンベッドメディア	50
オーディオ	50
オーバーライド	184
オブジェクトマッピング	246
オプション API	345

か行

外部 SMTP サーバー	390
外部設計	14

カスタムフィールド	35、114、220、263
カスタムヘッダー	40
カスタムメニュー	41
カスタム背景	40
画像	50
画像サイズの再生成	102
画像の設定	100
カテゴリー	35、252
カテゴリーの並び順の設定	102
カラーピッカー	50
管理画面	43
管理者	296
キーワード検索	256
危険性診断	28
寄稿者	296
記事の複製	101
既定の処理	123
キャッシュ	63
クイズ	56
クエリビルダ	246
クエリビルディング	287
クエリフラグ	150、244
クエリフラグの取得	278
クエリ変数の取得	277
クラウド	71
権限グループ	76
検索対象の拡張	101
コアファイル	2
公開状態	35
公開日時	35
公式ディレクトリ	203
購読者	296
国際化	378
固定ページ	34

索引

子テーマ ……………………………… 182
コメント ……………………… 117、232
コメント版カスタムフィールド …… 237
コンテンツ系 ………………………… 191
コントローラー ……………………… 120

さ行

サイトフロントページ …………… 132
作成者 ………………………………… 35
サニタイズ …………………………… 340
サブループ …………… 161、163、250
自動アップデート ……………… 9、386
自動返信メール ……………………… 60
ショートコード ……………………… 357
条件分岐タグ ………………………… 159
詳細設計 ……………………………… 15
承諾の確認 …………………………… 56
数値 …………………………………… 50
数値（スピンボックス）……………… 56
数値（スライダー）…………………… 56
ステータス …………………………… 35
ストレージサービス ………………… 71
スパムフィルタリング ……………… 62
スラッグ ……………………………… 35
セレクトボックス …………………… 50
先頭固定投稿の取得 ………………… 248
送信ボタン …………………………… 56
ソート ………………………………… 268

た行

タグ …………………………………… 35
タクソノミー ……… 37、116、225、253
タグ出力系 …………………………… 191
単一テーブル継承 …………………… 4
チェックボックス …………………… 56

チェックボックス（単一）…………… 50
チェックボックス（複数）…………… 50
ディスカッション …………………… 35
テーマ ………………………………… 170
テーマカスタマイザー ……………… 40
テーマカスタマイズ API …………… 181
テーマフレームワーク ……………… 187
テーマユニットテスト ……………… 193
テキストエリア ……………………… 56
テキストドメイン …………………… 382
テキスト項目 ………………………… 56
デバッグメニュー …………………… 26
デバッグモード ……………… 25、192
テンプレート ………………… 120、153
テンプレートタグ …………………… 158
テンプレート階層 …………………… 122
電話 …………………………………… 50
電話番号 ……………………………… 56
動画 …………………………………… 50
投稿 ……………………………… 4、34
投稿ステータス ……………………… 259
投稿タイトル ………………………… 35
投稿タイプ …………… 112、213、256
投稿タイプのリレーション ………… 53
投稿フォーマット …………………… 38
投稿者 ………………………………… 296
独自テーブル ………………………… 333
独自の設定画面の作成 ……………… 315
独自フォームの作成 ………………… 322

な行

並び替え ……………………………… 268
ナンス ………………………………… 339
入力値のフィルタリング …………… 137
入力フォーム作成 …………………… 320

395

認証 ……………………………… 375
ネットワークの構造 ……………… 369

は行

パスワード …………………………… 256
バックアップ ………………………… 67
バナー画像 …………………………… 206
パラメーター ………………………… 251
バリデーション ……………………… 336
日付 ………………… 50、56、260
必要環境 ……………………………… 20
ビュー ………………… 120、174
表示オプション ……………………… 34
表示速度の改善 …………………… 101
ファイル ……………………………… 50
ファイルアップロード ……………… 56
ファイルの添付 …………………… 389
ファイル管理機能 ………………… 36
フォーム ……………………………… 54
フォーラム …………………………… 12
複数行テキストボックス ………… 50
フック ………………………………… 124
プラグイン …………………………… 196
プラグインAPI ……………………… 124
プラグイン情報ヘッダー ………… 198
プラグイン登録申請 ……………… 207
ブログ ………………………………… 4
ブログメインページ ……………… 132
ページの並び順の設定 …………… 102
ページ送り ………………………… 272
ページ属性(固定ページ) ………… 35
編集者 ……………………………… 296
本文 ………………………………… 35

ま行

マルチサイト ………………………… 365
メインクエリ ………………… 142、144
メール ………………………………… 50
メールアドレス ……………………… 56
メールの送信 ……………………… 388
メッセージ保存 ……………………… 61
メディア ……………………………… 36
メニューAPI ………………………… 180
メニューの追加 …………………… 306
メニューの定義 …………………… 306
モデル ……………………………… 120

や行

ユーザーコミュニティ ……………… 13
ユーザー権限 ………………………… 73

ら行

ラジオボタン ………………… 50、56
リクエストの解析 ………………… 136
リクエストパラメーター …… 121、134
リソース …………………………… 376
リダイレクトの設定 ……………… 102
リビジョン …………………………… 35
ルーティング ……………………… 120
レーティング機能 ………………… 238
ログインユーザー ………………… 297
ログイン画面 ……………………… 24

◎著者略歴

野島 祐慈(のじま ゆうじ)

1974年生まれ。「美しいプログラム」が大好物。DTP・グラフィックデザイン系会社に勤務し、デザイン、DTP、Web制作などを経験した後、システムエンジニアへ転向。神戸のSIerで同社コンテンツ制作室長、CTOの役職を経た後、2012年8月、株式会社フォーエンキーを設立。

菱川 拓郎(ひしかわ たくろう)

1982年生まれ。フロントエンドエンジニアとしてWebの世界に飛び込んでのち、CMSの世界にのめり込む。Movable Type、WordPress、OpenPNEなどを業務で触りながら、concrete5にたどり着き、2012年コンクリートファイブジャパン株式会社を設立。WordCampにも6度登壇している。

杉田 知至(すぎた ともゆき)

1984年生まれ。クックビズ株式会社にて開発マネジメント、プロジェクトマネジメントに従事。大学在学中に起業し現在に至るまでWeb開発に関わる。2012年、WordPressと関わりプラグイン開発、テーマレビュー、WordCamp Kansai2014に登壇。

細谷 崇(ほそや たかし)

1979年生まれ。約4年間システム会社に勤め、2007年に退職しNPO法人を設立。代表理事を約5年半、理事を1年務め、2015年3月に退任。現在は個人事業でWordPressやkintoneを使ったシステムの開発や、子供達にプログラミングをサポートするCoderDojoの活動に励む。WordCampには2回登壇、2回ハンズオンを実施。

枢木 くっくる(くるるぎ くっくる)

1984年生まれ。三度の飯よりアニメが好き。SNSエンジンであるOpenPNEからの派生プロジェクトとしてスタートしたMyNETSで、はじめてPHPとオープンソースコミュニティに触れる。その後、Webサイト/サービス、ソーシャルゲームの開発を行う会社を経て、2014年にヴィジュアライブという屋号にて独立。

カバーデザイン	小川純（オガワデザイン）
本文デザイン・DTP	朝日メディアインターナショナル株式会社
編集	春原正彦

■お問い合わせについて

・ご質問は本書に記載されている内容に関するものに限定させていただきます。本書の内容と関係のないご質問には一切お答えできませんので、あらかじめご了承ください。

・電話でのご質問は一切受け付けておりませんので、FAXまたは書面にて下記までお送りください。また、ご質問の際には書名の該当ページ、返信先を明記してくださいますようお願いいたします。

・お送りいただいたご質問には、できる限り迅速にお答えできるよう努力いたしておりますが、お答えするまでに時間がかかる場合がございます。また、回答の期日をご指定いただいた場合でも、ご希望にお答えできるとは限りませんので、あらかじめご了承ください。

〒162-0846　東京都新宿区市谷左内町 21-13
株式会社技術評論社 書籍編集部
FAX：03-3513-6167
技術評論社ホームページ：https://book.gihyo.jp/

エンジニアズ ライブラリー
Engineer's Library シリーズ

エンジニアのための WordPress 開発入門

2017 年 1 月 28 日 初版　第 1 刷発行
2018 年 10 月 13 日 初版　第 2 刷発行

著　者	野島 祐慈、菱川 拓郎、杉田 知至、 細谷 崇、枢木 くっくる
発行者	片岡 巌
発行所	株式会社技術評論社
	東京都新宿区市谷左内町 21-13
	電話　03-3513-6150　販売促進部
	03-3513-6160　書籍編集部
印刷／製本	昭和情報プロセス株式会社

定価はカバーに表示してあります。

本書の一部または全部を著作権法の定める範囲を超え、無断で複写、複製、転載、テープ化、ファイルに落とすことを禁じます。

©2017 野島 瑞佳、菱川 拓郎、杉田 知至、細谷 崇、富安 一貴

造本には細心の注意を払っておりますが、万一、乱丁（ページの乱れ）や落丁（ページの抜け）がございましたら、小社販売促進部までお送りください。送料小社負担にてお取替えいたします。

ISBN978-4-7741-8706-8 C3055
Printed in Japan